策略管理學

Strategic Management

榮泰生博士　著

三民書局

國家圖書館出版品預行編目資料

策略管理學／榮泰生著.－－初版一刷.－－臺北市：
三民，2006
　　面；　公分
　　ISBN 957－14－4475－8　（平裝）

　　1.決策管理

494.1　　　　　　　　　　　　　　　　　　95000638

網路書店位址　　http：// www.sanmin.com.tw

ⓒ　策 略 管 理 學

著作人　　榮泰生
發行人　　劉振強
著作財
產權人　　三民書局股份有限公司
　　　　　臺北市復興北路386號
發行所　　三民書局股份有限公司
　　　　　地址／臺北市復興北路386號
　　　　　電話／(02)25006600
　　　　　郵撥／0009998－5
印刷所　　三民書局股份有限公司
門市部　　復北店／臺北市復興北路386號
　　　　　重南店／臺北市重慶南路一段61號
初版一刷　　2006年2月
編　　號　　S 493550
基本定價　　柒元捌角
行政院新聞局登記證局版臺業字第○二○○號

序

　　本書的目的，在於使讀者了解組織中重要的策略議題，並培養讀者擬定有效策略、解決策略問題的能力。無庸置疑的，企業無論規模大小都必須為明日的複雜世界做好準備，並必須面對策略上、技術上、組織上的挑戰，包括企業重組、合併與購併、全球競爭、技術的急劇改變、創造價值的新方法、策略聯盟、新類型競爭的出現、網際網路 (Internet) 的普及與便捷，以及創造及服務各市場的挑戰。這些挑戰會重新界定本國甚至全世界的經濟及競爭版圖；這些挑戰雖然對企業造成了無限威脅，使企業長久所把持的競爭優勢不復存在，但同時也帶來了無窮契機，使企業能夠創造競爭優勢的新來源。為了在 21 世紀的白熱化競爭中拔得頭籌，有效的策略管理扮演著關鍵性角色。

　　策略管理 (strategic management) 涉及到衡外情（檢視外在環境的機會與威脅）、量己力（了解企業本身的強處與弱點），並分別擬定功能層次策略、事業單位層次策略及公司層次策略，然後再加以有效的落實。最後，對於策略實施的有效性加以評估與檢討。近年來，由於網際網路的興起已儼然形成一個新型的通路，策略管理者必須充分體認到網際網路對策略管理的衝擊，並善加利用網際網路來增加競爭優勢。

　　本書得以完成，要感謝三民書局的支持與鼓勵。輔仁大學國際貿易與金融系、管理學研究所良好的教學及研究環境使作者獲益匪淺。作者波士頓大學及政治大學的師友，在觀念的啟發及知識的傳授方面更是功不可沒。父母的養育之恩、家人的支持，更是我由衷感謝的。

　　願在你追求「真、善、美」的過程中，具有克服挑戰的毅力與智慧，使人生充滿著欣悅！

榮泰生 (Tyson Jung)

輔仁大學管理學院

2006 年 1 月

策略管理學 目次

序

第壹篇　界定公司使命及目標

第 *1* 章　基本觀念　3

　1.1　何謂策略管理　3

　1.2　策略管理者　8

　1.3　策略決策的特性　12

　1.4　策略管理過程　14

　1.5　本書架構　20

第貳篇　環境偵察及分析

第 *2* 章　外部環境偵察　27

　2.1　白熱化競爭　28

　2.2　檢視總體環境　28

　2.3　檢視任務環境　35

　2.4　檢視產業價值鏈　47

第 *3* 章　內部環境偵察　51

　3.1　資源導向組織檢視　51

　3.2　檢視公司價值鏈　55

　3.3　檢視能力驅動因素　65

　3.4　數位化企業的價值鏈　68

第 *4* 章　情勢分析　75

　4.1　產業分析　75

　4.2　外部策略因素分析　89

　4.3　內部策略因素分析　91

　4.4　SWOT 分析　92

　4.5　利用 TOWS 矩陣產生策略　95

　4.6　策略形成的驅動因素　97

第參篇　策略形成

第 *5* 章　功能層次策略　103

　5.1　功能領域與企業流程　103

　5.2　功能策略　104

　5.3　企業功能的委外經營　124

第 *6* 章　競爭優勢的基礎與環境因應策略　129

　6.1　競爭優勢的基礎　129

　6.2　影響競爭優勢基礎的因素　134

　6.3　因應策略　140

　6.4　選擇因應策略的關鍵因素　144

　6.5　因應策略矩陣　146

第 *7* 章　事業單位層次策略　153

　7.1　事業單位層次策略與競爭優勢　153

　7.2　選擇基本的事業單位層次策略　158

第 *8* 章　公司層次策略──水平策略、垂直策略與委外經營　177

　8.1　公司策略　177

8.2 家長式策略　179

8.3 水平策略　183

8.4 垂直策略　188

8.5 合作關係　192

8.6 委外經營　194

第 *9* 章　公司層次策略——多角化、內部發展、購併與聯合投資
　　　　201

9.1 事業的延伸　201

9.2 多角化策略　205

9.3 內部發展　211

9.4 購　併　215

9.5 聯合投資　219

第 *10* 章　全球擴張策略　223

10.1 全球環境　223

10.2 加速全球化的環境因素　228

10.3 全球擴張策略　234

第肆篇　策略執行

第 *11* 章　公司治理與企業倫理　245

11.1 公司治理——董事會的責任　245

11.2 公司治理——高級主管的角色　255

11.3 倫理決策　260

11.4 網際網路對公司治理及社會責任的影響　264

第 *12* 章　策略實施——結構、文化與控制　269

12.1 策略實施的基本要素　269

12.2 組織結構的基礎　271

12.3 組織結構的類型　274

12.4 組織文化　285

12.5 策略控制系統　288

第伍篇　策略評估

第 *13* 章　策略績效評估　299

13.1 何謂評估　299

13.2 評估設計　302

13.3 評估方法　304

13.4 對策略評估結果的反應　311

13.5 關鍵成功因素　314

第陸篇　重要課題

第 *14* 章　網路科技對策略管理的衝擊　323

14.1 電子商務對策略管理的挑戰　323

14.2 電子商務對策略管理的效益　327

14.3 網際網路對環境偵察與產業分析的影響　328

14.4 網際網路對內部環境偵察及組織分析的影響　331

14.5 網際網路對功能策略的影響　332

14.6 網際網路對競爭策略的影響　334

14.7 網際網路對公司策略的影響　337

第壹篇
界定公司使命及目標

第 1 章　基本觀念

第 *1* 章　基本觀念

本章目的

本章的目的在於說明：

1. 何謂策略管理
2. 策略管理者
3. 策略決策的特性
4. 策略管理過程
5. 本書架構

1.1　何謂策略管理

策略管理 (strategic management) 就是一系列的管理決策及行動，而這些決策及行動的良窳對於企業的長期績效有著重大的影響。策略管理包括環境偵察（包括外部及內部環境）、策略形成（策略規劃或長期規劃）、策略執行、評估與控制。策略管理的研究，著重於如何發揮企業的長處來掌握機會、避免威脅，以及如何避免企業的缺點。

在以前，策略管理這個學科被稱為是企業政策。企業政策 (business policy) 是具有管理導向的，它比較著重企業內部功能的整合。策略管理除了具有企業政策的特性之外，還特別強調環境及策略。所以近年來，策略管理已取代了企業政策，成為主流的課程名稱❶。

---

❶ R. E. Hoskisson, et al., "Theory and Research in Strategic Management: Swings of the Pendulum," *Journal of Management*, Vol. 25, No. 3, 1999, pp. 417–456.

◎ 管理制度的演進過程

　　許多有關策略管理的觀念及技術都已經由卓越公司（如奇異公司、波士頓顧問群等）所發展及沿用。同時，許多實務專家及研究學者也不斷的對這些觀念加以精鍊。在早年，只有大型企業（尤其是跨足於各種產業的大型公司）才會特別重視策略管理，但是由於近年來環境變化劇烈、競爭日趨白熱化，所以各類型的企業不論規模大小都必須實施策略管理，否則由於策略錯誤所必須承擔的風險及昂貴代價，足以使得一個企業萬劫不復。

　　策略管理的觀念及理論架構至今已足以成為一個完整的學科。如果我們回顧一下它的發展史，會發現它是經年累月、點滴發展而成。現在讓我們先回顧一下管理制度 (management system) 的演進過程。綜合而言，管理制度曾歷經了四個階段：基本財務規劃、預測導向規劃、外部導向規劃以及策略管理❷。

　　基本財務規劃 (basic financial planning)　當管理者被要求提出明年度預算時，才會想到要謹慎的做規劃。由於大部分的資訊是來自企業內部，因此所提議的明年度預算很少會用到分析技術。第一線銷售人員也很少提供環境資訊。像這種過於單純的作業規劃不僅根本碰不到策略管理的邊，而且也是曠日費時的。管理者為了拼命擠出預算，往往延宕了本身應完成的工作。預算的時間幅度通常是一年。

　　預測導向規劃 (forecast-based planning)　由於年度預算對於長期規劃的助益實在有限，管理者遂企圖採取五年計畫。他們會考慮到超過一年的專案。除了蒐集企業內部資訊之外，管理者也會蒐集一些企業外部的環境資訊（通常是用比較隨興的方式），並將現在的事件趨勢延伸到未來的五年。預測導向規劃也是曠日費時的，通常要花上管理者足足一個月的時間才能夠把預算做好。管理者在爭取預算時，也會有許多政治小動作。他們在評估各種預算、審查各種計畫書時不知花了多少時間在開會、溝通、協調上。預測導向規劃的時間幅度通常是三到五年。

　　外部導向規劃 (externally-oriented planning)　外部導向規劃又稱策略規劃。

---

❷　F. W. Gluck, S. P. Kaufman, and A. S. Walleck, "The Four Phases of Strategic Management," *The Journal of Business Strategy*, Winter 1982, pp. 9–21.

由於預測導向規劃的高度政治性及無效率，高級主管遂將規劃過程的控制權掌握在自己手上，以進行策略規劃。此時，企業會企圖以策略性思考來因應環境變化及競爭者動向。規劃不再由基層管理者來做，而是集中在規劃幕僚手中。這些規劃幕僚位居組織的高階層，其主要任務就是替公司擬定策略計畫。企業顧問常提供高級的、創新的分析技術，以供這些規劃幕僚來蒐集資訊、預測未來趨勢。外部導向規劃是典型的由上而下的規劃方式，高層主管負責策略的擬定及形成，而基層主管負責執行。策略規劃的時間幅度通常是五年，易言之，高層主管所擬定的是五年計畫。

策略管理 (strategic management) 即使再好的計畫如無基層主管的承諾與參與也屬枉然，在了解到這個事實之後，高層主管就成立了許多規劃群 (planning groups)，其成員是由各部門、工作團體的各級人員所組成。這些規劃群會發展許多策略計畫以實現公司的基本目標。這樣的策略規劃可以很詳盡的敘述策略的形成、評估及控制的議題。這些計畫並不想要百分之百精準的預測未來，而是擬定勾勒出各種可能的景象及權變策略。策略規劃是每年擬定複雜的五年計畫，而策略管理是組織內部各階層的全年度策略性思考。

先前（在策略管理以前的階段）只是高層主管擁有策略資訊，現在可透過區域網路 (local area network, LAN)、企業內網路 (intranet) 將資訊傳遞給全公司內的有關成員。先前是集中式的規劃幕僚，現在是由企業內部、外部的規劃幕僚來協助各規劃群。雖然高層主管仍是策略規劃過程的發起者，但是策略結果可能是來自組織內各成員的貢獻。規劃的方式不再是由上而下，而是涉及到組織各階層成員的互動過程。組織內各成員都參與策略規劃。

在 1978 年以前，Maytag 公司❸可以說是在管理制度的第一階段。Maytag 的

---

❸ Maytag Corporation 是全美前三大家電及商用電器製造及銷售商，在惠而普 (Whirlpool) 及奇異 (GE) 之後。產品包括洗衣機、烘乾機、冰箱、廚房電器等。Maytag 在商用洗衣設備方面，以洗衣機及烘乾機佔有龐大的市場。商用烹調電器則以 Blodgett 為主要品牌，產品有烤箱、烤架等，客戶包括麥當勞、肯德基、必勝客等速食店、旅館和餐廳連鎖店。旗下的 Dixie-Narco 則是飲料販賣機的牌子，客戶為可口可樂和百事可樂。在中國大陸則合資成立 Rongshida-Maytag，在大陸拓展家電市場。

高層主管丹尼爾克隆 (Daniel Krums) 成立了策略規劃小組，並責成此小組回答這樣的問題：「如果不做任何改變，公司五年後會是怎樣？」這種高瞻遠矚的策略性思考就是使得 Maytag 公司成為全線家電產品的全球領導者的主要動力。奇異公司是策略規劃的鼻祖，也是在 1980 年代由策略規劃轉換成策略管理的先鋒。1990 年代，全球各大卓越公司都已經採用策略管理。

　　何以有些企業能夠在強敵如林的商業環境中頭角崢嶸，穩居龍頭寶座歷久而不衰？其中原因固然有很多，但絕不是把持著傳統教條、故步自封。即使產銷於全球、長期榮登《財富》前五百大企業 (Fortune 500) 排行榜的奇異公司 (General Electric, GE)，也必須不斷重生，否則其競爭優勢必然會被虎視眈眈的競爭對手所侵蝕。奇異公司的董事長傑克威爾許 (Jack Welsh) 充分的體認到網際網路 (Internet) 所帶來的全面化衝擊，毅然決然的在 1999 年 3 月所召開的董事會上，宣布要將所有的產品線汰舊換新，否則如讓競爭者搶先一步，商機必然喪失殆盡。他也責成各事業單位主管要學習如何進行網路行銷。威爾許看到他的家人及同事爭先恐後的在線上購買聖誕節禮物的情形，深深的感受到網路行銷已是沛然莫之能禦的趨勢，遂指示 600 位經理要向「網路導師」學習網路行銷的觀念與實務。在 2000 年 2 月初，奇異公司悄悄的架上了奇異金融網，首度向顧客提供線上服務。為了早期回收投注於這個新事業的 1,000 萬美元資金，奇異在電視的奧運節目上大做廣告。奇異金融網這個網站所針對的是 50 歲以上的嬰兒潮世代的人（雖然這個市場的競爭早已白熱化），它提供了線上銀行存提款、壽險及基金理財服務，大大的改變了顧客的理財方式。奇異公司企圖在金融證券業務上的表現，如同其傳統的燈光照明事業一樣亮麗。對奇異公司既有的財務服務而言，奇異金融網是一個重要的配銷通路。其中成長最為快速的是奇異財務保險 (GE Financial Assurance, GEFA)，它可向十七國的消費者提供保險、基金及退休計畫服務。奇異並在客戶公司內建立企業內網路 (intranet)，與奇異金融網做密切的連結。奇異公司的高級主管也計畫透過併購的方式，跨入電子事業。在以前，奇異的政策是「各事業單位必須在該事業領域維持不是第一，就是第二的地位」，然而現在隨著網路行銷的

來臨，其高級主管認為：「成為第一或第二已經不太重要，重要的是要足夠大到能夠主宰自己的命運」❹。

🔘 策略管理的效益

　　研究顯示，採用策略管理的企業在績效上通常比不採用者來得好❺。企業企圖在將其策略、結構及程序方面與環境做適當的配合時，會對其績效產生正面的效應。例如，針對美國鐵路公司所進行的研究顯示，凡是隨著環境的變化而調整其策略的鐵路公司，其績效都會比不做調整者來得好❻。

　　策略管理具有以下三個明顯的效益：

- 可使企業具有清楚的策略視野；
- 可使企業特別專注於策略上的重要議題；
- 使企業更能了解變動快速的環境。

　　貝恩公司 (Bain & Company) 所進行的研究顯示，最熱門的管理工具是策略規劃、發展使命及願景陳述——這些都是策略管理的重要部分。策略管理的真正價值，在於其規劃程序本身的未來導向，而不是「為計畫而計畫」❼。

　　具有許多事業單位的大型企業，其策略規劃自然比較複雜及費時。對大型企業而言，從情勢分析開始直到達成決策共識為止，可能要花上一年以上的時間。由於在大型企業內，策略性決策的影響會波及到眾多成員，所以正式的、複雜的策略規劃制度是必需的。否則，高層主管會無法掌握事業單位的發展，而基層主管會茫然不知公司的使命及目標。

....

❹ Thomas L. Wheelen and J. David Hunger, *Concepts in Strategic Management and Business Policy*, 9th ed. (Upper Saddle River, N.Y.: Prentice-Hall, 2004), p. 57.

❺ T. J. Anderson, "Strategic Planning, Autonomous Actions and Corporate Performance," *Long Range Planning*, April 2000, pp. 184–200.

❻ I. Wilson, "Strategic Planning Isn't Dead—It Changed," *Long Range Planning*, August 1994, p. 20.

❼ R. M. Grant, "Transforming Uncertainty Into Success: Strategic Leadership Forum 1999," *Strategy & Leadership*, July/August/September 1999, p. 33.

1.2 策略管理者

在大多數的現代組織中，都具有兩種類型的管理者：高級管理者及作業管理者。高級管理者 (general managers) 的主要責任是負責公司整體或主要事業單位的績效。他們最關心的是在他們的領導下，組織得以生存、成長及茁壯。作業管理者 (operations managers) 所關心的是某特定企業功能或作業的效能。這些企業功能 (business functions) 包括人力資源、採購、生產、銷售、行銷、產品發展、顧客服務及顧客關係維持等。他們的責任只是局限在組織內的某一活動上。

在一個典型的具有多個事業單位的公司 (multibusiness company)，會有三個主要的層次：公司層次、事業單位層次以及作業層次管理者，如圖 1-1 所示。高級管理者大都位居前兩個層次，而作業管理者則屬於第三個層次。

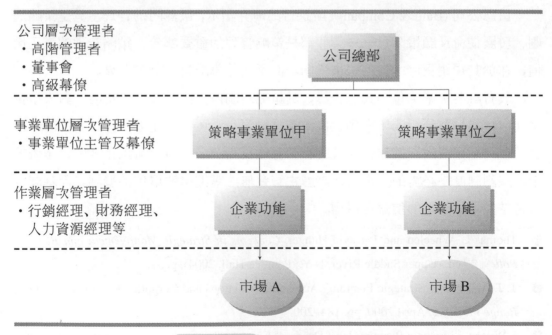

公司層次管理者
・高階管理者
・董事會
・高級幕僚

事業單位層次管理者
・事業單位主管及幕僚

作業層次管理者
・行銷經理、財務經理、
　人力資源經理等

公司總部

策略事業單位甲　　　策略事業單位乙

企業功能　　　企業功能

市場 A　　　市場 B

← 圖 1-1　三種層次的管理者

公司層次管理者

公司層次管理者 (corporate-level managers) 包括主要執行長 (chief executive officer, CEO)、資深主管、董事及高級幕僚。這些人士是組織決策的核心。主要執行長會諮商其他的高級主管來監督整個組織的策略發展，所以他所扮演的角色是舉足輕重的。他的策略角色包括：界定組織的使命及目標、決定要進入哪個（哪些）行業、在各事業單位間做資源分配、擬定及執行公司策略，並向整個組織提供有效的領導。

董事的責任是由法律所界定，董事會責任 (board of directors responsibility) 依照重要性排列包括下列各項：

- 設定公司策略、整體方向、使命或願景；
- 聘雇或辭退 CEO 及高級主管；
- 控制、監督高級主管；
- 檢視、評估及批准資源的使用；
- 關心股東的利益 ❽ 。

高級幕僚的任務是向高階管理者提供意見及諮詢。高級幕僚的職權有三種形式：意見權 (authority to advise)、強制性意見權 (authority to compulsory advice) 以及功能權 (functional authority)。賦予幕僚人員功能權是發揮幕僚職位最有效的方法，因為組織既可善用幕僚人員的專長，又可維持既有的指揮鏈 ❾ 。

事業層次管理者

在具有多個事業單位的公司（如奇異公司的事業單位包括：照明、家電、馬達及運輸設備、發電機、建築及工程服務、工業電氣、醫療系統、航空及飛行引擎、財務服務等）內，各事業單位是由每個事業單位主管來負責營運。如果某公

---

❽ A. Demb and E. E. Neubauer, "The Corporate Board: Confronting the Paradoxes," *Long Range Planning*, June 1993, p. 13.

❾ 有關幕僚的功能以及幕僚與直線主管的差別，可參考：榮泰生，《管理學》（臺北：三民書局，2004），第 8 章。

司只在一個行業營運，則其公司層次與事業單位層次是一樣的。在大多數的公司內，事業單位被稱為事業部。事業單位有屬於它自己的功能部門（如它自己的財務、採購、生產及作業、行銷部門），所以事業單位可以說是在獨特的事業領域營運的、自給自足的組織實體。

事業層次管理者 (business-level managers) 的主要責任就是將公司層次的策略方向及意圖的一般性陳述轉換成具體的策略。公司層次的高級主管所擬定的是涵蓋每個事業單位的策略，而事業單位管理者則是專注於某一特定的事業領域（某一產業）。

◉ 作業層次管理者

作業層次管理者 (operations-level managers) 又稱功能管理者，其所肩負的是某一特定企業功能及程序的責任，例如，人力資源、生產、物料管理、行銷、研發、顧客滿足及產品發展等。雖然作業管理者並不替整個組織的績效負責，但是他們也扮演相當重要的特定策略角色。他們的主要責任是擬定及執行功能策略，以實現公司層次、事業層次所界定的策略目標。

◉ 特　性

不論何種層次的管理者都需要扮演策略角色，也就是向部屬提供策略領導。策略領導 (strategic leadership) 是指明確的陳述組織的策略願景，並激勵部屬努力達成這個願景的能力。有效的策略領導者具有以下特性：建立願景、承諾、保持消息靈通、授權與員工賦能、巧妙運用權力、高的情緒商數。

建立願景　有效的策略領導者最具關鍵性的任務就是讓公司有明確的方向感。此外，他會明確的向組織成員表達此願景，以使組織成員有前進的動力。例如，美國已故總統約翰甘乃迪 (John Kennedy) 的就職演說內容：「不要問國家能為你做什麼，要問你能為國家做什麼」，清楚的向美國人民表達了願景，大大的激勵了美國人民為國家、為社會貢獻一己之力的動力。最重要的，有效的策略領導者會不斷的耳提面命，直到願景成為組織文化的一部分。

承諾　有效的策略領導者會對願景的實現展現高度的承諾。例如，麥當勞卓

越的品質管理與服務，要歸功於其總經理克拉克 (Ray Kroc) 對於「店面管理事務無論大小均應實施標準化作業」的承諾。當高級主管展現出落實願景的決心和行動時，就會產生上行下效、風行草偃的效果，對於整個組織而言，這是強而有力的動力。承諾也和決心劃上等號，也就是具有「雖千萬人吾往矣」的雄心壯志。已故的美國總統羅斯福曾說過：「也許個性中，沒有比堅定的決心更重要的成分。小男孩要成為偉大的人，或想日後在任何方面舉足輕重，必須下定決心，不只要克服千萬障礙，而且要在千百次的挫折和失敗之後獲勝。」

保持消息靈通　有效的策略領導者不會閉門造車。事實上，他會利用正式與非正式的管道來獲得有關資訊。利用非正式管道所獲得的資訊會比較真實，因為透過正式管道的話，資訊通常會受到扭曲（可能是部屬的追求自我利益，或者是「報喜不報憂」的心態使然）。所以有些主管會常常到第一線與部屬聊天、話家常，並從中了解作業的實際情況。

授權與員工賦能　有效的策略領導者擅於授權、培養員工的決策能力。員工愈有技術及決策能力，主管的負擔就愈輕，也就愈能將時間及精力放在重要的策略議題上。此外，授權會產生相當大的激勵作用，當決策權交給實際執行者時，必能增加決策的有效性、務實性。雖然授權有這麼多好處，但是有效的策略領導者不會將攸關組織存亡的重大決策交與部屬，因為這是他責無旁貸的責任。

巧妙運用權力　有效的策略領導者會很有技巧的玩弄權力遊戲，這可分三點說明。第一，他不會利用權力勒令部屬做某件事，而是會巧妙的運用權力，讓部屬慢慢的達成共識。他會讓部屬了解他是站在同一邊的盟軍，而不是發號施令的獨裁者。第二，有效的策略領導者不會把話說滿，以至於毫無轉寰餘地。例如，他不會公開承諾某個策略方案，也不會明確的說明策略目標。他只會籠統的承諾一些願景，如降低成本、提高生產力，但不會詳細說明何時達成或如何達成。第三，有效的策略領導者會一步一步的推動他心中的計畫方案。他知道如果大規模的一次推動，必然會引起許多反彈。他會把握時機，「偶然」推動一下，然後許多「偶然」就會造成他想要的最後結果。我們不妨想像一下，在鍋子裡逐漸被加溫的青蛙，最後的結果是什麼？如果一次加到高溫，結果又會怎樣？

高的情緒商數　情緒商數 (emotional quotient, EQ) 是指一些心理屬性，包括

自我認知、自我約束、激勵、將心比心與人際關係技巧。自我認知 (self-awareness) 就是了解自己的心情、情緒及驅動力，以及這些因素對他人造成的影響。自我約束 (self-regulation) 就是自我控制情緒，或者在情緒受到干擾時，能夠「轉個彎、換個念」，三思而後行。領導者的自我認知、自我約束會贏得部屬的信任、信心，他們不會強詞奪理、一意孤行。他們比較能應付模糊的事務，而且比較容易接受改變。激勵 (motivation) 是指對工作的熱忱（而不是以追求名利為動機），以及對追求目標的投入與達成目標的執著。具有高激勵作用的策略領導者會產生風行草偃的效果，讓部屬共同為組織目標及使命的達成而努力。將心比心 (empathy) 是指為他人設想，了解他人的感受與觀點。人際關係技巧 (social skills) 是指有目的的與人為善、廣結善緣。具有將心比心與人際關係技巧的策略領導者能夠異中求同、避免爭端，營造和諧氣氛，眾志成城，實現組織目標。

1.3　策略決策的特性

策略管理者的主要責任就是擬定策略決策。策略決策 (strategic decision) 有三個主要的特性：重大性、長期性與不可逆性、爭論性與質疑性。

重大性　要落實透過策略管理過程所產生的決策通常需要龐大的資金。例如，在高科技的半導體業，落實建廠決策通常需要耗費 30 億美元的投資。2001 年，美國半導體巨擘英特爾僅資本支出一項就高達 75 億美元。英特爾認為這麼龐大的財務支出是學習及應用精密技術的必要代價。其他的產業也有類似的現象，因為高額的資本支出是在許多產業中獲得優勢的必要條件。通用汽車決定在田納西州設立 Saturn 廠時，已承諾要在十年內花費 50 億美元在購買廠房機具、機器人技術，以及訓練員工上。通用汽車公司曾在 Saturn 廠所習得的自動化汽車製造技術及經驗，應用到其他事業單位（如 Chevrolet、Pontiac）的小型汽車製造上。必勝客 (Pizza Hut) 的廣告促銷經費高達 3 億美元，但是能否獲得廣告效果甚至銷售效果，還是未定之數。寶鹼公司、思科公司、花旗集團、微軟、美國運通、輝瑞（美國著名藥廠）、可口可樂、百事可樂在發展新產品、開拓新市場、促銷活動、購併作業上的花費更是高得驚人。

從以上的說明，我們可以了解，如此龐大的支出一定是涉及到具有關鍵性的策略決策。而且，這些具有關鍵性的策略決策是策略管理者責無旁貸的責任。

長期性與不可逆性　策略決策的做成不是一蹴可幾的，同時它所造成的影響也不會是短暫的。例如，建廠決策包括廠址、規模、製造技術、員工訓練計畫、供應商這些問題的決定。當廠房設備一旦決定之後，許多相關的決策必須配合進行。在實體方面的投資、購併其他公司、建立策略聯盟、替新產品建立產業技術標準、研發支出，這些策略決策不僅對組織會造成長遠的影響，而且是「不可逆的」。

公司如何分派資源以獲得競爭優勢需要策略管理者的明智判斷及精密分析。策略改變需要很長的時間，而且在過渡時期，組織可能會因為無法應付顧客需要而造成競爭者的乘虛而入。同樣地，決定不投資於某種活動也會產生成本。例如，IBM 在開始時因為無法擴充產能來製造 Think Pad 手提式電腦，而讓日本競爭者很快的進入這個獲利性極高的市場區隔。在許多產業中，固定資產的投資是不可逆的。由於設備的專屬性高，一旦老舊過時，不僅找不到買主，而且剩餘價值也低，真可以說是「食之無味，棄之可惜」。1990 年代，幾家大型石油公司，例如 Chevron Texaco、Royal/Dutch Shell、BP Amoco 都面臨著騎虎難下的窘境。由於新科技的出現及層出不窮的環保限制，使得這些石油公司不得不投資新科技，但是新科技又馬上變得老舊過時，而這些煉油設備又不能用在其他地方。

雖然不見得所有的策略決策都是不可逆的，但都會對組織造成長遠影響。策略管理者在做決策時，更應小心謹慎，因為「策略錯誤比猛虎還可怕」。

爭論性與質疑性　策略決策常會在管理者之間、員工之間造成很大的爭議。例如，Olympus 光學公司在決定客製化其照相機以滿足顧客的不同需求時，曾經受到行銷部門的歡迎，因為客製化產品可以改善其業績，但是卻遭受到製造部門的反對，因為客製化會徒增製造的複雜性、衍生更高的成本。高級主管必須對這個爭議性的問題做有效的決定，以免造成曠日費時的爭辯，破壞部門間的和諧。高級主管應以整個企業的角度來做最後的決定。

近年來，有些公司的決策曾引起政府、投資人的極大關注。例如，微軟公司近年來受到美國司法部的質疑，認為微軟公司將瀏覽器 (IE) 附加在視窗作業系統

上一起販售，有壟斷市場之嫌。競爭對手如昇陽、美國線上時代華納 (AOL Time Warner) 等均質疑微軟所進行的不公平競爭。

同樣的，許多消費者也質疑許多大藥廠的行為不當，例如，藥廠在促銷產品、增加顧客的品牌認知上所花費的龐大費用，反而轉嫁到消費者身上。在另一方面，各大藥廠也會因為政府管制、白熱化競爭、龐大的研發支出等因素造成利潤的薄弱而大吐苦水。

投資者對於企業的策略決策也愈來愈有影響力。例如，投資者常以實際行動來表達對公司決策的不滿。例如，2001 年當惠普宣布要購併康柏時，許多投資者認為這兩家公司的契合度有問題，購併之後只會拖垮惠普而已，於是紛紛的拋售惠普股票，以表達對購併決策的不滿。

從以上的說明，我們可以了解，策略決策會造成公司內各部門間的衝突；會造成政府部門、競爭者、消費者、投資者的質疑，所以策略決策要從多個角度看問題，或在做決策前得到利益關係者的了解及共識。

1.4　策略管理過程

策略 (strategy) 是組織用以達成某個(某些)目標的行動。策略管理過程 (strategic management process) 是指管理者做策略選擇的程序。策略管理過程分為五個重要的因素：界定公司使命及目標、環境偵察（包括外部、內部環境）、策略形成、策略執行以及策略評估，如圖 1–2 所示。

界定公司使命及目標　→　環境偵察　→　策略形成　→　策略執行　→　策略評估

◆ 圖 1–2　策略管理過程的基本因素

界定公司使命及目標

策略管理的第一步驟就是界定公司使命及目標。基本上，使命 (mission) 勾勒出組織存在的理由以及組織所應該從事的事情。例如，某國際航空公司所界定的使命是「向亞洲主要地區的個人及商務旅客，以合理的價格提供快速有效的運輸服務」。某飲料公司的公司使命陳述是「我們致力於長期為公司的股東創造價值，不斷改變世界 (we refresh the world)。透過生產高品質的飲料為公司、產品包裝夥伴以及客戶創造價值，進而實現我們的目標。」

使命陳述 (mission statement) 就是對「公司為什麼要營運」的宣告。使命陳述奠定了企業策略的基礎，換句話說，它是形成策略的基本架構或系絡。使命陳述通常包括三個主要部分：

- 組織生存理由的陳述；
- 核心價值或引導性標準的陳述（這些價值或標準可以塑造及激發員工的行為）；
- 主要目標的陳述。

表 1–1 彙總了著名公司的使命陳述。

表 1–1　著名公司的使命陳述

公　司	使命陳述
時代華納 (Time Warner)	我們力求成為最受尊敬和最為成功的媒體公司──在我們的經營範圍內成為領導者；以優質、卓著聞名於世。我們成功的靈魂在於聚集最優秀的人才，包括世界上最好的記者和作家，並使大家創造性地思考和工作
美國運通（American Express，創建於 1850 年）	成為全球最受人尊敬的服務品牌
通用汽車 (General Motors, GM)	成為客戶滿意的行業領先者
通用公共事業 (General Public Utilities, GPU)	為人們提供滿足今天需要和實現明天夢想所需要的能源
強生沃克斯（Johnson Wax，創建於 1886 年）	我們將成為這個自由經濟市場中負責任的領導者

考夫曼（Kaufman，創建於 18 世紀中期，美國西部最大的住宅建造商）	我們要為人們建造夢想之家
微軟公司 (Microsoft)	在微軟，我們的使命是創造優秀的軟體，不僅使人們的工作更有效益，而且使人們的生活更有樂趣
朗訊 (Lucent Technologies)	為我們的客戶提供全世界最優質、最新的通訊設備、產品、技術和客戶服務。以優秀的人才和技術為依託，我們將成為以客戶為主導的高素質企業，並為股東提供穩定的高額回報
蘋果電腦公司 (Apple)	致力於為全球一百四十多個國家的學生、教育工作者、設計人員、科學家、工程師、商務人士和消費者提供最先進的個人電腦產品和支援
昇陽 (Sun Microsystems)	成為最好的通信技術服務提供者，使員工得到最好的專業經驗，使股東得到良好的投資回報，受到社會和大眾的認可
LSI（LSI Industries, Inc.，美國大型積體電路公司）	憑藉我們在半導體設備方面所具有的迅速設計和批量生產的能力，在全球範圍內為我們的客戶提供具有競爭優勢的產品
百視達 (Blockbuster Home Entertainment)	成為全球領先的可租借娛樂器材公司，提供卓越的服務、優質的選擇、便利的條件和理想的價值

值得一提的是，中國企業的使命陳述，往往與一些偉大的社會責任糾纏在一起。有一種「天降大任於斯人」式的崇高感，彷彿公司就是為了完成某一項遙遠的社會使命或實現某一個「國家目標」──如成為中國第一個跨國品牌──而存在的。我們不妨稱之為「十字架型」的使命。另外，我們還每每看到「口號型」的公司使命。它常常是為了「捍衛或振興民族工業」（迄今很多中國家電企業以此為自己的使命）；為了「爭當中國第一納稅人」（山東某集團的公司使命）；為了「讓國人壽命延長十年」（瀋陽某保健品公司的公司使命）；或為了探索某一些體制上的創新（它常常出現在那些率先闖入壟斷型行業的新興公司的使命陳述中）。這些堂皇或遙不可及的使命感似乎能夠讓企業在經營行為中自然地戴上某種光環，甚至成為獲取某些利益的最好理由。

從以上對於使命陳述的解釋中我們可以看出，中國企業的使命陳述往往是不聚焦的，很難體現專業化的執著。從使命陳述中，我們基本上不清楚它到底專注於哪一個領域、它在哪一方面擁有自己獨特的優勢、它期望在哪一部分成為該行業甚至全球的領先者。在這一點上，中美大型企業的差異性非常之大。中國企業的使命陳述還往往與股東無關，在價值取向上十分模糊。從中我們基本上看不到公司對其出資方所應當作出的承諾。這種對股東權益的漠視與它常常表現出來的對國家乃至民族利益的高調宣示，形成了一種十分刺眼的對照。

使命陳述有何重要？使命陳述所扮演的重要角色，就是使公司成員、顧客、股東認清並了解該公司的發展方向。有時候，使命陳述可以用很簡練、積極的方式表示出公司的本質。例如，「我們從事資訊服務業」、「我們所從事的是辦公室效能及效率的提升」等。值得注意的是，不適當的使命陳述（如界定得太過狹隘或太過寬廣）會造成企業的績效不彰。如果使命不能產生共識或凝聚力，則管理者會「不知為何而戰」，目標與策略會互相掣肘，事業單位會「內鬥內行、外鬥外行」。如此會對企業造成莫大的傷害。

主要目標 (major goals) 是企業企圖或希望在中、長期達成的理想。大多數營利組織都會有層次不同的目標，而「獲得卓越績效」幾乎是任何企業的主要的（最優先的）目標。次要目標 (secondary goals) 就是組織所判斷能夠實現卓越績效的目標。例如，奇異公司董事長威爾許 (Jack Welsh) 是以「在每個主要市場不是第一就是第二」為次要目標。顯然威爾許認為這個次要目標的達成是獲得卓越績效的主要手段。

企業目標如果設定得不適當，例如，過於模糊、過於短期導向（急功近利）、過於「崇高」（曲高和寡），則目標便會失去指引作用，進而使得企業不知何去何從。在計畫的目標與實際績效之間常會有差距存在。此時，策略管理者可以改變策略以提升績效，或將目標改得更切合實際。同時，管理者必須檢視目標的有用性 (usefulness)，例如，本田汽車公司在了解到其「全球 10%」（汽車的銷售量要達到全球市場佔有率的 10%）的目標的「有用性」有問題之後，遂調整目標，將市場佔有率的目標改成利潤目標。

🎯 環境偵察

環境偵察 (environmental scanning) 就是分析企業的外部、內部環境。偵察企業外部環境的目的就是要發現環境的機會與威脅；偵察企業的內部環境的目的，就是要了解企業本身的強處與弱點。檢視外部環境分為三個主要的部分：

- 產業環境。產業環境 (industry environment) 會對組織的營運有立即的影響，故又稱為立即環境 (immediate environment)；
- 國家環境；
- 總體環境。

在檢視產業環境時，需要分析產業的競爭結構以及產業發展階段。由於許多市場現在已經成為全球性市場，所以檢視產業環境也包括評估國際化對產業內競爭的影響。對於從事國際行銷的企業而言，在偵察某一國家的環境時，要檢視其國家系絡 (national context)，也就是基礎建設 (infrastructure) 是否有助於企業在全球市場中獲得競爭優勢。如果不能，則要考慮將企業營運的主要部分移往能夠使企業獲得競爭優勢的他國。偵察總體環境包括檢視影響企業營運的總體經濟、社會、政府、法律、國際及技術因素。

如前述，偵察企業的內部環境的目的，就是要了解企業本身的強處與弱點。內部分析涉及到檢視組織資源的數量及品質，並發覺內部策略因素。攸關企業成敗的因素稱為策略因素 (strategic factors)。企業獨有的強處、資源與能力可使企業獲得競爭優勢。

🎯 策略形成

在策略形成的這一步驟，組織會對外部、內部環境的偵察結果進行 SWOT 分析。SWOT 分析是對四個英文字母的起頭字，分別表示：

S	代表	strengths	（強處）
W	代表	weaknesses	（弱點）
O	代表	opportunities	（機會）
T	代表	threats	（威脅）

SWOT 分析 (SWOT analysis) 就是確認可以發揮企業強處、隱藏（或避免）弱點，以掌握環境機會、避免威脅的策略。

策略選擇 (strategic choice) 是在 SWOT 分析之後，從一系列的策略方案中選擇適當策略的過程。組織必須以該策略的實施是否有助於目標的達成為標準來選擇策略。可行策略分為四個層次：功能層次策略、事業單位層次策略、公司層次策略以及全球擴張策略。

功能層次策略 功能層次策略 (function-level strategy) 涉及到將企業功能（如製造、行銷、物料管理、產品發展、顧客服務）發揮效率、提升品質、有效創新、提高顧客反應的策略。競爭優勢來自於組織如何獲得優異的效率、品質、創新與顧客反應。

事業單位層次策略 事業單位層次策略 (business-level strategy) 涉及到組織所強調的整體競爭主題，以及在市場中如何定位以獲得競爭優勢的方式。當然在不同的產業環境中會有不同的定位方式。事業單位層次策略有三個基本競爭策略：成本領導策略、差異化策略，以及針對某一特定利基市場的集中策略。在擬定事業單位層次策略時，應考慮到產業發展階段（如在胚胎或成熟階段）與策略動向（如是否要先發制人）的關係，以及產業發展階段與策略選擇的關係。

公司層次策略 公司層次策略 (corporate-level strategy) 主要是回答這樣的問題：要進入哪個（哪些）產業以使得組織的長期獲利性達到最大化？許多企業所採取的作法是進行垂直整合 (vertical integration)，也就是將上游活動（如原料製造或供應）、下游活動（如產品的配送或經銷）整合（納入）在公司的營運範圍內。此外，企業也可以向相關、不相關行業進行多角化，並可以透過策略聯盟來獲得長期利益。

全球擴張策略 在全球競爭日益普及並趨於白熱化的今日，組織必須將其營運觸角延伸到海外市場，才有可能獲得競爭優勢、將組織績效加以極大化。組織必須考慮每一個全球策略的成本與效益。在思考如何擬定有效的全球策略之前，企業必須先考慮兩個問題：

- 如何將既有的優勢延伸到國外市場？
- 在全球競爭時，如何隱藏弱點，掌握機會？

第一個問題涉及到如何將一個市場的關鍵資源、獨特能力及競爭優勢發揮到另外一個市場上。例如，可口可樂的全球競爭策略是將競爭優勢的基礎加以有效延伸。全球擴張策略 (global expansion strategy) 涉及到建立及經營海外業務。全球擴張有兩個主要策略：全球策略 (global strategy) 與多國內策略 (multidomestic strategy)。

◉ 策略執行

企業一旦選擇了可達成目標的各種策略之後，就應將策略加以落實。任何完美的策略如果缺乏實際行動，結果只是空談而已，對於目標的達成毫無助益。策略執行 (strategy implementation) 的課題包括：

- 公司治理與企業倫理；
- 影響有效策略實施的因素，包括結構、文化與控制。

◉ 策略評估

隨著外部、內部環境的改變，曾經是成功的策略未必會持續的成功。為了保證策略的持續有效，企業必須定期的、正式的進行策略評估。策略評估是回饋迴圈的起始點。回饋可以提供資訊以作為進行下一次策略管理過程的重要參考。策略評估 (strategy evaluation) 是「將實際績效與預期績效做比較，並將資訊回饋給管理者，以便於其評估結果，並採取矯正行動（如有必要）」。策略評估著重於策略實施之後的績效評估。

◉ 1.5　本書架構

綜合以上對策略管理過程及策略規劃程序的說明，本書據以建立的架構如表1–2 所示。首先，本書對策略管理做一鳥瞰並對策略管理的過程做綜合性的說明，並描述使命的界定及策略管理者。接著，討論企業環境，其中包括對企業外部、內部環境的偵察及分析。然後，討論策略形成的課題，其中包括企業功能層次策略、事業單位層次策略、競爭優勢的基礎與環境因應策略、總公司層次策略、全

球策略。之後，討論策略執行與評估，其中說明公司治理與企業倫理課題，及策略執行的組織結構及組織文化課題，以及如何衡量策略執行的成效。本書有鑑於近年來網際網路的普及與便捷，在現代策略管理中扮演著關鍵性的角色，因此在最後一章說明這個重要的課題。

表 1-2 本書架構

策略管理過程	篇	章數	主 題
界定公司使命及目標	壹	1	基本觀念
環境偵察及分析	貳	2	外部環境偵察
		3	內部環境偵察
		4	情勢分析
策略形成	參	5	功能層次策略
		6	競爭優勢的基礎與環境因應策略
		7	事業單位層次策略
		8	公司層次策略——水平策略、垂直策略與委外經營
		9	公司層次策略——多角化、內部發展、購併與聯合投資
		10	全球擴張策略
策略執行	肆	11	公司治理與企業倫理
		12	策略實施——結構、文化與控制
策略評估	伍	13	策略績效評估
重要課題	陸	14	網路科技對策略管理的衝擊

複習題

1. 何謂策略管理？何謂企業政策？

2. 管理制度曾歷經了四個階段：基本財務規劃、預測導向規劃、外部導向規劃以及策略管理。試簡述每個階段的特色。

3. 策略管理具有哪三個明顯的效益？

4. 在大多數的現代組織中，都具有兩種類型的管理者：高級管理者及作業管理者。試說明這兩類管理者的任務。

5. 在一個典型的具有多個事業單位的公司 (multibusiness company)，會有三個主要的

層次：公司層次、事業單位層次以及作業層次管理者。試簡述這三個層次管理者的工作。

6. 有效的策略領導者具有以下特性：建立願景、承諾、保持消息靈通、授權與員工賦能、巧妙運用權力、高的情緒商數。試舉例說明。

7. 策略管理者的主要責任就是擬定策略決策。策略決策 (strategic decision) 有三個主要的特性：重大性、長期性與不可逆性、爭論性與質疑性。試加以說明。

8. 何謂策略？試簡要說明策略管理過程。

9. 如何界定公司使命及目標？試描述著名公司的使命陳述。

10. 何謂環境偵察？檢視外部環境分為哪三個主要的部分？

11. 在策略形成的這一步驟，組織會對外部、內部環境的偵察結果進行 SWOT 分析。試簡要說明 SWOT 分析。

12. 可行策略分為四個層次：功能層次策略、事業單位層次策略、公司層次策略以及全球擴張策略。試簡要說明。

13. 何謂策略執行？何謂策略評估？

練習題

從某個產業中（如半導體業、消費者電子業、汽車業、電腦硬體業、電腦軟體業、工具業、醫療器材業、航空業、生化業、醫療業、通訊系統業、高級影像處理業、光纖業）中，找出一家國內外著名的大型企業，這個企業要具備以下的條件：(1)具有多個事業部（如大同公司的電視廠、音響廠，或奇異公司的家電照明事業部）；(2)是全球公司（如從事國際行銷、在國外設有子公司）；(3)從事電子商務（利用網際網路從事網路行銷）。就選定的公司，做以下的練習：

※ 根據本章 1.1 節對奇異公司的描述，描述此公司。

※ 簡要說明此公司在策略管理上所獲得的效益。

※ 描述此公司的使命。

※ 描述此公司的策略管理過程。

※ 描述此公司的策略管理者，尤其是公司層次、事業單位層次管理者的任務。

※ 描述此公司策略決策的特性。

小提示 👉 請注意: ⑴這個題目有連貫性，以下各章都會要求你研究與這個公司有關的問題。在學校上課時，可以將全班分成若干組，以組為單位進行討論並提出報告（書面或口頭報告）。⑵可借助網站 (www.fortune.com) 來對各大企業做基本了解。如要研究臺灣企業，在搜尋引擎如 Google.com.tw，鍵入「臺灣企業排名」，就有許多網站可供參考。

第貳篇
環境偵察及分析

第 2 章　外部環境偵察

第 3 章　內部環境偵察

第 4 章　情勢分析

第2章 外部環境偵察

本章目的

本章的目的在於說明：

1. 白熱化競爭
2. 檢視總體環境
3. 檢視任務環境
4. 檢視產業價值鏈

為什麼許多在過去赫赫有名的公司會被競爭潮流所淹沒？其中主要的原因就是它們無法因應環境變化，或者無法做適當的改變與調整。例如，包得溫公司 (Baldwin Locomotives) 曾經是蒸汽火車頭的著名製造商，但是無視於科技環境的變化，在轉換成迪塞引擎的過程中緩如牛步，因此迪塞火車頭市場在旋踵之間被奇異公司、通用汽車公司所支配。

以上的個案也給企業帶來了一個重要啟示：企業並不是在真空狀態下經營的，它必須與其環境互動。社會對企業的產品及服務有所需求，企業才有生存的機會。在這個社會大環境中，企業要能扮演好角色，才能夠永續經營。簡言之，要長期的維持成功，企業必須配合外部環境。在「環境需求」及「企業所能提供的產品及服務」之間，以及「企業所需要的」與「環境所能提供的」之間，要同時具有適當的配合。

不可諱言的，21 世紀企業所面臨的環境複雜性將有增無減。所謂環境不確定性 (environmental uncertainty) 是指外部環境的複雜性程度 (degree of complexity) 與不穩定程度 (degree of instability)。由於市場的全球化程度日深，企業在做決策時所要考慮的因素也越來越多，因此決策會變得越來越複雜。由於技術突破一日千里，所以市場改變得很快，而因應市場所提供的產品及服務也必須跟著做快速

的改變。環境不確定性對企業而言是機會，還是威脅？一方面，環境不確定性對策略管理者而言是機會，它可使有創意的、有創新能力的策略管理者能夠拔得頭籌、掌握先機，另一方面，環境不確定性也是威脅，因為策略管理者無法擬定長期策略，而且其擬定的策略也必須不斷調整以便與環境保持平衡。

2.1　白熱化競爭

今日的大多數產業所面臨的是前所未有的環境不確定性。換言之，環境變得越來越複雜，越來越動態（不穩定）。許多靈活的、積極的、具有創造力的競爭者紛紛的湧入既有的市場中，侵蝕了既有支配市場的大型企業的利潤。在這個白熱化競爭或超級競爭 (hypercompetition) 中，我們發現了幾個重要的現象：

- 傳統的配銷通路受到新型的配銷通路（網路配銷）的重大威脅，有許多產業的通路業者甚至被網路中間商所取代，造成「中間商滅絕」(dis-intermediation) 的現象。
- 廠商與商業伙伴（如顧客、供應商）的合作更為密切，透過有效的顧客關係管理、供應鏈管理，企業可降低成本、提高品質，善用最新科技。
- 公司學習到如何快速的成為學習型組織，模仿市場領導者的成功策略。
- 企業要維持持久的優勢越來越困難，許多產業已經進入「微利」時代。

在超級競爭的產業，如電腦業，競爭優勢主要來自於對環境趨勢及競爭活動的即時充分了解及掌握，以及日新又新，不斷的創造新優勢。企業必須做到「同類相殘」(cannibalize)，也就是用新產品取代舊產品，至少要在競爭者採取這個行動之前。從以上的說明，我們可以了解，產業及競爭情報的重要性更甚於以往。

2.2　檢視總體環境

環境偵察 (environmental scanning) 是指監視、評估外界環境，並將從外界環境

得來的情報提供給企業內的關鍵人士。環境偵察可使企業防止意外事件，並確保其長期安全性。卓越的企業之所以能夠持續不斷的「重生」，是因為它們能了解、掌握環境，並將資訊視為獲得競爭優勢的主要來源❶。企業應檢視任務及總體環境，以便偵察出能影響企業經營成敗的策略因素。

在進行環境偵察時，策略管理者首先必須了解企業所處的總體環境及任務環境。總體環境 (macro environment) 包括不會直接影響企業短期活動，但對企業長期活動能夠（通常也會）造成影響的一般力量。例如，經濟力量、技術力量、政治法律力量、社會文化力量。任務環境 (task environment) 是直接影響企業，同時又會被企業所影響的元素或團體。這些元素包括政府、社區、供應商、競爭者、顧客、債權人、工會、特殊利益團體以及同業公會。任務環境就是企業在其中營運的產業。產業分析 (industry analysis) 是指對企業所面臨的產業中的關鍵因素進行深入的檢驗。企業應檢視總體環境、任務環境的策略因素。所謂策略因素 (strategic factor) 是指對企業經營成敗具有關鍵性影響的因素。

企業必須對總體環境中的各元素加以檢視，也應特別著重於對其產業影響最大的因素。有些元素對於某產業的某些企業影響最大，有些因素的影響則相對較小。

🔘 經濟環境

經濟環境 (economic environment) 包括 GNP 趨勢、利率、貨幣供給、通貨膨脹率、失業水準、工資及價格管制、貨幣貶值或增值、能源供應及成本、可支配所得。總體環境中的經濟力量會對企業活動造成明顯的影響。例如利率上升會減少家電產品的銷售。因為高利率會反映在抵押貸款的費用上。由於貸款率會增加購屋成本，因此對新屋或成屋的需求便會受到影響而降低。消費者在購買新屋或換屋時，才會購買家電產品。因此房屋購買率的降低會連帶影響冰箱、電爐、自動洗碗機等的需求降低。同時，整個產業的利潤也會受到不利的影響。

Kitchin 循環與 Juglar 循環 每一次景氣循環，都包含「擴張」和「收縮」兩個階段，其中擴張期 (expansion) 又可細分為「復甦」和「繁榮」、收縮期 (con-

---

❶ R. H. Waterman, "The Renewal Factor," *Business Week*, September 14, 1987, p. 101.

traction) 又可包含「緩滯」與「衰退」，這種描述在經濟學圈已成高度共識，但究竟什麼原因帶來景氣的榮枯循環，經濟學界則常莫衷一是，爭論不休。歷史上，有好幾位大經濟學家嘗試為「景氣循環」下過定義，其中最著名、也最常為當今研究者採用的，當屬「Kitchin 循環」與「Juglar 循環」。Kitchin 認為「市場供需」的調節是循環的本質，因此他看重企業生產、銷售與庫存的調整數字，當「需過於供」時帶來擴張、「供過於求」時則帶來收縮，一個景氣循環週期約為三至四年；而 Juglar 則瞄準企業經營的長期面，特別重視設備投資、技術革新和生產力的變動等因素，在他的看法裡，產業或企業能找到新競爭利基，就可驅動長期繁榮，一趟 Juglar 循環往往可長達十年。

我們有理由相信——2004 年是 Kitchin 循環（光復後第 11 次）和 Juglar 循環（光復後第 4 次）相交會的一年，臺灣不僅中短期景氣很好，甚至典範轉移式的長期經濟型態，也在我們身邊出現，正如 1991 年臺灣電子產業接棒塑化出口產業一樣，臺灣會有一套全新的產業類型、工作類型、策略類型，出現在地平線彼端。這種循環交會的力量特別巨大，因為我們先前已同時經歷兩種循環同時收縮的痛苦（2001 年經濟成長率 –2.9%，為戰後第一次赤字），企業和產業已經做了徹底的、革命性的調整，而且這種調整甚至不僅及於國內，更相連到美國、日本、中國和新崛起的東歐。

技術環境

技術環境 (technological environment) 包括政府的研究發展支出、產業的研究發展支出、技術提升的著重點、專利權的保護、新產品、從實驗室到市場的技術移轉、透過自動化的生產力改善。總體環境中技術力量的改變也會對許多產業造成影響。例如，電腦微處理器的進步，不僅造成家用電腦的普及，也改善了汽車引擎的能源效率。美國喬治華盛頓大學的研究者已確認了幾種重要的技術突破。他們預測這些現象會對 2000～2010 年的企業經營造成莫大的影響。

可攜式資訊裝置及電子化網路　在工業化國家，將有 30% 以上的人口會使用個人電腦、網際網路、電腦電話、行動電話這些技術，以進行資訊傳遞、人際交流。在今日，家庭、汽車、辦公室可透過無線連結形成一個「智慧網路」，並可與

其他的智慧網路互動。

替代能源　利用風力、地熱、水力、太陽能、生物能源 (biomass) 以及其他能源的使用率將從現在的 10% 增加到 2010 年的 30%。曾經專門被用來作為太空梭的主要動力的燃料電池 (fuel cells) 將會普遍的成為無污染的電力來源。燃料電池可結合氫與氧來產生電力，並可產生副產品──水。雖然燃料電池要充分取代氣體動力引擎或大規模的發電廠還有一段距離，但是這個替代能源已經在大型建築物內廣泛的被使用。

精準農業　農作物的電腦化管理可配合不同的農地特性，生產更多的農作物。農業設備經銷商，如 Case 公司、Deere 公司，曾將電腦化設備裝設在耕耘機上，以降低農作物成本及環境污染、增加效率。小規模的、低科技的舊式農業將被大型的企業化農場所取代，這些新式的電腦化經營農場可以在有限的農地上生產更多的農作物，以解決日益嚴重的全球人口過剩、糧食短缺的問題。

虛擬個人助理　具有電子郵件、傳真、電話功能的個人數位助理可像私人秘書一樣，幫助我們處理日常例行性的、瑣碎的事情，例如信件的傳送及接收、檢索檔案、打電話等。

基因改良　生物科技與農業技術的結合創造了生命科學的新領域。植物可以透過基因改良，以產生更具有營養成分的果實，或者更能防止病蟲害。動物（及人類）可透過基因改良，以獲得更佳的品質，並可防止遺傳缺陷及疾病。

機器人　機器人的發展主要受限於感官裝置以及艱深的人工智慧。如果突破了這些限制之後，機器人就可以執行更複雜的、更沉悶的、更危險的工作。有朝一日，機器人將會非常普遍，幫我們跑腿、做家庭瑣事，使我們的生活變得輕鬆愜意。具有感官能力的機器人更是殘障人士的好幫手。

◉ 政治法律環境

政治法律環境 (political and legal environment) 包括公平交易法、環境保護法、稅法、特殊誘因（如獎勵投資條例）、國貿管制、對外國公司的態度、雇用及升遷的規定、政府的穩定性。在總體環境中的政治法律力量不僅對產業中企業之間的競爭有重大的影響，而且也對企業經營的成功與否具有重大的影響。例如，政府

對於反托拉斯法的嚴格執行，會直接影響企業的成長策略。大型企業會發現越來越不容易併購在該產業或相關產業的競爭者，因此他們不得不在不相關的產業中進行多角化。在歐洲，由於歐盟的成立使得許多企業進行跨國合併。

政治因素會影響企業組織的運作。政治系統是一個廣義的名詞，由法律、政府機構、壓力團體等所組成。在自由民主 (liberal democracy) 的政治體制之下，消費者以及企業公司在不損及他人及社會的前提下，都可以自由的追求自我利益。

🔵 社會文化環境

在總體環境的社會文化力量中，有些人口統計上的趨勢。1950 年代的嬰兒潮 (baby boom) 對許多產業的市場需求產生了很大的影響。例如，在 1995～2005 年間，平均每天有 4,400 人會年滿 50 歲。在所有的工業化國家中，50 歲以上的人口是人數最多的年齡層。具有市場眼光的企業會發現這個相當龐大的市場區隔是行銷契機所在。這些人是休旅車、海上旅遊、休閒活動（如保齡球）、理財服務、健康用品及食品的大宗消費者。

以上的趨勢對於 Winnebago（休旅車公司）、Carnival Cruise Lines（海上旅遊公司）、Brunswick（運動器材公司）而言，真是一大利多。為了要吸引年長顧客，零售店必須在店內擺設座椅以讓他們在購物時得以休息；洗手間必須要設在更為方便的地方，標示的文字字體必須更大；餐廳必須加強照明，以方便年長顧客點菜；家電用品在操作上必須簡單，手把及控制裝置必須加大；越野腳踏車市場必然會萎縮，而踏步機、按摩器市場必然會蓬勃發展。

社會文化環境 (social and cultural environment) 包括生活型態的改變、對生涯的期望、消費者主義、家庭的形成率、人口的年齡分布、人口的地理遷徙、人口出生率。社會文化環境影響了人民的生活方式，並解釋了何以人民會有這種生活方式。臺灣地區在解嚴後的社會、文化變遷尤其快速。社會文化環境因素直接的影響了消費者行為，故此因素值得行銷主管的深入了解。

我們全部都生活在影響我們行為的文化和社會結構之中。信仰、傳統、習俗和儀式影響了所有的人和組織，我們都會對文化及社會做出某種貢獻、影響，同時也會被文化及社會所影響。不幸的是，許多組織不是沒有考慮到這個環境的影

響，就是低估了它們的影響。

價值觀的改變大大的影響了人們對某些產品的需求及慾望。雖然文化價值不可能在一夕之間發生改變，但是我們可看到近年來它的改變幅度非常的大。行銷者必須掌握價值觀改變的資訊，才能夠掌握商機。例如，美國由於文化價值的改變，愈來愈多的人不喜歡穿著傳統的西裝上班，而喜歡比較休閒的工作環境。這種改變不僅影響到消費者所喜歡的產品類型，也會影響到產品品牌、訂價、促銷及配銷。由於許多公司對衣著規定的放鬆，卡其褲的價格在過去五年來增加了一倍，李維牛仔褲 (Levi Strauss)、Gap 這些有名的成衣業者，充分的掌握住這個商機，甚至大肆鼓吹衣著輕便會造成比較高的生產力❷。

自 1980 年代末期以來，人們愈來愈重視健康、營養及運動。人們現在比較重視食物，因此會選擇低脂肪、無脂肪、無膽固醇的食物，更重視無污染的環境，對於飲酒也多有節制。行銷者自然必須提供適當的食物、飲料、運動器材，來因應這個新的價值觀所帶來的行銷機會。

多年來，人們認為家庭的和樂及婚姻的美滿是生命中最重要的事情。但是隨著破碎家庭的增加（在美國每三對夫妻就有一對以離婚收場，在臺灣約每四對就有一對以離婚收場），有些人不再奢望「白頭偕老」，對美滿婚姻也不再抱持憧憬。由於不幸婚姻所付出的代價太高，有些男女採取同居的方式，或抱持獨身主義。不論是什麼型態，兒童在父母心中還是有重要的地位。許多行銷者看到這種現象，紛紛提供較安全的、高檔的兒童用品、娛樂產品等。

外膳、外帶的方式也漸漸普遍，因為，忙碌的雙薪家庭，不願意將短暫的相聚時間花費在準備餐點上。速食業者（如麥當勞、肯德基等）以及提供微波食品的業者，自然是這個現象的受惠者。

在社會文化上，美國有幾個重要的趨勢：

環保意識的覺醒　資源回收及水土保持不再是口號。例如，許多公司的員工餐廳不再使用拋棄式的寶麗龍餐盤，改而使用可重複使用的瓷盤或塑膠餐盤。

年長市場的成長　由於 55 歲以上人口的增加，因此這群年長者將成為一個重

---

❷　Reon Carter, "Khaki Rock: Versatile Fabric Scores High Hit," (Fort Collins) *Coloradoan*, Sep. 13, 1998, p.C7.

要的市場。有些公司已經將年長者市場區隔為：年輕成熟者市場 (young matures)、較年長成熟者市場 (older matures) 及年老者市場 (elderly)，並且針對這些市場區隔的不同消費偏好及行為，擬定不同的行銷組合策略。

Y 世代的衝擊 Y 世代（1977～1994 年出生者），其人數與嬰兒潮出生的人數一樣多。二次世戰後嬰兒潮達顛峰的 1957 年，嬰兒出生人數達 4 千 3 百萬人。在 1992 年，嬰兒的出生人數是 4 千 2 百萬人。可以想見，在 1990 年代中期，小學已是人滿為患。美國人口統計局預測，在 2005 年，Y 世代人數已達 3 千萬人。這些人對未來產品及服務的影響非常大。

大量行銷的式微 利基市場 (niche market) 將主宰市場環境。人們所希望的是能夠滿足其特定需求的產品及服務。就因為了解到這點，Maybelline 的 "Shakes of You" 化妝品系列是專門針對非洲裔美國人而特別設計的。依照消費者個人需求來製造及行銷產品的大量客製化 (mass customization) 將成為市場競爭的典型作法，過去大量行銷 (mass marketing) 的做法已是明日黃花。

工作步調的改變 透過傳真機、電腦電話、手機及電子郵件大大的增加了通訊效率，加速了工作生活的步調。

消費者的選擇性增加 結合電腦、通訊與娛樂的產業透過人造衛星、有線電視，跨越時空限制向消費者提供訊息，使消費者的選擇性增加了，當然也變得越來越挑剔。

電子通勤 (telecommuting) 由於通訊的便捷及效率，電子通勤將越來越普遍。對大多數的人而言，電子通勤是近乎理想的方式，因為：

- 他們不必再在尖峰時間飽受塞車之苦；
- 不必親自到公司上班；
- 他們有更多的彈性時間；
- 他們可在家自由穿著；
- 他們不會受到同事的干擾。

電子通勤的情形是這樣的：工作者在家裡利用電腦工作，這部電腦與公司的電腦主機做 24 小時的連線。目前在美國，約有 1 千萬人在家裡「上班」，所做的事情包括：利用電話接單、填寫報告或其他表單、處理或分析資訊❸。電子通勤

是成長非常快速的工作排程方式。

實施電子通勤所要考慮的因素如下：

- 在家裡工作久了以後，是否會漸漸的疏忽了「辦公室政治」？
- 管理當局在考慮加薪及升遷時，會不會對在家工作的人另眼相待？
- 家裡的方便（如冰箱、床鋪、電話）及可能的干擾（如鄰居、小孩）會不會對意志力不強、自我約束力不高的人，產生不良的影響？

家計單位的改變　在 2005 年以後，美國由個人組成的家計單位將是最普遍的家計類型。雙親、無小孩的家計單位也會顯著增加。電視影集上描述 1980 年代「天才老爹」型的家計單位已經不復存在。

工作團體的多樣化　在美國，少數民族的比例將越來越高。根據美國人口統計局的估計，1996～2050 年少數民族的人口比例變化是這樣的：非裔（從 13% 增加到 15%）、亞裔（從 4% 增加到 9%）、美國印地安人（微增）、拉丁美洲裔（不論任何種族，從 10% 增加到 25%）。勞動人口比例的改變表示管理方式也必須跟著調整。各企業也陸續的推出「差異管理方案」(diversity-management programs)、落實就業機會平等法，並實施訓練計畫以使文化背景不同的員工能夠融入新的組織文化。這些差異性固然給管理者帶來了極大的挑戰（倫理及其他挑戰），但同時也帶來了極佳的機會，例如吸引及留任專業人才的機會，進而提升創造力及獲得創新的機會。差異管理 (managing diversity) 是指「規劃及落實人員管理的組織制度及實務，以使得潛在差異性的優點得到極大化，而缺點變成極小化」。

2.3　檢視任務環境

企業在偵察任務環境時應分析包括影響其任務環境的所有因素。分析的形式可以是這樣的：由企業內不同部門的人員個別進行分析，然後再彙總上呈。例如，在寶鹼公司內，品牌群的每位成員必須在每一季與銷售、研發部門共同合作，針對每一項產品類別完成「競爭活動報告」(competitive activity report)。採購人員必

---

❸　A. LaPlante, "Telecommuting: Round Two, Voluntary No More," *Forbes ASAP*, October 9, 1995, p. 133.

須完成產業的最新發展分析。這些報告及其他報告會彙總上呈到高級主管辦公室，以便於高級主管進行策略決策。如果高級主管認為某項新產品值得發展，就會要求公司全體成員注意有無相關產品也值得發展。這種方式使得寶鹼公司可以充分的掌握外部策略因素。

波特的五力模型

　　產業是由生產類似的產品或服務的企業所組成的。例如冷飲業、金融服務業。檢視的利益關係者，例如供應商及顧客，是產業分析的一部分。競爭策略的權威麥可波特 (Michael E. Porter) 認為，企業最關心的是產業內的競爭密度 (competitive intensity，競爭激烈的程度)，而競爭密度是由產業中的基本競爭力量 (competitive forces) 所決定[4]。這些驅動產業競爭的基本力量包括：新競爭者的加入、替代品的威脅、購買者的議價能力、供應商的議價能力以及競爭者，如圖 2-1 所示。雖然波特只提出五種力量，但本書為了突顯利益關係者（工會、政府及任務環境中其他團體的力量）亦會對產業活動產生影響的事實，故認為有必要加上這個力量。

　　從上述的分析來看，我們可以說競爭密度或強度 (competitive intensity) 最高的產業情況就是：任何企業可自由進入此產業，現有的企業對於購買者及供應商並無議價能力，競爭者眾多，替代品的威脅層出不窮，政府及工會的壓力不斷。在短期，這些力量造成了企業運作的限制，但在長期，企業可透過其策略選擇來改變一種或以上的競爭力量以使企業佔盡優勢。例如，英特爾為了要使個人電腦廠商購買更多其最新發展的高速微處理器（3D 圖形晶片），大力進行高級軟體發展以提升 3D 圖形晶片的處理能力。同時，英特爾也加速網路管理軟體的發展，使得 PC 網路的伺服器管理員可駕輕就熟的進行網路管理。英特爾的種種做法不外乎藉由刺激 PC 的消費進而加速其晶片的出貨。

　　策略規劃者在分析產業時，可以對每種力量給予高、中、低的評估。例如，可對目前的運動鞋產業做這樣的評估：競爭程度高（耐吉、愛迪達、銳跑、Converse 是強勁的對手）；潛在進入者的威脅程度低（其他的鞋子並不適合運動）；供應商

----

[4]　Michael E. Porter, *Competitive Strategies*: Techniques for Analyzing Industries and Competitors (New York: Free Press, 1980), chap. 2.

議價能力程度中等但逐漸增強（在亞洲國家的供應商的規模越來越大，能力也越

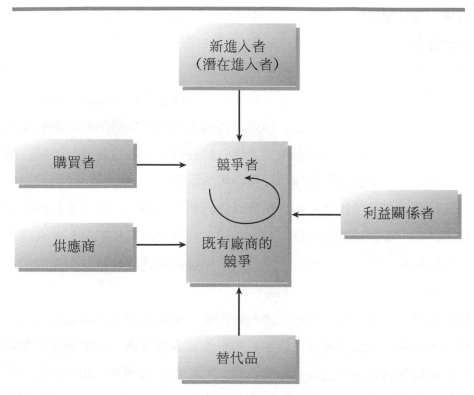

資料來源：Michael E. Porter, *Competitive Strategies: Techniques for Analyzing Industries and Competitors* (New York: The Free Press, 1980).

圖 2-1 產業競爭的驅動力量（波特的五力模型加上利益關係者）

來越強）；購買者的議價能力中等但逐漸增強（運動鞋漸漸喪失吸引力）；利益關係者的影響力中等到高等（政治管制越來越嚴格、人權團體的聲浪日起）。基於對這些力量的趨勢分析，此產業的競爭密度越來越高，這也表示整體產業的利潤會降低。

新進入者的威脅

如果新進入者被阻擋在產業之外，則既有廠商會有比較高的利潤。新進入者會減少產業獲利率的原因是，它會增加新的產能，而且也會侵蝕既有廠商的市場佔有率。為了阻擋新進入者，既有廠商會盡量提高進入障礙。進入障礙 (entry barrier) 是指阻止企業進入某一產業或使企業進入某一產業變得更為困難的因素。一般而言，進入障礙包括：資金需求、規模經濟、產品差異化、轉移成本、成本優勢、品牌認同、使用配銷通路、既有廠商的報復以及政府政策。

資金需求　自 1930 年代以來，在汽車業中沒有一個新進入者，原因何在？在建立生產設備及建立配銷網路上需要龐大的資金。當必須要有龐大的資金才能夠進入此產業時，則缺乏資金的新進入者就會被阻擋在外，而無法進入此產業。此時既有廠商的獲利性便不受影響。例如，製造大型商用飛機所需的廠房及設備必須投入大量的財務資源，這種現象（或條件）使得許多製造商裹足不前，這也是波音及空中巴士可以長久霸佔商用飛機市場的原因。

缺乏具有威脅性的新進入者，是醫藥業、個人保養業、軟體業長期獲利的原因。然而，在卡車運輸業的情況卻大不相同。任何廠商只要租幾輛卡車就可在短期內進入運輸業。由於資金需求不高，所以旋踵之間此產業就充滿著競爭者。在餐飲業、乾洗業等，也有同樣的現象。

規模經濟　許多產業都有規模經濟的現象。規模經濟 (economies of scale) 是指當產量增加時，產品（或其他活動）的單位成本會下降。大型廠商可藉規模經濟之利來壓低價格以使新進入者知難而退。例如在半導體業，IBM、英特爾、國家半導體公司 (National Semiconductor)、摩托羅拉、德州儀器公司，在高級微處理器、通訊用晶片及積體電路的生產商獲得規模經濟之利，進而嚇阻了蠢蠢欲動的新進入者。

產品差異化　產品差異化是限制進入者的另外一個原因。產品差異化 (product differentiation) 是指產品在消費者心目中產生特別的、獨特的形象的實體差異或認知差異。產品差異化是鎖住消費者讓他們繼續保持忠誠度的利器。產品差異化之所以成為進入障礙，是因為對於新進入者而言，要改變顧客對既有廠商的購買偏好及忠誠，並建立屬於自己的產品差異化的代價過於高昂之故。

轉移成本　轉移成本 (switching cost) 就是轉而使用新的東西所衍生的成本。為了要進入此產業，新進入者必須要說服既有顧客轉移購買對象。為了要轉移購買對象，顧客必須要測試新產品、協調新的購買契約、訓練人員使用新設備或者調整既有設備以使用新產品。在轉移購買對象時，購買者會負擔財務及心理成本。

如果轉移成本太高，則購買者就不願做改變。例如，軟體業者（如微軟公司）之所以長期享受高額利潤的原因，就是因為使用者轉換作業系統（如 Windows）的代價太高之故。

成本優勢　新產品一旦獲得大量的市場佔有率，並使市場視為是標準品之後，這個新產品的製造商就會具有成本優勢。例如，微軟公司早期曾替 IBM 個人電腦發展 MS-DOS 作業系統，在這個作業系統廣為 PC 製造商所使用之後，微軟公司相對於其他的潛在競爭者就有明顯的優勢。1993 年微軟公司推出第一代視窗作業系統更穩固了先前的優勢。據估計，目前在全球有 90% 以上的 PC 使用微軟公司的視窗作業系統。

品牌認同　既有廠商在產品及服務上所擁有的品牌認同也是一個進入障礙。對於不經常購買、價格高昂的產品而言，品牌認同尤其重要。新進入者在品牌認同上通常會遇到很大的困難，因為品牌認同的建立不是一蹴可幾的，需要投入相當大的資源與時間。例如，在 1970 年代，日本汽車，如豐田、日產及本田，在產品發展及廣告上花費了相當可觀的時間（約三十年）及金錢，才造成美國消費者對它們的認同。

使用配銷通路　新進入者無法使用既有的通路也是另外一個進入障礙。通常，既有廠商對於市場的配銷通路有很大的影響力，因此可以阻止新進入者的使用。例如，消費者包裝產品公司、個人保養產品公司常會利用對通路的影響力來獲取市場佔有率及心智佔有率 (mind share)。例如，寶鹼公司以廣泛的產品項目（如 Tide、Crest、Folger's、Charmin）佔滿了通路業者（零售店）的貨架空間。在這種情況下，新進入者必須花費大量的促銷費用建立相當的知名度，才會讓零售業者願意讓出一些貨架空間。從以上說明，可以了解小型的創業家（新進入者）要獲得超級市場的貨架空間並不容易，因為大型零售店的收費往往很高，而且把優先權給予既有的大型企業，因為大型企業可以透過大量廣告刺激顧客的需求（這種作法在行銷學上稱為「拉式」促銷策略）。

　一般而言，某特定產品的通路數目愈少，進入此產業的成本就愈高。美國廠商長年以來未能打入日本及遠東國家的市場，主要的原因是無法使用當地的配銷通路。

既有廠商的報復　有時候既有廠商的強勁報復意圖就足以嚇阻新進入者。例如，1960、1970 年代，當 Dr. Pepper（現屬 Cadbury-Schweppes 所有）企圖進軍全美市場時，遭遇到可口可樂、百事可樂的強烈報復，結果不敢越雷池一步，繼續窩在德州。其他的產業也有同樣的現象，例如要進入照相業、醫療業、汽油業，必會遭到既有廠商的強烈報復。

政府政策　政府可透過對於使用新原料的限制（例如在某些保護地區限制石油的開採）來造成廠商進入某些產業的障礙。

競爭者

以郵購業務起家的戴爾電腦、Gateway，在進入先前由 IBM、蘋果、康柏所霸佔的 PC 市場後，使得競爭密度節節升高。任何廠商的降價活動或推出新產品，必然引起其他廠商的競相效尤。在經濟學上，這種現象稱為割喉競爭 (cut-throat competition)。同樣的情況也發生在美國航空業、臺灣的沙拉油業者。產業中競爭密度決定了產業的吸引力及獲利性。競爭密度會影響供應商成本、配銷通路，並增加購買者的議價能力，因此對產業獲利性會造成直接影響。當以下情況發生時，競爭者之間會進行割喉競爭，而使得產業獲利率降低：

- 產業沒有領導者；
- 廠商數目很多；
- 廠商具有高的固定成本或存貨成本；
- 產能擴充過度；
- 退出障礙高；
- 產品無差異性；
- 產業成長緩慢；
- 競爭者的「人同此心」。

產業領導者　產業中強勢的領導者會規範各廠商的行為，避免引發價格戰。產業領導者所採取的方法之一，就是本身採取降價措施作為嚇阻及報復的手段。由於領導者有豐富的財務支援做後盾，所以在價格戰中必然可比其他廠商撐得更久。個人保養產品業的高額利潤要拜寶鹼這個強勢的領導者所賜。如果產業沒有領導者，則價格戰爭會如家常便飯，而產業的獲利率也會降低。鋼鐵業、製紙業、

記憶體晶片業及廢棄物處理業的低利潤，部分原因是產業中沒有強勢領導者。

廠商數目　即使有產業領導者存在，但當產業內競爭者數目增加時，也很難規範其訂價行為。此外，廠商數目一多，不免人多口雜，很難達成共識。各行其是的結果會降低產業獲利率。卡車業的低利潤多少要歸咎於廠商數目過多。進一步分析，當競爭者數目不多，但規模相同時（例如美國的汽車業、家電業），他們彼此之間會密切監視對方的行動。一家廠商的行動（如降價、強力促銷），必然引起其他廠商的相對反應。

固定或存貨成本　當廠商具有高的固定成本時，它們會極力利用其產能，因此當產能擴充過度時，便會以削價來吸引顧客或保留既有顧客。除非此產業具有高的需求彈性，否則降價會降低產業獲利率。基於以上理由，當產業內的廠商具有高的固定成本時，其獲利率便會下降。

飛機班次必須準時開，不管乘客有多少，同樣的，電影必須準時演，不管觀眾多少。如果乘客、觀眾不足，業者還是要負擔一定的固定成本。在這種情況下，業者為了要分攤固定成本，必定會極力爭取顧客（通常是用降價或「非價格競爭」的方式），競爭激烈可以想見。在存貨方面，廠商必須快速的出清存貨，早日回收，故競相殺價，導致競爭的白熱化。

產能　如果廠商只能依靠建廠（或購買工廠）來增加產能，那麼它必會充分運用此產能（如 24 小時開工）❺，企圖以大量製造來壓低單位成本。廠商對於這些大量的產品會有很大的銷售壓力，否則囤積的產品會衍生額外成本，如倉管成本、資金積壓的機會成本。

退出障礙　顧名思義，退出障礙 (exit barrier) 是指廠商退出此產業的障礙或困難。如果某些競爭者退出此產業，則產業的競爭密度便會降低。在幾乎沒有什麼退出障礙的產業，其獲利率會比較高。退出障礙有許多形式。廠商的專屬資產就是一種退出障礙，因為這些資產對其他廠商毫無用處。例如，啤酒業者的退出障礙很高，因為啤酒工廠及設備除了製造啤酒之外，並無其他用途。廠商也許必須遵守勞工協議，或者為了充分利用已購得的原料，或者不能突然停止已在運作

---

❺ 增加產能有許多其他的方式，例如，增加人數、增加班制、擴充店面、增加座椅等。擴建工廠是投資最大、最不具彈性的一種方式。

的生產線，所以不會貿然退出此產業。此外，如果兩項活動共用一些設備，則停止某項活動會影響另外一個活動。基於以上的理由，廠商會被迫留在原產業。這種情況當然會拖垮整個產業的獲利率。

產品差異化　廠商通常可以差異化來避開價格戰。因此，如果某產業提供了廠商進行差異化的機會，則此產業的獲利率必然較高，如軟體業、醫藥業、運動器材業、醫療供應品業等。如果產業涉及到無差異性的產品，則產業的獲利率必然較低，如紡織業、記憶體晶片業、卡車運輸業、鐵路業。許多顧客惠顧某 VCD（或 DVD）出租店的原因，是因為地點方便、種類多（尤其是合乎自己偏好的片子種類多）、租費便宜，因為他們認為 VCD（或 DVD）是日常品 (commodity)，也就是 VCD（或 DVD）在任何一家出租店並沒有差異性。因此，VCD（或 DVD）租片業的利潤不高。

產業成長緩慢　在產品進入成熟期時，市場已趨於飽和，廠商為了爭取更多的顧客無不卯足全力，無所不用其極。此時競爭激烈的情況可以想見。在美國，成長緩慢的產業有汽車業、數位電話業、保險業、廣播業、廣告業、金融服務業、不動產業、個人電腦業。

競爭者的「人同此心」　想法相同的競爭者經常會狹路相逢，因此仇人相遇，分外眼紅。例如，成衣零售業者經常都會選擇購買人氣旺盛的地點設店。

替代品的威脅

影響產業獲利性的另外一個重要因素就是替代品。替代品 (substitute products) 是在功能上與既有產品相同或非常類似，但可以滿足同樣需要的另一種產品。例如，不動產、保險、公債或銀行存款是普通股的替代品，因為它們都是資金投資的可行方式。有時候要確認某產品有哪些替代品不是件容易的事情，因為那些外觀不同，或是其替代品並不是一眼就可以辨識，但可滿足相同需要的產品都算是替代品。例如，賭博、渡輪及國外旅遊是滑雪的替代品。

電子郵件是傳統郵局、快遞公司（如聯邦快遞、優比速）的替代品。由於網際網路、公司內網路 (intranet) 及其他形式電子通訊的普及與便捷，使得使用者會放棄傳統的溝通方式。在高科技行業，技術發展一日千里，新產品的出現如雨後春筍，對既有產品的威脅相當大。例如，數位相機已逐漸取代傳統相機，而連帶

的對傳統底片業者 (如柯達、富士) 的打擊很大。網路電話 (voice over internet protocol, VOIP) 的出現對傳統的通訊業者造成了莫大的威脅。生物科技的突飛猛進，其所研發的新藥對於既有成藥也是威脅性很大的替代品。

在確認了替代品之後，企業必須判斷替代品對這些產業利潤的影響 (更明確的說，是對企業本身利潤所造成的影響程度)。一般而言，當替代品能以更低成本來執行同樣功能 (與既有產品相較)，或者在不增加成本的情況下可執行更多的功能，才會對既有產品產生威脅。更令企業憂慮的是，替代品的價格愈來愈低，但功能 (或稱績效屬性) 卻愈來愈好。例如，愈來愈多的使用者可利用個人電腦透過網際網路來打長途電話，價格比傳統電話還低，而通話品質又有超優音質，原音重現，甚至優於一般電話。美國線上的瀏覽器可讓人們互通語音及文字訊息，而其即時通訊 (instant messenger) 將是傳統長途電話公司的最大威脅。

購買者的議價能力

產品及服務的購買者有時候可對廠商施加壓力，要它們降價或提供更好的服務。在以下情況下，購買者的議價能力 (buyers' bargaining power) 會更高：

- 購買者具有產品知識；
- 購買量多、購買金額大；
- 產品不被視為絕對必需；
- 購買者集中；
- 產品無差異化特性；
- 購買者很容易進入賣方產業。

購買者具有產品知識　購買者如果缺乏對於產品功能及品質的知識，在議價時必然居於劣勢，具有行銷技巧的賣方必然會讓購買者付出高價，即使這個產品並無特殊之處。因此，向無知識的購買者銷售貨品，通常會使賣方獲得更高的利潤。例如在軟體業，由於軟體產品相當複雜，使得購買者既無能力又無時間做比價，因此必須仰賴具有專業技術的賣方提供意見，在此情況下只有「任憑宰割」。基於以上的原因及其他原因 (如轉移成本、專利權)，軟體業者可維持長期的獲利性。相反的，如果購買者有足夠的知識與資訊來評估競爭品牌，則他們的議價能力就會提高。廠商無法收取高價，產業獲利率自然下降。例如，旅客很容易對各

航空公司做比價，尤其在這個網際網路如此發達的現代，所以基本上每家航空公司都是另一家的替代品。既然如此，每家航空公司都會虎視眈眈的注意其他公司的票價，一旦發現其折扣比別家低就會馬上跟進，唯恐顧客流失。如果無法充分發揮產能（也就是說有許多空位）則會有很大的損失。以上的說明也可以解釋何以航空公司利潤不高的原因。

購買量多、購買金額大　如果購買者的購買量不大，那麼他也不會有對賣方施加降價壓力的動機，因為即使價格大幅降低，對購買者的總購買成本影響不大。例如，如果你每週花 100 元新臺幣在香菸的消費上，你大概不會對價格太過關心。這就是菸草公司菲利普莫里斯 (Philip Morris) 對其品牌香菸設定高價的原因，也是菸草業獲利甚豐的理由。

當購買量很大時，買方就有很高的議價能力，同時會有強烈動機向賣方施加壓力，因為即使價格小幅降低，對購買者的總購買成本影響就很大。購買者的議價能力，不僅涉及到購買數量，而且也涉及到購買金額。如果購買金額高（如冰箱、冷氣機），則其議價能力高，殺價動機也強。這可以解釋為什麼家電業利潤微薄的理由。主要的競爭者（如大同、三洋、聲寶）無不卯足全力爭取顧客。

產品功能　當產品可提供關鍵性的功能，購買者會付出高價購買此產品。製藥業就是最佳實例。當人們生病或受傷時，他們不會在乎藥品的價格。為什麼？因為這些人急於解除痛苦。藥局也充分了解這點，所以會訂出高價。這也可以說明為什麼製藥業長年以來獲利甚豐的理由。如果政府透過立法來進行適當管制，則製藥業的利潤便不會如此「不合理」。相反的，如果產品無特殊功能，購買者可要可不要，此時購買者的議價能力便會提高。

購買者集中　當購買者比賣方更集中時（這裡的集中是指集中於少數購買者），購買者的議價能力會比較高，因此可獲得更低價格或者更好的服務。例如，在電腦業、汽車業的廠商，由於比主要的供應商（賣方）更為集中，所以在議價上便有很大的優勢。

產品無差異化特性　當購買者購買標準化的、無差異性的產品時，他們的議價能力會高，因為他們可以在不必花費轉移成本的情況下很容易的換個供應商。例如，鋼是一個無差異化的產品，通用汽車公司、福特、戴姆勒克萊斯勒很容易

的就可從任何一家製鋼廠獲得高折扣，所以製鋼業者的議價能力相對較低。

購買者很容易進入賣方產業　如果購買者能進入供應商所處的產業，則購買者的議價能力會高。如果購買者決定自行製造先前所購買的產品，則對供應商便有很大的議價空間。進入賣方產業的行動稱為向後整合 (backward integration)，見第 8 章的詳細說明。

供應商的議價能力

供應商也會對產業的獲利率產生影響。在以下的情況下，供應商的議價能力 (supplier's bargaining power) 會更高：

- 產品對購買者具有關鍵性；
- 高的轉移成本；
- 賣方集中；
- 很容易進入買方產業。

產品對購買者具有關鍵性　如果供應商所提供的產品對於買方具有關鍵性，則其議價能力會高。在半導體供應商與個人電腦廠商間的關係中，由於半導體是個人電腦的主要元件，所以半導體廠商便有較高的議價能力。例如，英特爾所製造的微處理器是戴爾、康柏、惠普及 IBM 個人電腦的重要必需元件，所以這個強勢的供應情況使英特爾有較高的議價能力，進而獲得較高的利潤。

高的轉移成本　如果購買者有很高的轉移成本，則供應商的議價能力必然較高。例如，微軟公司對購買者有很高的議價能力，因為要轉換一個作業系統或應用軟體不僅曠日費時，而且也不能保證成功。

賣方集中　當供應商比買方更為集中時，供應商就會有較高的議價能力。在個人電腦業，由於晶片供應商的家數比買方（個人電腦製造商）相對少，因此晶片供應商會將原料價格的上漲轉嫁給買方。在醫藥業，由於製造每一種類的廠商（供應商）的數目相對少，所以這種供應商集中的現象使得藥商對於買方（如醫師、醫院、批發商）具有更大的議價能力。

很容易進入買方產業　當供應商可以相當容易的進入他們所供應的產業時（買方產業），他們的議價能力就會增加。此時，購買者不會太堅持價格的降低，因為如果如此，供應商就會進入買方產業。例如，如果晶片製造商，如英特爾、

AMD (Advanced Micro Devices)，決定要製造個人電腦，則對個人電腦業的獲利率會有很大的影響。因此，很容易、有能力進入買方產業會使供應商獲利。進入買方產業的行動稱為向前整合 (forward integration)，見第 8 章的詳細說明。

利益關係者

如前述,公司的利益關係者是對於公司的行為及績效休戚與共的個人或群體。利益關係者可分為內部利益關係者以及外部利益關係者。內部利益關係者 (internal stakeholders) 包括股東及員工（包括主要執行長、其他管理者及董事會）。外部利益關係者 (external stakeholders) 包括顧客、供應商、政府、工會、社區及一般大眾。此外，利益關係者也包括補助者。所謂補助者 (complementor) 是指一個企業（如微軟公司）或一個產業，而此企業或產業必須與另外一個企業（如英代爾）或產業共同配合，才能夠獲得相輔相成之效，否則對任何一個廠商都不利。所謂，合則同蒙其利，分則兩敗俱傷。

利益關係者對企業的影響隨著產業的不同而異。例如，政府會透過立法來約束企業的行為；環保署可對企業寶特瓶回收、污染等依法加以約束；社會人士會對企業所造成的污染提出抗議；工會會要求企業保障勞工的權益等。

空間競爭下的五力模型

我們可利用麥可波特 (Michael E. Porter) 的五力分析模型，來觀察在空間競爭（如透過網際網路的行銷競爭）下的情形：

- 新進入者如過江之鯽，有些只從事線上行銷；
- 由於可接觸到更多的賣方、產品及資訊，並可在網路上做比較分析，購買者的議價能力會增加；
- 替代品會愈來愈多，這些替代品包括數位產品及在網站上銷售的創新性產品及服務；
- 由於供應商的數目增加、詢價的方便，以及小型及國外供應商的容易進入市場，供應商的議價能力會減少；
- 在某一地區的競爭者數目會增加。

2.4　檢視產業價值鏈

　　進行組織分析時的一個很好的起始點，就是確認公司的產品在整個價值鏈中處於什麼位置。產業價值鏈 (industry value chain) 就是許多價值創造活動（創造價值的活動）的集合，從供應商提供基本的原料開始，透過一系列的加值活動（如產品或服務的產銷），一直到透過配銷商將產品交到最終消費者手中。圖 2–2 顯示了製成品的典型價值鏈之例。

原　料 → 零件製造 → 組件製造 → 成品製造 → 批發商 → 零售商 → 顧　客

資料來源：J. R. Galbraith, "Strategy and Organization Planning," in the *Strategy Process: Concepts, Contexts, Cases*, 2nd ed., edited by H. Mintzberg and J. B. Quinn (Upper Saddle River, N.J.: Prentice-Hall, 1991), p. 316.

圖 2–2　典型製成品的產業價值鏈

　　產業價值鏈分析的重點，是在價值創造活動的整個鏈中，檢視公司的處境。事實上，公司可能佔整個價值鏈的一小部分。能夠涵蓋整個產業價值鏈的公司簡直是鳳毛麟角。1920～1930 年代，當亨利福特開創福特汽車公司時，他擁有自己的鐵礦、運輸生鐵的船公司及鐵路、煉鋼爐、車身製造裝備，及運輸成品的交通工具。此外，福特公司對於其經銷商也有很大的控制權；不夠忠誠或業績不好的經銷商會被撤換。彼時的福特汽車公司可以說是在垂直整合上做得非常徹底，也就是從生鐵的開採到經銷的整個價值鏈都一手包辦（或掌握在自己手中）。

　　任何產業的價值鏈可以分成兩個部分：上游及下游。例如，在石油業，上游活動包括石油探勘、掘井、將原油運輸到煉油廠；下游活動包括煉油、將汽油運輸給配銷商及加油站，以及行銷。雖然大多數的大型石油公司都已經整合在一起，但是它們在產業價值鏈中所具有的專長及技術卻不盡相同。例如，英國石油公司（British Petroleum，現為 BP Amoco）是上游活動（如探勘）的佼佼者，而 Texaco

的專業技術是下游的行銷及零售。

　　產業也可以用「在價值鏈中某一點所獲得的利潤」來加以分析。例如，美國汽車業的毛利及淨利可以分到許多價值鏈活動上，這些活動包括製造、新車及二手車銷售、加油、保險、售後服務及零件供應、租車、融資。從毛利的觀點而言，汽車的製造佔產業的最大部分（約佔整個產業的 60%），但是淨利卻不然。汽車出租是整個產業價值鏈中淨利最為豐厚的活動，然後是保險及融資。像製造及配銷這種核心活動所獲得的淨利佔整個產業的利潤比例非常低。由於競爭激烈造成行銷利潤越來越薄，所以許多經銷商無不卯足全力提供更好的服務及維修。由於整個產業的利潤分配如此懸殊，所以有許多製造商也積極的加入融資活動。例如，福特汽車公司有一半的淨利來自於融資。

　　在分析產業價值鏈以決定企業的主力時，要注意雖然企業在上下游進行許多活動，但是通常它會有發揮其專有技術的主要活動（也就是獲得重要利潤的關鍵）。企業重心 (center of gravity) 就是對企業而言最重要的技術及核心能力，也就是早年發跡的關鍵。在成功的建立這個據點之後，企業會進行向前、向後垂直整合以降低成本、獲得穩當的原料供應或獲得銷售出口。例如，在造紙業 Weyerhauser 的重心是在原料的獲得及初級製造。Weyerhauser 的主要技術是伐木及製造紙漿，這也是公司發跡的關鍵。它進行了向前整合——利用紙漿製造紙張及紙箱。但是其核心能力還是在伐木，而最大的利潤也來自於伐木。相形之下，寶齡公司雖然也有伐木及製造紙漿工廠，但其技術及核心能力是在下游活動，也就是創新性消費者產品的發展及行銷，以及品牌管理。

複習題

1. 為什麼許多在過去赫赫有名的公司會被競爭潮流所淹沒？試簡述原因。
2. 何謂環境不確定性 (environmental uncertainty)？
3. 在白熱化競爭或超級競爭中，有哪些重要現象？
4. 何謂環境偵察 (environmental scanning)？環境偵察對企業有何益處？
5. 在進行環境偵察時，策略管理者首先必須了解企業所處的總體環境及任務環境何謂產業分析？

6. 試定義策略因素。

7. 經濟環境 (economic environment) 包括哪些因素?

8. 試說明 Kitchin 循環與 Juglar 循環。

9. 技術環境 (technological environment) 包括哪些因素?

10. 美國喬治華盛頓大學的研究者已確認了幾種重要的技術突破。他們預測哪些現象會對 2000～2010 年的企業經營造成莫大的影響?

11. 政治法律環境 (political and legal environment) 包括哪些因素?

12. 1950 年代的嬰兒潮 (baby boom) 對許多產業的市場需求產生了很大的影響。例如,在 1995～2005 年間,平均每天有 4,400 人會年滿 50 歲。在所有的工業化國家中,50 歲以上的人口是人數最多的年齡層。具有市場眼光的企業會發現這個相當龐大的市場區隔是行銷契機所在。這些人是休旅車、海上旅遊、休閒活動(如保齡球)、理財服務、健康用品及食品的大宗消費者。以上的趨勢對於哪些公司會有影響?

13. 社會文化環境 (social and cultural environment) 包括哪些因素?

14. 在社會文化上,在美國、在臺灣有幾個重要的趨勢?

15. 試繪圖說明簡要的波特五力模型。

16. 競爭策略的權威麥可波特 (Michael E. Porter) 認為,企業最關心的是產業內的競爭密度(competitive intensity,競爭激烈的程度),而競爭密度是由產業中的基本競爭力量 (competitive forces) 所決定。這些驅動產業競爭的基本力量包括哪些?

17. 何謂進入障礙 (entry barrier)? 一般而言,進入障礙包括哪些?

18. 何謂割喉競爭 (cut-throat competition)? 當哪些情況發生時,競爭者之間會進行割喉競爭,而使得產業獲利率降低?

19. 影響產業獲利性的另外一個重要因素就是替代品。何謂替代品 (substitute products)? 試舉例說明。

20. 在確認了替代品之後,企業必須判斷什麼?

21. 在哪些情況下,購買者會有更高的議價能力?

22. 供應商也會對產業的獲利率產生影響。在哪些情況下,供應商會有更高的議價能力?

23. 何謂利益關係者? 利益關係者可分為哪兩類? 何謂補助者?

24. 試說明空間競爭下的五力模型。

25.進行組織分析時的一個很好的起始點，就是確認公司的產品在整個價值鏈中處於什麼位置。何謂產業價值鏈 (industry value chain)？產業價值鏈分析的重點是什麼？

26.何謂企業重心 (center of gravity)？試舉例說明。

 練習題

就第 1 章所選定的公司，做以下的練習：

※ 描述此公司所面對的白熱化競爭情況。

※ 說明公司所面臨的經濟環境、技術環境、政治法律環境、社會文化環境。

※ 以波特的五力分析模型描述此公司的產業環境。

※ 檢視產業價值鏈。

第3章　內部環境偵察

本章目的

本章的目的在於說明：

1. 資源導向組織檢視
2. 檢視公司價值鏈
3. 檢視能力驅動因素
4. 數位化企業的價值鏈

　　偵察外部環境以發掘機會、避免威脅對於組織的獲得競爭優勢而言，還是不夠的。策略管理者還必須檢視公司的內部環境以確認內部策略因素。本章將以三個基礎（角度）來說明如何偵察組織內部環境。這三個基礎是：資源導向、價值鏈及能力驅動因素。

3.1 資源導向組織檢視

　　擬定企業策略最實際的方法就是：考量競爭情況及本身所擁有的資源，選擇一個特定的角色及利基。內部環境偵察 (internal environment scanning) 的目的在於確認及發展組織內部策略因素及資源。所謂內部策略因素 (internal strategic factors) 是指能夠決定組織是否能掌握環境、避免威脅的關鍵性強處及弱點。

　　資源 (resources) 是組織所能控制的資產、能力、程序、技術或知識。明確的說，資源包括財務資源（如應收帳款、權益、保留盈餘等）、實體資源（包括設備、廠房、辦公室、原料及其他有形資產）、人力資源（包括人員的經驗、技術、知識及能力）、無形資產（包括品牌資產、專利權、商譽、商標、著作權、註冊的設計、資料庫等）、結構／文化資源（包括歷史、組織文化、管理制度、工作關係、信任、

政策及組織結構等）、組織制度及技術能力。企業應不時地審查這些資源，以了解自己的強處和弱點，而其所擬定的策略必須能發揮強處，避免弱點。公司階層的策略管理者必須了解每個企業功能對於公司及事業單位績效的貢獻。功能性資源（如生產、行銷、資訊、人力、財務、研發）不僅包括執行該功能的人員，而且也包括在公司的指導之下，該功能能夠形成必要的功能性目標、策略及政策的能力。因此，資源包括了：

- 分析問題的觀念及知識，
- 該功能領域的技術，
- 該功能人員利用該功能的能力。

如果資源能夠協助公司獲得競爭優勢的話，此資源可以說是一種寶貴的助力。反之，如果資源不能夠協助公司獲得競爭優勢的話，此資源可以說是一種阻力。如何決定何種資源是公司的主要資源？可以用 VRIO 架構 (VRIO framework)，也就是 V (value，價值)、R (rareness，稀有)、I (imitability，模仿)、O (organization，組織化) 來評估：

價值　此資源會讓公司具有競爭優勢嗎？

稀有　其他的競爭者也有這個資源嗎？

模仿　競爭者要模仿的話，是否必須付出昂貴的代價？

組織化　組織是否能夠集結必要的努力來善用此資源？

對於某項資源而言，如果對上述問題的回答都是「是」的話，則此資源就是公司的主要資源，換句話說，此資源是助力，也是公司的獨特能力。

策略管理者也必須評估此資源的重要性以決定它是否為內部策略因素。他要以什麼基礎或標準來做判斷？

- 公司過去的績效；
- 公司主要的競爭者；
- 整體產業。

如果某項資源（例如，公司的行銷能力）與公司的過去、主要的競爭者、整體產業平均做比較的結果，顯示它具有明顯的更佳表現，則此資源就是內部策略因素，也就是在做策略決策時，所要考慮的重要因素。

如何利用資源以獲得競爭優勢

公司的持久競爭優勢決定於它的資源，也就是資源的擁有、擁有多少（豐富性）以及運用。如何利用資源以獲得持久性的競爭優勢？以下是必須遵循的五個步驟：

- 以強處（助力）及弱點（阻力）為基礎，確認公司的資源，並對這些資源加以分類。
- 讓公司的各種強處產生相輔相成之效，以形成一個特定的能力 (specific capability)。公司能力 (corporate capability) 又稱為核心能力 (core competence)，也就是使企業獲得卓越績效的東西。當這些能力優於競爭者時，它們就稱為獨特能力 (distinctive competence)。例如，西南航空公司將資源加以整合之後，產生了兩種明顯的能力：每乘客哩數的低成本，以及員工在提供安全、準時的航空服務上的執著。
- 評估這些資源及能力的獲利性。
- 選擇一個最能夠善用公司資源及能力的策略。
- 確認資訊缺口 (resource gap)，也就是不足的資源，並設法彌補這個缺口。

持久的優勢

即使公司能夠利用其資源及能力來獲得競爭優勢，但也不能保證這個優勢具有持久性。決定公司優勢的持久性的兩個因素是：耐久性及模仿性。

耐久性 (durability) 是指公司的資源及能力（核心能力）變得耗竭或過時的速率。新科技會使得公司的核心能力變得過時或無用武之地。如果一直模仿其他廠商，不往下紮根自己的技術，則此公司永遠無法擁有耐久性的技術。例如，英特爾在以前以「參考」其他廠商的技術來發展、產銷微處理器著稱，但是後來其管理當局發現這種做法無法使技術紮根，永遠無法使自己的技術具有持久性。

模仿性 (imitability) 是指公司的資源及能力（核心能力）可以被複製的速率。企業的獨特能力會使它獲得市場上的競爭優勢，其競爭優勢越高，受到競爭者模仿的機會就越大。競爭者可以採用逆向工程（reverse engineering，將成品拆解以

了解其內部構造、設計原理及運作方式），或向公司挖角，或者大剌剌的侵權。如果核心能力具有透通性、移轉性、重製性，則此核心能力就容易被模仿。

- 透通性 (transparency) 是指其他廠商能夠多快的了解公司的資源及核心能力之間的關係。例如，一向對研發不遺餘力、縱橫市場數十年而不墜的吉列公司，即使其競爭者對吉列 Sensor、Mach 3 刮鬍刀進行逆向工程，還是無法知道其設計原理。Sensor、Mach 3 刮鬍刀很難被模仿，其中原因是它的製造設備非常昂貴及複雜。

- 移轉性 (transferability) 是指競爭者獲得資源及能力以支持其競爭力的可能性。例如，酒類製造商很難將法國釀酒業者的主要資源──土地及氣候，加以移轉。

- 重製性 (replicability) 是指競爭者可利用複製的資源來進行模仿的能力。例如，雖然許多公司重金禮聘寶鹼公司的品牌經理，試圖模仿寶鹼公司有聲有色的品牌管理，但這只是「東施效顰」而已。競爭者無法重製比較看不到的協調機制及企業文化。

如果核心能力屬於外顯知識，則比較容易被學習及模仿。所謂外顯知識 (explicit knowledge) 是指可以被明確敘述及傳遞的知識。競爭者可以透過其情報蒐集活動來獲得企業的外顯知識。相形之下，內隱知識 (implicit knowledge) 是深藏於員工腦海中、經驗中、企業文化中的知識。顯然，內隱知識比較不容易傳遞、比較不容易模仿、比較複雜、比較有價值，而且也比較可能導致持久的競爭優勢。寶鹼公司的品牌管理就屬於內隱知識。

如果核心能力屬於深層知識，則比較容易被學習及模仿。知識也可以分為兩個類別：深層知識及表面知識。深層知識 (deep knowledge) 包括一般理論、原則及公理 (axiom)。人們通常從教科書及學校學習到深層知識。深層知識可以被應用到不同的學科領域，因為它是一般性的。表面知識是從教科書中學習不到的，必須從經驗或經驗人士那裡才學習得到。表面知識 (surface knowledge) 僅可以應用到特定的學科領域，如醫學、工程、遺傳或音樂。

組織的資源及能力可以用連續帶來表示。持久性連續帶 (continuum of sustainability) 表示資源及能力在耐久性及模仿性（包括透通性、移轉性、重製性）這些

向度上的情形，如圖 3-1 所示。在持久性連續帶的最左邊表示慢周轉資源 (slow-cycle resources)，也就是最具有持久性的資源，因為這些資源受到專利權、地理區域、領導品牌名稱所保護，或者這些資源屬於內隱知識。這些資源及能力是具獨特性的，因此可產生持久的競爭優勢。吉列刮鬍刀 Sensor 就是具有慢周轉資源的特性。在持久性連續帶的最右邊表示快周轉資源 (fast-cycle resources)，也就是其觀念及技術最容易被重製的資源，例如，新力公司的 Walkman。公司的資源如屬於快周轉資源，獲得優勢的方法唯有加速從實驗室到市場的時間一途，迫使競爭者在模仿上疲於奔命。唯有如此，公司才可能獲得持久的競爭優勢。

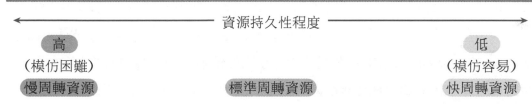

資料來源：Thomas L. Wheelen and J. David Hunger, *Concepts in Strategic Management and Business Policy*, 9th ed. (Upper Saddle River, N.Y.: Prentice-Hall, 2004), p. 83.

圖 3-1　持久性連續帶

　　西南航空公司就是因為具有相對低周轉的資源（也就是具有耐久性、又不容易被模仿的資源）使它獲得了低成本優勢，並以安全、準時及敬業的員工頗受消費者的好評。西南航空公司曾花費了大量的金錢在員工的招募、訓練及激勵上，並建立一套制度使員工融入組織文化之餘，又不喪失其個人特性。在快慢周轉資源之間有一個居間的類型稱為標準周轉資源。標準周轉資源的特性是：標準化大量生產、規模經濟以及複雜的製程，例如，克萊斯勒的 Minivan。

3.2　檢視公司價值鏈

　　一個公司的營運通常開始於進料後勤，也就是原料的運送、處理及倉儲，然後再經過作業程序，也就是產品的製造，接著再經過出貨後勤（亦即倉儲及配銷）、

行銷及銷售，最後是顧客服務（裝設、維修、零件銷售）。一些支援活動，例如，採購、技術發展（研發）、人力資源管理及公司的基礎建設，就是在確保基礎活動能夠有效能的、有效率的進行。如何有效的控制價值鏈中實體物料的轉移，也就是從採購、生產到配銷的一系列流程？這些過程執行得愈有效率，就愈能降低成本、創造更高的價值。美國零售業巨擘沃爾瑪的物料管理效率可以說是在產業中無人能出其右。由於沃爾瑪公司能夠嚴格控制產品從供應商透過零售商到顧客手中的過程，因此它不需要保持多餘的存貨。低存貨代表低成本，而低成本表示能夠創造更高的價值。

公司的所有功能——包括生產、行銷、研發、服務、資訊系統、物料管理及人力資源——在降低成本、透過差異化來增加顧客的認知價值方面，扮演著舉足輕重的角色。企業在檢視以上的功能時，利用價值鏈是相當適當的。公司價值鏈 (corporate value chain) 說明了公司是由一系列的價值活動所鏈結而成，而透過這些活動可將輸入因素轉換成顧客認為有價值的產出因素，如圖 3-2 所示❶。在這個轉換過程中需要許多基礎活動與支援活動。企業管理者利用價值鏈來檢視公司內部環境是相當周全的。

價值活動內容

基礎活動

基礎活動包括產品創造、設計、行銷、遞送及售後服務。在圖 3-2 的公司價值鏈中，基礎活動 (primary activities) 分成五個功能：進料後勤、生產作業、出貨後勤、行銷及銷售、顧客服務。

進料後勤 進料後勤 (inbound logistics) 涉及到從供應商獲得原料或成品的過程。典型的進料後勤包括：倉庫管理、儲存、原料的控制，及對各供應商的協調管理。進料後勤之所以被視為基礎活動，是因為它是價值活動的源頭。進料後勤活動佔公司直接成本的大部分，因此有效的存貨控制、倉儲及物料管理可以大幅降低成本，使公司保持成本上的優勢。

對大多數公司而言，進料後勤活動需要龐大的資金。倉庫的地點與管理、存

---

❶ P. Ghemawat, *Commitment: The Dynamics of Strategy* (New York: Free Press, 1991), chap. 4.

		進料後勤	生產作業	出貨後勤	行銷及銷售	顧客服務	
支援活動	基礎建設						利潤
	人力資源管理						
	技術發展						
	採　購						
	基礎活動						

　　進料後勤　　生產作業　　出貨後勤　　行銷及銷售　顧客服務

資料來源：Robert A. Pitts and David Lei, *Strategic Management: Building and Sustaining Competitive Advantage*, 3rd ed. (Canada: South-Western, Thomson Learning, 2003), p. 70.

← 圖 3-2　公司價值鏈

貨管理等都應著重於成本的降低及效率的提升。世界上有許多著名廠商都不遺餘力的降低進料後勤活動成本、提升進料後勤活動效率。例如，奇異公司在製造洗衣機、冰箱時的原料管理是利用高度自動化的條碼系統、分類及存貨檢查系統，以加速進料後勤活動的作業效率。零組件不會閒置在倉庫中，而是剛好及時的供應製造所需，這種作業大大的降低了奇異公司家電事業部的作業成本。

　　對進料後勤活動的改善，也不僅是侷限在製造商。優比速 (United Parcel Service, UPS) 及聯邦快遞 (Fedex) 利用高效率的貨品分類技術、電腦科技及網路科技（如線上下單、線上查詢等）來建立其競爭地位。同樣的，醫院也需要精密的訂貨及送貨系統，以確信重要的醫療用品、藥品、器材等能在適當的時間供貨。銀行及金融機構需要自動化的、及時的、有效的進料後勤系統來管理、協調、追蹤金錢的流動，如支票交換、信用卡業務、投資及現金管理等。

　　生產作業　生產作業 (production) 涉及到產品（財貨及服務）的創造。對於實體產品（財貨）而言，生產是指製造；對於無形產品（服務）而言，例如，銀行服務或美容服務，生產發生在向顧客提供服務時。生產活動要達到高效率，才會使成本降低，進而獲得利潤。例如，本田汽車與豐田汽車的生產效率高於其競爭

者通用汽車公司，故有較高的獲利率。透過先進的生產技術（如彈性製造系統、企業資源規劃，見第 5 章），企業也可以提供高品質的獨特產品，使企業獲得差異化的優勢。

即使採取類似的生產作業類型，各廠商的產出也不盡相同，原因在於：設備的使用年限、所使用的技術、工廠大小、規模經濟、自動化程度、生產力水準、工資率以及製造經驗等。

對許多服務業者而言，生產作業直接涉及到如何替顧客提供服務。例如，對通訊業者而言，生產作業著重於路由器、交換機及其他元件的管理與更新。對金融業者而言，生產作業包括票據交換、自動櫃員機作業、證券買賣、資金轉帳、信用卡處理等。

在許多方面，廠商如何管理其生產／轉換作業，大大的影響整個公司的競爭地位。例如，在化學業、煉油業、製紙業，最佳的生產方式是連續性生產，也就是透過嚴密的製造過程，生產單一種類或有限種類的標準化產品。連續性生產設備的投資密集度高，因此任何對於生產過程的干擾將會衍生龐大的停工成本。

廠商要獲得競爭優勢，必須不斷的改善生產作業的效率、提升產品品質，及獲得良好的顧客反應。例如，摩托羅拉認為持續的改善技術是獲得領導地位的不二法門。

出貨後勤　出貨後勤 (outbound logistics) 涉及到將成品運交給配銷通路成員（如批發商、零售商）的過程。出貨後勤活動包括存貨控制、倉儲及成品的移動。和進料後勤一樣，出貨後勤的效率和反應性對公司競爭地位的影響很大。

寶鹼公司近年來對於出貨後勤活動曾投注許多努力。在與主要的批發商及零售商（如沃爾瑪）連結之後，寶鹼公司大大的增加了物流的速度，並平衡了寶鹼公司與沃爾瑪之間的貨物流通，使得貨品不會囤積在某一方，或者造成在需要時缺貨的現象。這種有效的出貨後勤活動，大大的增加了寶鹼公司的競爭優勢。

行銷及銷售　行銷 (marketing) 是藉由預期顧客或客戶的需要，並引導可滿足需要的產品及服務從生產者流向顧客或客戶的行動，以達成組織目標❷。行銷及

---

❷　J. MaCarthy and W. Perrell, *Basic Marketing: A Managerial Approach* (Homewood, Il.: Irwin, 1987), p. 8.

銷售功能 (marketing and sales function) 可以透過許多方式來創造公司價值。透過品牌定位、有效廣告、配銷（如地址選擇、店面布置）與銷售促進（如樣品、折價券、減價優待、贈品、競賽與抽獎、點券、購買點陳列與展示、商展），行銷活動可以增加顧客的認知價值。例如，1980 年代法商 Perrier 礦泉水公司透過「教育消費者」的廣告策略，使得顧客願意付出相對高的零售價格（每瓶 1.5 美元）來購買。

　　顧客服務　顧客服務 (customer service) 的目的是提供售後服務及支援。服務功能可以藉著解決顧客問題及售後服務在消費者心目中建立好形象。例如，Caterpillar 公司（美國著名的推土機產銷公司）可在 24 小時之內向全球客戶提供所需零件，大大的減低了客戶的故障等待時間。對於因為機器故障而必須承受極大損失的客戶而言，及時供應零件的這種服務是關鍵成功因素。這項服務同時也提升了產品在客戶心目中的價值，當然價格也可以跟著調高。

　　從通訊業到餐飲業，從工業設備業到醫院，各行各業的組織均應重新思考滿足顧客需求的新方法。再造工程 (reengineering) 就是思考如何重組、改變甚至剔除現有的做事方式及程序，以產生能夠確實滿足現今顧客需求的新方式及程序。例如，透過企業的單一窗口服務，消費者只要打一通電話就可了解所有的往來細節及有關資訊，而不需要和以前一樣每件事都要打不同的電話詢問。

　　也許在提供顧客服務方面最有影響力的就是網際網路。成立於 1995 年 7 月的亞馬遜書店 (www.amazon.com) 其願景是「在網路上設立一家以客為尊的書店，方便顧客在線上漫遊，並盡可能提供最多元化的選擇」。公司標榜的成立宗旨就是藉由網路服務，提供具有教育、告知，以及啟發意義的產品販售。亞馬遜書店今天供應的書籍、CD、有聲書 (audiobook)、數位影音光碟，以及遊戲軟體的物件，共達 470 萬件之多，其種類之多，實在罕見。亞馬遜書店與亞馬遜雨林區一樣，有著無限的遨遊空間，數萬家網址的結盟聯繫，如盤根錯節的亞馬遜老樹，也如緊密交織的綿綿細流，令人流連忘返。有些分析師預估，在 2005 年前後透過網際網路線上交易的利潤會佔營業總利潤的 25～33%。

支援活動

　　價值鏈中的支援活動可支援基礎活動的實現。支援活動 (supporting activities)

包括四類活動：採購、技術發展、人力資源管理及公司基礎建設。

採購　採購 (procurement) 是指購買必要的原料、資源或組件以支援公司的基礎活動。採購活動包括一些特定的程序，例如，需求分析、要求供應商提供計畫書、評估及確認、供應商選擇。雖然採購是支援活動，但對公司的整體性成本地位的影響非常大。有效的採購作業（例如，結合公司各功能部門、事業單位的集體採購）可使公司獲得規模經濟之利以及更高的議價能力。

技術發展　由於不論在什麼產業都要面對一日千里的技術發展（如新形式的通訊、網際網路科技等），所以科技的重要性自不待言。技術不限於研發工程領域，在公司價值鏈中的所有活動都會牽涉到技術。技術發展 (technical development) 的應用面很廣，它可能是電腦軟體、管理工廠的標準作業程序、在發展製造銷售方面的新知識、工廠布置以及公司的網站管理等。

研發 (research & development, R&D) 涉及到產品設計及製造程序。雖然一般人常認為研發是專屬於製造商在產品設計及製造程序上的技術，但是許多服務業者在研發努力的投注上也不遑多讓。例如，銀行常研發出許多創新的金融產品以及產品遞送的新方法。線上銀行業務及智慧型銀行卡 (smart debit card) 就是近年來的典型創新產品。比較早年的創新產品有自動櫃員機、信用卡等。透過卓越的產品設計、研發可增加產品功能，而這些功能可增加顧客的認知價值。同時研發可使得製造程序更有效率，故可降低成本。

在一般商業公司，資訊技術是指電腦 (computer) 與通訊 (communication) 的結合，俗稱 C&C。資訊系統 (information systems) 泛指用於產品定價、產品銷售、銷售追蹤、存貨管理及客戶服務等的電腦化系統。資訊系統與網際網路科技結合之後，無異如虎添翼，它們可以增加價值鏈中所有活動的效率及效能，進而降低產品成本、增加顧客價值。例如，沃爾瑪利用網際網路化的資訊系統來嚴密監督每一個產品項目的銷售，其物料管理資訊系統可以使它的產品組合及定價達到最適化的目標。在全面資訊化之下，沃爾瑪不會有多餘的存貨。如前所述，低存貨代表低成本，而低成本表示能夠創造更高的價值。

人力資源管理　簡單的說，人力資源管理 (human resource management) 涉及到在組織中如何與人共事。人力資源管理能夠協助企業創造更高價值的方式有很

多。透過有效的人力資源管理，企業就可以獲得最佳的專業人員組合以從事價值活動。人力資源功能包括人員的雇用及訓練、員工激勵以及報酬制度。如果人力資源功能執行良好，員工的生產力就會提高（也就是人員成本會降低）、顧客服務會改善（也就是顧客的認知價值會提高），在這種情形下，企業自然會創造更高的價值。

雖然有些管理者一提到投資就聯想到資本投資、實體設備、耐久性資產，但是在人力資源上的投資才能夠長期培養企業的獨特能力。人力資源是具有彈性的、最寶貴的資產。員工在經過適當的培育之後，便可擔任許多挑戰性的工作，如此不僅提升其工作滿足感，也會增加作業效率、提供高品質服務。然而，衡量在人力資源上的效益並不容易，因為許多無形因素如忠誠、士氣、創意是很難數量化的。

基礎建設　基礎建設 (infrastructure) 是價值鏈中所有活動的舞臺。公司基礎建設的兩個主要因素是組織結構及組織文化。在實務上，公司基礎建設還包括會計、財務及策略規劃。由於高級主管對於公司基礎建設的建立有決定性的影響力，故他們也常被視為是公司基礎建設的一部分。誠然，透過強而有力的領導，高級主管才能塑造健全的公司基礎建設，進而使得價值鏈活動發揮最大的功效。

檢視價值鏈的步驟

每個公司的產品線都有其獨特的價值鏈。由於大多數公司都有若干個產品線，所以對企業的內部檢視就等於是對若干個產品線的價值鏈進行檢視。對個別的價值活動進行有系統的檢視，會使策略管理者更明確的了解企業的強處及弱點。檢視公司價值鏈涉及到以下三個步驟：

- 檢視每一個產品線的價值鏈。

  每個產品線包含了哪些活動？有哪些活動可以被視為是強處（核心能力）或弱點（重要缺失）？有哪些強處能使公司獲得競爭優勢，而且可被稱為是獨特的能力？

- 檢視價值鏈內的連結關係。

  連結 (linkage) 就是價值鏈中的某一價值活動（如行銷）在執行時對另

外一個活動（如品管）所造成的影響（如成本節省）。例如，百分之百的品檢會增加生產成本，但卻可節省在退貨、維修上的成本。

● 檢視不同產品線的價值鏈，看看是否能產生綜效 (synergy)。

許多價值活動，例如，廣告及製造均有規模經濟的現象。所謂規模經濟 (economics of scale) 是指產品在達到單位成本最低時的產量。如果某產品的產量不足以達到配銷的規模經濟，則可利用其他的產品數量來分擔固定的配銷成本。這就是範圍經濟的例子。所謂範圍經濟 (economics of scope) 是指若干個價值鏈中的活動分享(分擔)同一活動(例如，行銷通路、製造設備) 的情形。我們可以了解，共同生產不同的產品，其成本必低於分別製造。

◉ 釋例：必勝客的價值鏈

現在我們以必勝客為例，來說明如何檢視其價值鏈。必勝客的價值鏈如圖 3–3 所示。

✇基礎活動

對此產業的廠商而言，價值鏈活動開始於供應商的原料（如生麵糰、乳酪、生菜等）運送，此為進料後勤。這些原料在必勝客的料理臺上將會被轉換成比薩、沙拉（此為生產作業），然後再提供給顧客享用（此為顧客服務）。此外，必勝客必須擬定及實現有效的行銷策略以招徠顧客。值得注意的是，出貨後勤並不是價值鏈活動，因為顧客是到必勝客來消費的。事實上，許多服務業者（如醫院、會計師事務所、高等教育等）都沒有出貨後勤這個價值活動。

✇支援活動

採購 在採購方面，卡車及停車空間必須預留以方便進料後勤活動的進行；必須購買原料、烤爐以利生產作業；必須購買電視時間以做廣告；必須購買桌椅、餐具等來提供顧客服務。由於必勝客本身並不擁有這些輸入因素，所以它必須向外購買。如何確認這些供應商，如何評估其供應的產品以及如何議價，是在這個行業中主要的採購活動。

支援活動	基礎建設	負責基礎建設的人員必須籌措資金、執行會計與薪資作業、處理法律事務					利潤
	人力資源管理	監督卡車司機及倉庫人員	監督廚房人員		監督廣告人員	監督服務生	
	技術發展	透過電腦模擬來對卡車做安排	利用精密的烤爐來製造比薩		利用資料庫行銷與網路行銷	利用電腦輔助設計	
	採　購	卡車及停車空間必須預留	購買原料、烤爐		購買電視時間以做廣告	購買桌椅與餐具等	
基礎活動		運送麵糰與乳酪等到餐廳	製作比薩、沙拉等餐點		發展廣告文案	向顧客提供食物	
		進料後勤	生產作業	出貨後勤	行銷及銷售	顧客服務	

資料來源：Robert A. Pitts and David Lei, *Strategic Management: Building and Sustaining Competitive Advantage*, 3rd ed. (Canada: South-Western, Thomson Learning, 2003), p. 76.

➔ 圖 3-3 必勝客的價值鏈

技術發展 物料的移動到必勝客必須要透過卡車的運送，因此必勝客可透過電腦模擬來對卡車動線做最適當的安排；在生產作業上可以利用精密的烤爐來製造比薩；在行銷及銷售上，可藉著資料庫行銷、網路行銷之助以廣招徠，並透過有效的廣告文案設計來留住舊顧客、吸引新顧客；在顧客服務方面，可以利用電腦輔助設計來模擬最佳的店面布置，以及利用電腦系統來加速餐點服務。

人力資源管理 負責進料後勤、生產作業、行銷及服務的人員，必須有效的加以雇用、訓練及管理。

基礎建設 負責基礎建設的人員必須籌措資金、執行會計與薪資作業、處理

法律事務。

價值鏈與商業系統

到目前為止，我們已經了解價值鏈中的許多活動，然而公司並不一定要執行價值鏈中的所有活動。公司實際從事的價值鏈活動稱為商業系統 (business system)。現在我們來說明必勝客的商業系統，如圖 3-4 所示。

圖 3-4 必勝客的商業系統

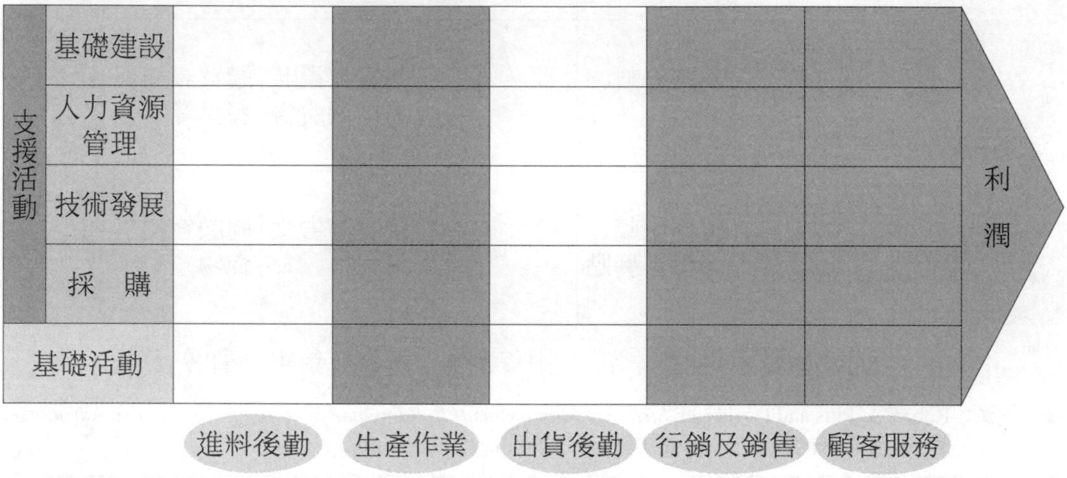

支援活動	基礎建設				
	人力資源管理				
	技術發展				
	採　購				
基礎活動					
	進料後勤	生產作業	出貨後勤	行銷及銷售	顧客服務

利潤

資料來源：Robert A. Pitts and David Lei, *Strategic Management: Building and Sustaining Competitive Advantage*, 3rd ed. (Canada: South-Western, Thomson Learning, 2003), p. 79.

基礎活動

由於供應商將原料直接運送到必勝客店，因此必勝客幾乎不必從事進料後勤。由於顧客都是前來必勝客用餐，所以它並沒有出貨後勤活動。必勝客的主要工作是生產作業（準備食物）、行銷及銷售（大部分是透過廣告）及顧客服務。這三項活動構成了商業系統的主要部分。

支援活動

必勝客的採購作業支援著每一個基礎活動。例如，它採購麵糰、乳酪、配料、烤爐以供生產之用；它購買了電視時間以供行銷及銷售之用；它購買了桌椅、餐

具以供服務顧客之用。必勝客投注了許多時間在改善製造比薩程序、強化廣告文案，以及設計現代化店面上。它也為每一個基礎活動做好人力資源管理及基礎建設活動。這些支援活動也是商業系統的一部分。

3.3　檢視能力驅動因素

在利用價值鏈來確認各種不同的活動之後，策略管理者要檢視公司是否有能力來執行這些活動。就某一活動而言，公司如能比競爭者做得更有效能、更有效率，就是公司的強處，否則便是弱點。由於產業不同，所以效能與效率的界定也不相同。例如，華德迪士尼在主題樂園上的成功（成功就是效能與效率）必然與英特爾在微處理器上的成功不同。因此，如果我們要以一些標準來檢視公司的強處與弱點，必然會有困難。然而，我們可以找出一些通則。在大多數的產業中，持久競爭優勢是來自於基本的能力驅動因素。能力驅動因素 (capability driver) 就是不論所處的產業為何，能驅使公司走向成功之路的廣泛因素。在檢視公司價值鏈活動背後的能力驅動因素時，我們就可了解公司是否有能力執行該活動。一般而言，能力驅動因素有四種：開創者優勢、營運規模、經驗及相互關係。

開創者優勢　新進入某一產業的開創者會享受到後進者無法享受到的優勢，這種優勢稱為開創者優勢。一般而言，開創者優勢 (first-mover advantage) 包括：專利權保護、政府發放營利許可、選擇好的設廠地點、配銷通路的把持（佔據）、供應來源的掌握以及好名聲。欲獲得開創者優勢的廠商必須快速的滲透市場，並以持續的投資、不斷的創新來穩住這個市場。

營運規模　大型企業在生產、銷售及廣告方面的數量均非小型企業所能望其項背。大數量會使許多基礎活動及支援活動具有經濟規模。當價值鏈活動的規模增加時，其每單位產出成本就會下降，原因是專業化分工、固定成本分攤、獲得進貨折扣及垂直整合（見第 8 章）等因素。

經驗　當組織從事價值活動的經驗增加時，其每單位產出成本會下降，此現象稱為經驗經濟 (economies of experience)。開創者會比其他廠商更能獲得經驗經濟的效果。經驗經濟是因為員工學習、產品的重新設計、製程改善所獲得的效果。

相互關係　執行價值活動的能力也可決定於價值鏈活動是否具有相互關係。各活動間的相互關係可使企業有效的移轉資源，而且獲得資源共享的效果。

❸ 檢視必勝客的能力

檢視一個企業的強處及弱點是相當複雜的工作，原因有三：

- 企業通常從事各種類型的價值活動；
- 從事同一個價值活動可獲得各種不同的優勢、產生各種不同的強處；
- 某些價值活動要獲得競爭優勢的話，必須滿足各種不同的經濟或技術條件。

現在我們以必勝客為例，說明如何檢視其能力，如圖 3–5 所示。

開創者優勢　許多人都有到必勝客用餐的經驗。即使不常去的人至少也聽過。消費者從車廂廣告、親朋好友的口碑、電視廣告，都不知不覺的接收到必勝客的訊息。近年來，在熱門電影院院線片播映前大打廣告，這些作法無非是要加深顧客的品牌熟悉度。因此，必勝客在消費者心目中建立了好名聲。

但是，必勝客在價值鏈的其他活動中幾乎沒有享有開創者優勢。例如，申請到營利許可證並不是什麼先佔優勢，因為競爭者只要合法申請都可得到。在這個產業中，專利權的保護是不重要的，因為製作比薩、點餐程序並不涉及到專業技術。因此，必勝客在這方面也沒有優勢。雖然必勝客的地點不錯，但是好的地點有很多。所以必勝客只有些微的地點優勢。最重要的，其他的競爭者如達美樂 (Domino Pizza)、拿坡里在許多新興的、人口成長快速的郊區先佔了許多好的設店地點。競爭者可以向同樣的（與必勝客同樣的）供應商購買，因此必勝客的材料也沒有獨特性。從以上的分析，必勝客除了有些許好的名聲之外，幾乎沒有任何開創者優勢。

營運規模　必勝客公司總部對於生產作業及顧客服務採取分權的方式，也就是讓各地區的必勝客店自行從事這兩個活動，因此在這方面，必勝客並不能獲得營運規模之利。然而，由於在廣告方面是採取集中式，因此必勝客不僅可獲得規模經濟之利，而且也可以將廣告費用分攤給各地區的必勝客。因此，必勝客比小型的新進入者能夠獲得更大的行銷及銷售優勢。

支援活動		進料後勤	生產作業	出貨後勤	行銷及銷售	顧客服務	
	基礎建設						利潤
	人力資源管理						
	技術發展						
	採　購		食物（開創者優勢）		電視時間（營運規模、相互關係）		
基礎活動					名聲（開創者優勢）廣告（營運規模、相互關係）		

進料後勤　生產作業　出貨後勤　行銷及銷售　顧客服務

資料來源：Thomas L. Wheelen and J. David Hunger, *Concepts in Strategic Management and Business Policy*, 9th ed. (Upper Saddle River, N. Y.: Prentice-Hall, 2004), p. 85.

圖 3-5　檢視必勝客的能力

　　在支援活動方面，由於必勝客的採購是採取集中式的，所以能獲得規模經濟之利（因為大量採購可獲得進貨折扣）。技術發展不可能是必勝客的優勢，因為技術太容易被模仿。由於人力資源管理是採取分權式的，所以不會獲得規模經濟，而基礎建設也無法達到適當的規模。因此，除了採購及廣告之外，必勝客在其他活動上，並沒有獲得規模經濟。

　　經驗　由於必勝客採取集中式管理的活動（如採購）並沒有產生累積的經驗效果，而且生產作業活動又不是專屬的，所以它的經驗效果可以說是乏善可陳。

　　相互關係　必勝客在與其他公司（如肯德基炸雞、熱到家）的合作關係中獲

得很多利益。它和這些公司的集體採購（如採購餐具、桌椅、烤爐及其他材料）使它獲得購貨折扣。它從百事可樂的飲料事業部那裡學習到許多行銷技術（百事可樂是行銷的佼佼者）。必勝客也與肯德基炸雞、熱到家聯合向電視公司議價，使它獲得更為便宜的廣告費率，並可分攤廣告費用。這些好處使得必勝客具有強的行銷及銷售能力。

3.4　數位化企業的價值鏈

　　1990 年代中期，由於資訊科技的廣泛使用，再加上同樣重要的公司重組，使得數位化企業油然而生。這是工業社會的嶄新現象。數位化企業 (digital firm) 可以定義成：與顧客、供應商及員工之間幾乎所有的核心商業程序 (core business process) 都可以加以數位化的企業。商業程序是指將工作加以組織、協調及聚焦，以提供有價值的產品及服務的過程。發展新產品、訂貨、雇用員工都是商業程序的例子。企業如何完成這些程序就可以展現出它的競爭力。核心商業程序在企業內、企業間都是（都應該）透過數位化網路來完成。

　　公司的主要資產，如智慧財產、核心競爭力、財務及人力資源，也都是由數位化的方式來管理。在數位化企業內，任何能夠支援企業決策的資訊，都可以隨時隨地獲得。數位化企業會比傳統企業，以更快的速度來偵察及因應環境的改變，使它在詭譎多變的企業環境中更具有彈性。數位化使全球公司獲得了無窮的機會。將工作流程加以數位化及合理化之後，數位化企業就可獲得前所未有的利潤及競爭力。

　　數位化企業與傳統企業最大的不同，在於數位化企業在組織及管理方面，是百分之百的依賴資訊科技。對一個數位化企業的管理者而言，資訊科技不僅是幫手，而是經營的核心管理工具。

　　在今日，完全數位化的企業為數並不多。但是絕大多數的企業，尤其是傳統企業，也許是因為環境壓力或機會使然，已漸漸朝向數位化的方向前進。思科公司 (Cisco Systems) 已是接近完全數位化的公司，它是用網際網路來驅動企業經營的每一個層面。寶鹼公司 (Procter & Gamble) 也離完全數位化不遠。

　　在向顧客提供價值時，企業應確認在設計、生產、行銷及服務方面的各種活動。由於電子化商業工具及技術的發展，傳統的價值鏈會有一個新的風貌及應用。數位化企業價值鏈 (e-business value chain) 是將資訊科技視為公司整體價值鏈的重要一環，是增加企業競爭優勢的利器。一項針對 400 位資訊經理的調查顯示，96% 的資訊經理認為電子化銷售及採購能夠增加企業的競爭優勢，對於現代企業經營是不可或缺的 ❸。

　　圖 3-6 顯示了數位化企業價值鏈的元件 (components of e-business value chain)：企業間網路、企業資源規劃、網路行銷、電子化顧客關係管理、企業內網路。公司可利用這些元件來降低成本、增加差異化以獲得競爭優勢。有關企業資源規劃可參考第 5 章，5.2 節。

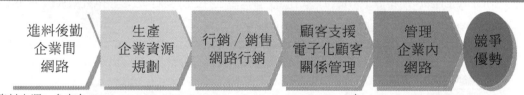

資料來源：參考自 Brad Alan Kleindl, *Strategic Electronic Marketing*, 2nd ed. (Mason, Ohio: South-Western, 2003), p. 337.

🔙 圖 3-6　數位化企業價值鏈的元件

🔙 企業間網路

　　企業間網路 (extranet) 又稱為延伸性網際網路，係利用網際網路技術與位於各地的商業夥伴、供應商、財務服務公司、政府、顧客加以連結。為了獲得競爭優勢，企業不僅應在企業內擴展網路的連結，還應與企業以外的組織廣建網路。例如大型的零售連鎖店不僅將其資料從收銀機傳到總公司及配銷中心的電腦中，還傳到企業外的組織，例如供應商、運輸公司、金融公司甚至顧客中。

🔙 企業內網路

　　企業內網路 (intranet) 或稱網內網路是利用網際網路的技術在企業內建立網

---

❸　Rusty Weston, "Value Chain Go Global," *InformationWeek*, January 18, 1999, pp. 125–126.

路，以充分發揮網際網路的功能，例如，檢索資料庫、讓使用者能夠有效使用網路資源、發布電子文件、提供論壇、提供線上訓練、獲得有效的工作流程。因此舉凡在企業通訊、產品研發、行銷與銷售、人力資源管理、教育訓練、客戶服務、資訊管理及財務會計方面，都可以充分發揮。

將企業內網路及企業間網路加以結合之後，企業內幾乎所有部門都會受惠。行銷及銷售部門可加速訂單的處理。研發部門可以檢索大量的資料庫以進行更高深的研究。顧客服務部門可以很快的知道顧客的反應，並將這些資訊傳給行銷部門。人力資源部門可以很輕鬆的發布有關人事的資料。製造及生產廠商可以更有效的和行銷部門聯繫，以做到有效的供應鏈管理，並且剔除了中間商。所謂供應鏈 (supply chain) 是指從原料的供應、製造及裝配、配送的整個過程。供應鏈管理 (supply chain management) 就是透過有關的技術及作法，使得供應鏈中的各活動做得有效率、有效能，以滿足線上顧客的需求。

網路行銷

網路行銷 (internet marketing) 是針對網際網路的特定顧客或商業線上服務的特定顧客，來銷售產品和服務的一系列行銷策略及活動。透過網際網路，網路行銷者可以進行廣告、銷售促進、公關等推廣活動。在網際網路上，除了可向特定的市場區隔呈現產品之外，同時兼具了一對一、一對多關係行銷的特性，這樣可產生很好的廣告效果。網際網路圖文並茂的方式，可提供產品完整的資訊。由於網路銷售促進活動兼具了圖形、動畫、聲音與文字的整合，以及互動式的表達，因此這些活動除了具備傳統上印刷媒體的廣告效果之外，並具有電視廣告的效果。

許多網路行銷者為了吸引顧客，增加舊顧客的忠誠度，紛紛以提供折價券的方式來促銷。在網路上的折價券其實就是一個號碼，當你的購買金額超過一定的數目時，網路行銷者就會給你一個號碼作為折價券之用。舉辦一個傳統的商展，不僅勞民傷財，而且效果不彰。所以愈來愈多具有成本意識的網路行銷者，紛紛在網站上架設虛擬商展 (virtual trade shows)。虛擬商展具有很多功能。研究者認為虛擬商展有下列的好處：認明潛在顧客、服務現有的顧客、推介新穎的或補強的

產品、提升公司形象、測試新產品、提高公司士氣、蒐集競爭者的資料以及實際的完成銷售❹。

在網路行銷的促銷活動中，有一個重要的考慮因素就是產品及服務呈現給使用者的方式，其中最受普遍喜愛的就是透過線上型錄 (online catalog) 或電子型錄 (electronic catalog)。網路廣告的特色有：交談式、超越時空、相對準確的評估廣告效益、互動性、科技性，以及即時性。

交談式　客戶的詢問可透過電子郵件得到快速的回應。這種交談式的廣告可比其他媒體傳遞更多、更具親和力的資訊。

超越時空　網際網路無遠弗屆，網路廣告可全天候的提供。由於網路廣告可跨越時空的限制，因此對網路行銷者及廣告商而言，是十分有效益的。

相對準確的評估廣告效益　網路廣告的效果容易衡量及掌握。現在的技術已經可以掌握在本網站上的訪客，他們在網站上閱讀過什麼文章、看過什麼廣告。如果以某些贈品誘使訪客留下其基本資料的話，更可以掌握訪客的人口統計變數。網路的「據實統計性」(accountability) 使得閱聽人在網路上的所有行為都「有案可考」。經由網路伺服器的「紀錄檔案」(log file)，運用相關的網站統計分析軟體，加上可靠的網路廣告管理系統，可以很容易的知道廣告圖檔被索閱、被觸擊的次數。

互動性　由於網路廣告有互動性的特性，因此便於與顧客進行一對一的直接行銷。在與顧客互動的過程中，網路行銷者可蒐集到更完整的顧客資料，包括顧客的基本資料、偏好及意見等。在網路上直接蒐集到顧客的資料之後，就可以馬上回覆顧客，如此高的互動性更可提高顧客的參與意願及意見表達。

科技性　由於多媒體爪哇 (Java)、超文件標記語言 (HTML) 的技術已相當成熟，使得網路廣告也能以多種面貌呈現。例如，動畫、移動式看板、遊走的文字或圖形，皆使得廣告充滿著吸引力。

即時性　網路廣告可以即時的更新廣告內容，隨時增減資訊。這些特性絕非傳統廣告所能望其項背，而其推出的速度也是傳統廣告望塵莫及的。

❹ Thomas Bonoma, "Get More Out of Your Trade Shows," *Harvard Business Review*, January-February 1983, pp. 75–83.

電子化顧客關係管理

電子化顧客關係管理系統 (electronic customer relationship management systems) 是利用資料採礦技術來引導有關最適定價、留住顧客、提高市場佔有率及獲得源源不斷的新利潤的有關決策。電子化顧客關係管理系統會將各個資訊系統的顧客資訊整合到一個大型的資料倉庫 (data warehouse) 中，然後再利用各種分析工具將它們加以切割，以實現一對一行銷 (one-to-one marketing) 的理想，如圖 3–7 所示。電子化顧客關係管理系統支援決策的方式有很多。最重要的，電子化顧客關係管理系統能夠幫助組織改善其顧客關係管理❺。

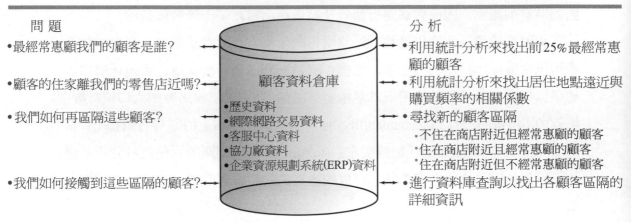

資料來源：修正自 Kenneth C. Laudon and Jane P. Laudon, *Essentials of Management Information Systems*, 6th ed. (Upper Saddle River, N.J.: Prentice-Hall, 2005), p. 424.

圖 3-7　支援顧客關係管理的系統

複習題

1. 偵察外部環境以發掘機會、避免威脅對於組織獲得競爭優勢而言，還是不夠的。策略管理者還必須檢視公司的內部環境以確認內部策略因素。我們可以三個基礎（角度）來說明如何偵察組織內部環境。這三個基礎是什麼？

❺　有關資料採礦的詳細討論，可參考：榮泰生著，《管理學》（臺北：三民書局，2004），第 6 章。

2. 擬定企業策略最實際的方法是什麼？

3. 內部環境偵察 (internal environment scanning) 的目的是什麼？

4. 何謂內部策略因素 (internal strategic factors)？

5. 何謂資源 (resources)？ 資源包括哪些？

6. 試解釋 VRIO 架構 (VRIO framework)。

7. 如何利用資源以獲得競爭優勢？

8. 何謂持久的優勢？ 決定公司優勢的持久性的兩個因素是什麼？

9. 如果核心能力具有透通性、移轉性、重製性，則此核心能力就容易被模仿。試舉例說明。

10. 何謂外顯知識？ 何謂內隱知識？ 哪個知識容易被模仿？ 為什麼？

11. 何謂深層知識？ 何謂表面知識？ 哪個知識容易被模仿？ 為什麼？

12. 組織的資源及能力可以用連續帶來表示。何謂持久性連續帶 (continuum of sustainability)？ 試繪圖加以說明。

13. 試簡要說明公司價值鏈 (corporate value chain)。

14. 價值活動內容中的基礎活動包括哪些活動？

15. 價值活動內容中的支援活動包括哪些活動？

16. 試說明檢視價值鏈的步驟。

17. 試以必勝客為例，說明其價值鏈。

18. 價值鏈與商業系統的關係如何？

19. 何謂能力驅動因素 (capability driver)？ 一般而言，能力驅動因素有四種： 開創者優勢、營運規模、經驗及相互關係。試加以說明。

20. 試檢視必勝客的能力。

21. 何謂數位化企業 (digital firm)？

22. 試說明數位化企業價值鏈 (e-business value chain)。

23. 試繪圖扼要說明數位化企業價值鏈的元件 (components of e-business value chain)。

24. 何謂企業間網路？ 何謂企業內網路？ 何以說將企業內網路及企業間網路加以結合之後，企業內幾乎所有部門都會受惠？

25. 何謂網路行銷？企業進行網路行銷可獲得什麼好處？

26. 網路廣告的特色有：交談式、超越時空、相對準確的評估廣告效益、互動性、科技性，以及即時性。試加以說明。

27. 試繪圖扼要說明電子化顧客關係管理。

練習題

就第 1 章所選定的公司，做以下的練習：

※ 以資源導向的 VRIO 架構，檢視此公司。

※ 說明以此公司如何利用資源以獲得競爭優勢。

※ 說明以此公司如何獲得持久的競爭優勢。

※ 檢視此公司的價值鏈。

※ 試說明檢視此公司的價值鏈時所採取的步驟。

※ 解釋此公司的價值鏈與商業系統的關係。

※ 檢視此公司的能力驅動因素。

※ 檢視此公司的數位化價值鏈元件。

第4章 情勢分析

本章的目的在於說明：

1. 產業分析

2. 外部策略因素分析

3. 內部策略因素分析

4. SWOT 分析

5. 利用 TOWS 矩陣產生策略

6. 策略形成的驅動因素

在對企業環境加以檢視之後，接下來的是進行環境分析。環境分析包括對產業、企業外部、內部策略因素的分析。

4.1 產業分析

為什麼在同樣的環境下，不同的公司會有不同的反應？原因之一就是管理者在確認及了解外部策略議題及策略因素上的不同。事實上，沒有任何企業可以監視所有的外部環境因素。什麼因素是重要的，什麼因素是不重要的，企業必須要能區分及取捨。雖然管理者都同意要追蹤關鍵性的策略因素，但是他們還是會忽略（或選擇性忽略）環境的最新發展。什麼原因造成了這種現象？管理者個人價值觀、個人背景（如行銷背景出身的管理者會特別注意行銷環境的新趨勢），以及目前的成功（成功會使人沾沾自喜、失去警覺性）。拒絕接受不熟悉的、負面的資訊的現象稱為策略短視 (strategic myopia)。在企業必須進行策略改變時，策略短視會使它無法蒐集到適當的外部資訊。

景象分析

公司景象 (corporate scenario) 是估計某些策略及方案對事業單位及公司的投資報酬率的影響。在利用景象分析 (scenario analysis) 時，研究人員會對未來可能的發展，勾勒出某些主觀的景象。一般而言，景象分析的目的，是為了在策略管理中擬定權宜之計 (contingency plans) 而做的，其結果會產生預計資產負債表 (pro forma balance sheet) 及預計損益表 (pro forma income statement)。根據對《財富》五百大企業所做的研究，有 84% 的企業在做策略規劃時會利用電腦模擬進行景象分析，而其中大多數是利用試算表（如 Microsoft Excel）進行「若……則」(what...if) 分析[1]。

假設大海公司的策略管理者為了掌握未來的商機，企圖採取購併策略或者內部發展策略（見第 8、9 章）並想要了解五年後的公司景象。首先針對購併策略，他可以利用過去的財務報表的歷史資料及歷史平均資料做基礎來預估。在預估時，他要考慮與購併策略有關的一些變數。這些變數包括環境因素，包括國內生產毛額、消費者物價指數 (consumer price index, CPI) 等；與購併策略有關因素，例如，銷貨、銷貨成本、存貨水準、應收帳款、研發支出、廣告及促銷支出、負債支出（假設企業是以舉債的方式來對購併策略的實施進行融資）；績效因素，如股息、淨利、每股盈餘、投資報酬率、權益報酬率，如表 4–1 所示。

接著，他要對購併策略的三種情況，也就是樂觀的 (optimistic, O)、悲觀的 (pessimistic, P) 以及最可能的 (most likely, ML) 情況，預估五年後的景象。例如，在樂觀的情況下，實施購併策略所產生的國內生產毛額是多少、銷貨是多少等。在悲觀的情況下呢？最可能的情況下是多少？

同樣的，他也要對內部發展策略做出上述的估計。這個過程結束之後，他就可得到購併策略、內部發展策略的三種情況 (O, P, ML) 之六種不同景象。詳細的景象建立之後，會產生六個景象的預期淨利、現金流量及營運資金。然後計算每個景象的財務比率。為了要決定購併策略、內部發展策略的可行性，要對各個景

---

[1]　D. K. Sinha, "Strategic Planning in Fortune 500," *Handbook of Business Strategy*, 1991/1992 Handbook.

象的財務報表及比率加以比較。景象分析的結果可獲得豐富的資訊，以便對購併策略、內部發展策略的可能獲利率做最適當的決定。

表 4-1 景象分析

因　素	去　年	歷史平均	景　象		
			樂　觀	最可能	悲　觀
國內生產毛額					
消費者物價指數					
銷　貨					
銷貨成本					
存　貨					
應收帳款					
研發支出					
廣告及促銷支出					
資本支出					
負債支出					
股　息					
淨　利					
每股盈餘					
投資報酬率					
權益報酬率					

產業空間分析

產業 (industry) 是由顧客、產品及技術這三個向度（或特性）所組成的。換言之，如果廠商之間使用類似的技術、生產類似的產品（或提供類似的服務）、滿足類似的顧客需求，則這些廠商就形成了一個產業❷。因此我們可以這三個競爭空間來描述一個產業：顧客（產業向「誰」提供產品及服務）、產品（產業提供「什麼」東西），以及技術（產業「如何」提供產品和服務），如圖 4-1 所示。

....

❷　D. F. Abell, *Defining the Business: Starting Point of Strategic Planning* (Englewood Cliffs, N. J.: Prentice-Hall, 1980).

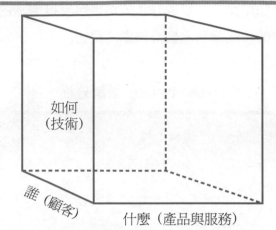

如何
（技術）

誰（顧客）　　　什麼（產品與服務）

資料來源：L. J. Bourgeois III, Irene M. Dumaine and J. L.
Simpert, *Strategic Management: A Managerial
Perspective*, 2nd ed. (Fort Worth, Texas: The Dry-
den Press, 2003), p. 114.

圖 4-1　產業空間模型

　　由於技術層出不窮，消費者偏好時常在變，所以產業空間模型很少是靜態的。例如，在技術改變方面，亞馬遜網路書店 (Amazon.com) 利用網際網路科技來進行網路行銷、線上購物，eBay 利用網際網路來進行網路拍賣等。Amazon.com 利用一個所謂的合作式過濾 (collaborative filtering) 技術來向顧客推薦新書——它會將你過去所購買的書籍與和你有同樣閱讀嗜好的人所購買的書籍加以比較，然後再向你推薦你還沒有買的書。豌豆莢公司 (Peapod) 是世界上最大的線上雜貨店，其新鮮蔬菜、肉類，及其他 25,000 件產品都有送貨到府的服務。購物者可依價格、含脂肪或含鈉成分，以及任何他們認為重要的因素來選擇產品。此網站提供了個人化的目錄服務，你可以多次訂購一週所需的東西，將每次訂購的東西放在目錄中。其他的網站都沒有提供類似的服務。此網站正在擴充之中。根據估計，到 2007 年時，線上雜貨的生意將會達到 600 到 850 億美元。

　　除了新技術之外，人口統計變數、消費者行為的改變也會衝擊整個產業。近年來由於老年人口比例增加，因此針對老人這個目標市場來提供所需的產品及服務的公司，也如雨後春筍般的湧現。消費者在購物、烹飪、清理方面對於便利性

的要求，使得 Boston Market 公司（美國著名的餐廳連鎖店，網站：www.boston-market.com）獲得了無窮的市場機會。當產業空間中的任何一個向度改變，就會創造出市場機會。然而，廠商未必能掌握這個市場機會，原因是：既有廠商未察覺到這個機會，尤其是那些被一時成功沖昏了頭的公司。

策略運用

我們可利用產業空間模型中的三個向度來分析廠商的策略運用。圖 4–2 顯示了蘋果電腦在產業空間模型中的三個向度的策略運用。蘋果電腦公司以新技術（微處理器）來發展新產品（個人電腦），並以新的市場區隔（個人或家計單位）作為目標市場。

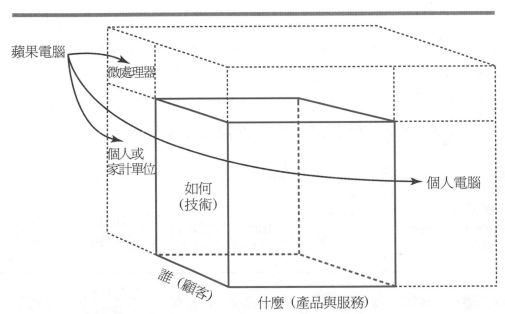

資料來源：L. J. Bourgeois III, Irene M. Dumaine and J. L. Simpert, *Strategic Management: A Managerial Perspective*, 2nd ed. (Fort Worth, Texas: The Dryden Press, 2003), p. 124.

圖 4-2　蘋果電腦在產業空間模型中的三個向度的策略運用

實際分析

如前述，我們可利用產業空間模型中的三個向度來分析一個產業。在實際分析時，我們必須對這三個向度貼上標籤（或設定區隔變數）。例如，在分析食品業

時，在「顧客」這個向度，我們可以用年齡來做標籤（做區隔），因為嬰兒對食物的需求自然與少年不同。

然而，在汽車業以年齡來做區隔就不適當，因為汽車廠商不會以 16 歲以下的人為目標市場。汽車消費行為比較會受到可支配所得、駕駛習慣的影響。因此，在分析汽車業「顧客」這個向度時，比較有用的區隔變數可能是「首度購車者」、「重複購車者」。美國汽車業者就是因為忽略了「首度購車者」這個市場區隔，才讓日本汽車乘虛而入。

在「產品」這個向度，策略管理者必須要以廣泛的角度來思考，至少要超過公司本身的產品線項目。例如，在圖 4–3 中所顯示的各電腦廠商所提供的產品及服務，其中不僅包括網際網路服務、軟體、高科技元件（例如微處理器）、硬體元件、工作站、迷你電腦及大型電腦。在以廣泛的角度來分析產業內各廠商的產品及服務時，我們對於產業的演進就會有個梗概，而且也可了解產品向度的哪些部分比較「擁擠」（有許多競爭者提供這類產品）。如果針對每一個產品及服務加上預估的利潤資料，我們就可預估這些產品市場的相對大小。例如，我們可能發現，軟體、微處理器及顧問服務佔市場總利潤的絕大比例。

美國線上 Yahoo! 微軟	微軟	英特爾 美商超微	新惠普 IBM 蘋果電腦	新惠普	IBM Unisys	Andersen EDS IBM Unisys

網路服務	軟體	高科技元件	個人電腦	工作站	迷你電腦 大型電腦	顧問服務

資料來源：L. J. Bourgeois III, Irene M. Dumaine and J. L. Simpert, *Strategic Management: A Managerial Perspective*, 2nd ed. (Fort Worth, Texas: The Dryden Press, 2003), p. 128.

圖 4–3　各廠商所提供的產品及服務

對於「技術」這個向度的分析是平鋪直敘的，因為在大多數的產業其技術是相當清楚易辨的。圖 4–4 的(a)部分顯示了汽車業的技術向度。勞斯萊斯所採取的

是工作站技術（生產方式），通用汽車與福特所採取的是大量製造技術，而豐田與本田所採取的是彈性製造技術。在圖 4–4 的(b)部分，左邊表示廠商本身製造所有的組件並做最後裝配，右邊表示廠商將組件的製造加以外包，本身只從事最後裝配。

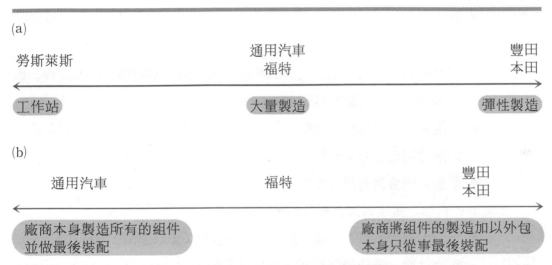

資料來源：L. J. Bourgeois III, Irene M. Dumaine and J. L. Simpert, *Strategic Management: A Managerial Perspective*, 2nd ed. (Fort Worth, Texas: The Dryden Press, 2003), p. 129.

圖 4–4　汽車業的技術向度

　　用以上三個向度來分析產業時，應隨時記住分析的目的，也就是要了解產業已經改變的情況、可能改變的情況，以便發掘市場機會，以及重新思考產業的結構。同時，對各向度貼上標籤，不僅可幫助管理者了解目前產業的競爭本質，而且也可了解這些向度如何改變以及這些改變對未來競爭、未來產業結構的影響。

五力模型分析

　　以波特的五力模型來分析產業，可以幫助策略管理者了解這五種力量對產業平均獲利率所造成的影響。在進行五力模型分析之後，企業可以替下列的策略議題找到答案：

- 在產業中每個廠商的主要競爭優勢是什麼?

- 產業中的競爭規則 (rules of the game) 是什麼? 影響產業吸引力（或不具吸引力）的因素是什麼?

- 產業中的廠商可以採取什麼行動以使得產業更具有吸引力?

在新進入者方面，策略管理者要分析的問題是:

- 進入障礙是什麼? 我們能夠提高進入障礙嗎? 什麼因素會降低進入障礙?

- 有哪些廠商是潛在的、立即的新進入者? 它們的特性（資本規模、員工人數、成長、顧客基礎等）如何?

- 新進入者可能採取的策略是什麼? 這些新進入者及其策略對產業重新塑造的可能性有多大?

- 新進入者會何時進入本產業?

在競爭者方面，策略管理者要分析的問題是:

- 今日主要的競爭者是誰? 它們的主要特性（資本規模、成長、產品線、顧客基礎、地理營運範圍等）是什麼?

- 他們在產業中的相對地位如何?

- 每個競爭者的競爭優勢在哪裡? 他們建立了什麼轉移成本?

- 他們如何競爭? 每一個競爭者所使用的武器或策略是什麼?

- 競爭的形式如何（如公開宣戰、禮貌性的「低盪」、暗中攻擊、公開發出信號）?

- 他們在產品差異化方面做得如何?

- 產業的競爭性如何? 有沒有競爭者想要重新塑造整個產業，如果有，用什麼方式?

在替代品方面，策略管理者要分析的問題是:

- 我們的產品及服務的替代品是什麼?

- 替代品的衝擊有多大（也就是說，替代品完全取代我們的產品的可能性有多大）?

- 替代品滲透的速度有多快?

● 產業中有多少廠商視替代品的威脅為轉機（轉而採取多角化策略）？

在購買者方面，策略管理者要分析的問題是：

● 本產業的主要客戶（顧客廠商）是誰？他們的集中程度如何？

● 在整個及不同的市場區隔內，需求成長的速度有多快？發掘或創造新市場利基的可能性有多大？

● 轉移成本有哪些？有多高？

● 對於本產業的各種服務，每個市場區隔的價格敏感性有多高？

● 向後垂直整合（也就是，購買者自行供應所需要的產品與服務）的威脅有多大？

● 顧客的相對議價能力如何？

在供應商方面，策略管理者要分析的問題是：

● 供應商是誰？他們的規模有多大？他們的集中程度如何？

● 與供應商相較，本產業（也就是他們的顧客）的集中程度如何？本產業有多少比例的廠商向他們購買？

● 本產業的廠商是否很容易的更換供應商？

● 本產業的廠商向供應商購買的產品（或原料）佔其總供應量的百分比有多少？數量有多少？

● 供應商的產品及服務對我們產品品質的重要性有多大？

● 供應商所提供的產品及服務佔我們產品的成本比例有多高？

● 供應商採取向前垂直整合對廠商造成的威脅有多大？（相反的，廠商採取向後垂直整合的機會有多大？）

● 供應商的相對議價能力如何？

🎯 策略群分析

直到目前為止，我們分析的重點都放在影響整體產業的獲利性因素上。如前述，波特的五力分析可幫助策略管理者了解決定產業獲利率的特殊經濟力量及情況。然而，策略管理者必須對產業做更深入的分析。在發展有效的競爭策略之前，策略管理者必須先了解他的特殊策略動向對獲利性的維持或增加的影響。在一個

特定的產業，廠商的特殊競爭策略及行為很可能與競爭者的不同。換句話說，即使在同一產業內的廠商所面臨的都是來自於供應商、購買者、替代品等類似壓力，但在實務上，他們會採取截然不同的方式來應付這些壓力。在同一產業內，廠商會在產品屬性、產品品質的強調、所使用的技術類型、所使用的配銷通路類型、顧客類型等方面，有極大的不同。因此，廠商應以最適合它自己策略動向及競爭策略的方式來因應環境的衝擊。

策略群 (strategic group) 是在同一產業內追求類似策略的一群廠商。將產業內的廠商分成若干群對於產業分析是很有幫助的。策略群分析 (strategic group analysis) 可以幫助策略管理者了解產業內有哪些廠商會追求類似的策略。由於產業內強大的經濟力量使然，所以在某一策略群內的廠商並不能輕易的移往另一個策略群。一般而言，在同一策略群的廠商所面臨的是相同的經濟情況及限制條件，而這些經濟情況與限制條件與其他的策略群大不相同。

策略管理者如果要分析產業內的每一個廠商是費時費力的。因此，策略群分析可讓他將類似的廠商集結成一群，以便於了解與比較自己與直接競爭者的策略態勢及行動。

界定策略群

大多數產業都可以被分解成若干個截然不同的策略群。在某個策略群內的廠商會在若干個屬性上具有類似性。這些屬性包括：產品線寬度、所使用的技術種類、顧客種類、對產品品質的相對重視度、所使用的配銷通路，以及所服務的市場數目。策略管理者可以用許多不同的屬性或構面來區分策略群。重要的是，策略管理者所選擇的屬性或構面對其產業而言要具有相關性、顯著性。有些競爭屬性（如所使用的配銷通路類型、產品線寬度）對於某些產業（如包裝食品、軟性飲料、啤酒、麥片粥、個人保養品）是非常具有相關性的，但是其他屬性（如產品功能、所使用的技術種類）則對其他產業（如半導體、醫療器材、運動產品）是非常適當的。因此，選擇適當的構面來界定策略群是非常重要的。策略管理者必須要對產業及顧客有相當程度的了解，以及對競爭者有相當程度的實戰經驗，才可望對策略群做適當的界定。

釋例：個人電腦業策略群分析

我們現在以個人電腦業為例來說明策略群分析。圖 4–5 顯示了個人電腦業的策略群。在集結各廠商所使用的構面是：客製化／交貨速度（橫軸）以及產品品質（縱軸）。當然如果用品質水準與價格水準，或者顧客服務與價格分別作為橫軸與縱軸，也是適當的。

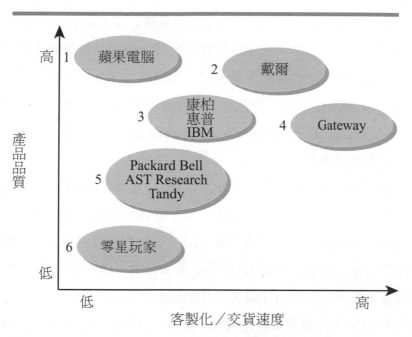

資料來源：Robert A. Pitts and David Lei, *Strategic Management: Building and Sustaining Competitive Advantage*, 3rd ed. (Canada: South-Western, Thomson Learning, 2003), p. 52.

圖 4–5　個人電腦產業的策略群

第一群只有一個廠商蘋果電腦。蘋果電腦自成一群不值得大驚小怪。你看它獨樹一格的系統介面，具有高度親和力的麥金塔作業系統也就不足為奇。蘋果電腦最近推出的新一代產品，如 iMac，更強化了它在消費者心目中的高品質形象。然而，蘋果電腦並不採取直銷的方式，而是透過其加值經銷商或專賣店來銷售。由於蘋果電腦產品已裝配成形，因此相對於戴爾電腦公司而言，這種配銷方式會

使它比較困難將消費者所喜歡的特色加到產品上。蘋果電腦的獨特作業系統使它不會遭受到其他廠商的激烈競爭，但同時也限制了它的市場佔有率（大約 4～5%）。然而，蘋果電腦的新款電腦仍然吸引著忠誠的客戶。他們認為蘋果電腦在影像處理、數位電腦製作上的能力，非其他作業系統所能望其項背。這就是為什麼他們如此死忠的原因。

　　第二個策略群是客製化程度高、交貨速度快、品質高的一群廠商，包括戴爾。事實上，戴爾對客製化與高品質的結合是其他廠商，如 Gateway、IBM、康柏，競相模仿的策略。然而，讓競爭者永遠望塵莫及的地方，就是戴爾能夠保持特別低的存貨，以及與供應商合作共同開發晶片、周邊設備以及其他有助於提升品質的電腦元件。此外，戴爾也鼓勵消費者線上購買或電話訂購，以大幅降低配銷成本。這種網路行銷方式就可以讓戴爾節省了必須透過百貨公司、電子零售商及其他類型中間商所耗費的成本。

　　第三個策略群包括康柏、惠普與 IBM。康柏、惠普與 IBM 也企圖追求高品質及客製化，但是這二家廠商仍然必須依賴電子商店及加值中間商來銷售，加值中間商會依照客戶所訂的規格來完成客製化的最後動作。雖然這二家廠商也透過網際網路及免費電話來接受訂貨，但是他們不敢像戴爾一樣完全成為網路行銷公司，因為怕得罪那些幫助完成客製化最後動作的既有中間商。然而，許多產業分析師認為，康柏與 IBM 不出幾年便會走向戴爾之路，採取網路直銷方式，銷售客製化個人電腦。雖然最近 IBM 已經宣布不再製造個人電腦（其個人電腦事業部已被中國的聯想購併，見第 9 章），但是仍然會提供產品服務的保證。事實上，IBM 已將個人電腦的製造外包給 Sanmina-SCI 公司（專門承接外包工作的領導性電子廠商）。諷刺的是，IBM 本身製造許多電腦元件，如半導體、顯示器、磁碟機、電源供應器，供自己的個人電腦用，也供應給戴爾，但是它卻不能因應需求的快速變化而有效的機動調整其內部製造系統。康柏電腦雖然仍在個人電腦業，但許多跡象顯示，它逐漸的將製造活動外包給其他的電子產品製造商。在這二家廠商之間，價格競爭得非常激烈，每家廠商都希望以低價奪取對方的市場❸。

----

❸　值得注意的是，以上的分析是根據 2001 年的個人電腦產業情況。2001 年以後個人電腦業
　　發生的重大事件有：⑴惠普科技公司在 2001.09.04 宣布，將以換股方式在 2002 年上半年

Gateway 屬於第四個策略群。Gateway 所著重的是客戶訂做的家庭市場。在許多關鍵點上，Gateway 企圖趕上戴爾，也就是能夠保持低的存貨量，並且做到「剛好及時」（just-in-time，見第 5 章）。為了要吸引更廣泛的消費者市場，Gateway 過去採取的是低價策略（比戴爾電腦還低的價格），因為它所使用的是比較便宜的 Intel Pentium、Celeron 晶片，或者是競爭對手 AMD 所製造的晶片。

消費者是透過免費電腦來訂購。他們也可以到某些城市設有的 Gateway 零售店購買。Gateway 的商業客戶為數不多，主要是因為其客服中心只針對個別消費者。在 2002 年初，Gateway 曾宣布降價，企圖奪回 2001 下半年被戴爾及其他競爭者所搶走的市場。Gateway 關閉了許多營利不佳的商店，希望重新布局，並與競爭者做長期抗戰。

第五個策略群的特徵是：提供具有標準配備、可接受品質的電腦，透過傳統的配銷通路來銷售的廠商。事實上，在這個策略群內的廠商近年來已逐漸的被淘汰，因為消費者對於物美價廉的個人電腦要求愈來愈高。這些廠商的電腦在可靠性方面還差強人意，但是它並沒有提供高速的處理器、DVD 磁碟機、影像及聲霸卡。此外，這類廠商也不會依照消費者的個別需求來提供客製化產品，而是透過百貨公司、電子產品零售店向所有的顧客提供標準化的產品。希望電腦有個人特色的消費者不會向這類廠商購買，於是在 1999 年這類廠商因為虧損累累而逐漸銷聲匿跡了。

第六個策略群是小型的、零散的個人電腦組裝業者，像 eMachines、PeoplePC 這樣的公司。這些業者的前途堪慮，因為他們既不能提供客製化產品及服務，又缺乏強而有力的品牌作為後盾。因此，這個策略群最不具吸引力。

購併康柏電腦公司，購併金額為 250 億美元。合併後的公司稱為「新惠普」。據估計，新惠普的總營收將高達 870 億美元，在個人電腦、伺服器及手持裝置市場將居全球之冠；在資訊科技、服務儲存及管理軟體領域的營收則是全球排名第三；(2) 2004.12.08 中國的聯想集團以龐大的資金規模，購併全球資訊業界素有藍色巨人美譽的 IBM 旗下所屬的個人電腦事業部門。

產業矩陣

在某一產業內通常會有管理者必須了解的特定變數，這些變數稱為關鍵性成功因素。這些隨著產業不同而異的關鍵性成功因素 (key success factors, KSF) 具有以下特性：

- 關鍵性成功因素在某一特定產業內會影響所有企業的整體競爭地位；
- 關鍵性成功因素決定企業在某一產業是否有能力成功；
- 關鍵性成功因素與策略因素 (strategic factors) 不同。關鍵性成功因素所涉及的是整個產業，而策略因素則是針對某一特定企業。

關鍵性成功因素通常是由兩個因素所決定：

- 產業中經濟及技術特性；
- 企業在擬定競爭策略時所考慮的重要因素。

例如，在家電業中，廠商必須要以低成本來獲得競爭優勢；它必須以大規模的產能製造單一產品（或同一產品的若干種款式）。由於美國有 60% 的主要家電用品是透過著名的零售店（如 Sears、Best Buy）所銷售，所以廠商的產品必須要在大宗產品的配銷通路中佔有優勢，例如，此廠商必須提供完整的產品線產品，並透過及時的運送系統使存貨成本、訂貨成本減到最低。由於顧客所期望的是產品的可靠性及耐久性，此廠商必須要有良好的研發及製造。從以上的說明，我們可以了解在家電業競爭必須掌握的關鍵性成功因素包括：規模經濟、完整產品線、有效的運送系統、有效的研發及製造。任何無法掌握這些關鍵性成功因素的廠商必然無法獲得競爭優勢，更遑論生存。

產業矩陣 (industry matrix) 彙總了某特定產業的關鍵性成功因素，如表 4-2 所示。要建立產業矩陣，可以依循以下的步驟：

- 在第 1 欄，建立關鍵性成功因素，列出可決定產業成功的因素。
- 在第 2 欄，依據各因素對成功的影響程度給予適當的權數。0.0 表示最不重要，1.0 表示最重要。不論有多少因素，所有的權數總和應等於 1.0。
- 在第 3 欄，決定甲公司評點。也就是甲公司在各關鍵性成功因素的表

現。5 代表極優，3 代表普通，1 代表極差。

- 在第 4 欄，計算甲公司的權數分數，也就是第 2 欄與第 3 欄的乘積。

- 在第 5 欄，決定乙公司評點。也就是乙公司在各關鍵性成功因素的表現。5 代表極優，3 代表普通，1 代表極差。

- 在第 6 欄，計算乙公司的權數分數，也就是第 2 欄與第 5 欄的乘積。

最後，分別將第 4 欄、第 6 欄的分數加總，以算出甲、乙公司的總分（總權數分數）。這些總分分別表示甲乙公司在此產業中對於關鍵性成功因素的反應。當然我們也可以將此策略矩陣加以擴充，以包括此產業中的所有競爭者。

表 4-2 產業矩陣 (industry matrix)

第 1 欄	第 2 欄	第 3 欄	第 4 欄	第 5 欄	第 6 欄
關鍵性成功因素	權　數	甲公司評點	甲公司權數分數	乙公司評點	乙公司權數分數
總　分	1.00				

資料來源：修正自 Thomas L. Wheelen and J. David Hunger, *Concepts in Strategic Management and Business Policy*, 9th ed. (Upper Saddle River, N.Y.: Prentice-Hall, 2004), p. 69.

4.2　外部策略因素分析

策略管理者在偵察組織外部環境及確認策略因素之後，就可以利用「外部因素分析彙總表」(external factor analysis summary, EFAS) 來將分析加以彙總，如表 4-3 所示（此表是以 Maytag 公司作為例子）。在使用 EFAS 時，可以依照以下的步驟：

- 在第 1 欄，建立外部策略因素，列出八至十個影響企業經營的環境因素（機會及威脅）。

- 在第 2 欄，依據各因素對企業影響的程度給予適當的權數。0.0 表示最不重要，1.0 表示最重要。不論有多少因素，所有的權數總和應等於 1.0。

- 在第 3 欄，決定公司的評點。也就是公司在各環境因素的表現。5.0 代

表極優，3.0 代表普通，1.0 代表極差。

● 在第 4 欄，計算公司的加權分數，也就是第 2 欄與第 3 欄的乘積。

● 在第 5 欄，做出評論，解釋為什麼會選擇這個因素，以及說明權數及
評點的估計為什麼是這樣。

表 4-3 Maytag 公司之外部因素分析彙總表 (external factor analysis summary, EFAS)

第 1 欄 外部策略因素	第 2 欄 權　數	第 3 欄 評　點	第 4 欄 加權分數	第 5 欄 評　論
機會 (opportunities)				
O1 歐洲各國的經濟整合	0.20	4.1	0.82	併購 Hoover 公司
O2 消費者偏好高品質家電	0.10	5.0	0.50	Maytag 有高品質產品
O3 亞洲的經濟發展	0.05	1.0	0.05	投入不大
O4 東歐市場的開放	0.05	2.0	0.10	還需一段時間
O5 超級商店的蓬勃 (threats)	0.10	1.8	0.18	公司在這方面較弱
威脅 (threats)				
T1 政府管制日深	0.10	4.3	0.43	公司定位明確
T2 美國市場競爭激烈	0.10	4.0	0.40	公司定位明確
T3 Whirlpool及Electronic 公司具有全球競爭力	0.15	3.0	0.45	Hoover 的全球競爭力弱
T4 產品推陳出新	0.05	1.2	0.06	有問題
T5 日本家電公司	0.10	1.6	0.16	只在亞洲市場
總　分	1.00		3.15	

資料來源：修正自 Thomas L. Wheelen and J. David Hunger, *Concepts in Strategic Management and Business Policy*, 9th ed. (Upper Saddle River, N.Y.: Prentice-Hall, 2004), p. 74.

4.3　內部策略因素分析

策略管理者在偵察組織內部環境及確認策略因素之後，就可以利用「內部因素分析彙總表」(internal factor analysis summary, IFAS) 將分析加以彙總，如表 4–4 所示（此表是以 Maytag 公司作為例子）。首先利用 VRIO 架構來評估每一個因素的重要性，這些因素可能都是企業的強處（或助力）。在使用 IFAS 時，可以依照以下的步驟：

- 在第 1 欄，建立內部策略因素，列出八至十個決定企業成功的因素（強處及弱點）。
- 在第 2 欄，依據各因素對成功的影響程度給予適當的權數。0.0 表示最不重要，1.0 表示最重要。不論有多少因素，所有的權數總和應等於 1.0。
- 在第 3 欄，決定公司的評點。也就是公司在各關鍵性成功因素的表現。5 代表極優，3 代表普通，1 代表極差。
- 在第 4 欄，計算公司的加權分數，也就是第 2 欄與第 3 欄的乘積。
- 在第 5 欄，做出評論，解釋為什麼會選擇這個因素，以及說明權數及評點的估計為什麼是這樣。

表 4–4　Maytag 公司之內部因素分析彙總表 (internal factor analysis summary, IFAS)

第 1 欄 內部策略因素	第 2 欄 權　數	第 3 欄 評　點	第 4 欄 加權分數	第 5 欄 評　論
強處 (strengths)				
S1 高品質的企業文化	0.15	5.0	0.75	關鍵成功因素
S2 高級主管的豐富經驗	0.05	4.2	0.21	熟悉家電產品
S3 垂直整合	0.10	3.9	0.39	需投入的因素

S4 員工關係	0.05	3.0	0.15	不錯，但漸惡化
S5 國際導向	0.15	2.8	0.42	具全球視野
弱點 (weaknesses)				
W1 程序導向的研發	0.05	2.2	0.11	新產品推出速度慢
W2 配銷通路	0.05	2.0	0.10	超級商店漸取代小型經銷商
W3 財務地位	0.15	2.0	0.30	債務繁重
W4 全球定位	0.20	2.1	0.42	除了英國及澳洲外定位不佳
W5 製造設備	0.05	4.0	0.20	目前正在投資
總　分	1.00		3.05	

資料來源: 修正自 Thomas L. Wheelen and J. David Hunger, Concepts in Strategic Management and Business Policy, 9th ed. (Upper Saddle River, N.Y.: Prentice-Hall, 2004), p. 102.

4.4　SWOT 分析

　　策略形成 (strategy formulation)，常被稱為策略規劃 (strategic planning) 或長期規劃 (long-term planning)，涉及到發展公司的使命、目標、策略及政策。策略形成是從情勢分析開始。情勢分析 (situation analysis) 是指公司如何認明並發揮公司強處以利用外部機會，以及如何認明及隱藏弱點以避免威脅。在策略決策過程中，情勢分析這個步驟就是利用 SWOT 分析來了解目前狀況以確認策略因素。SWOT 分別為 strengths（強處）、weaknesses（弱點）、opportunities（機會）與 threats（威脅）的開頭字。這些都是必須加以分析的策略因素。在 SWOT 分析之後，公司不僅可確認公司的獨特能力，也可以確認在缺乏足夠的資源之下公司目前無法充分利用的機會。過去數十年來，SWOT 分析已被證實是在策略管理中使用得最久的技術。1 項針對 113 家英國製造及服務業者所進行的調查顯示，最常被使用的分析技術分別是：

- 試算表「若……則」分析，例如利用 Excel 中的運算列表、分析藍本；
- 關鍵因素分析；
- 競爭者財務分析；

● SWOT 分析；

● 核心能力分析 ❹。

我們不難推測，世界其他各國的企業也常用這些技術。

策略的本質是機會除以能力。除非公司有能力（如資源）掌握機會，否則機會本身並無用處。弱點是阻礙策略成功的因素。因此，策略選擇 (stratcgic alternative) 等於機會除以強處減弱點。以公式表示是：SA=O/(S–W)。這個策略選擇的公式對於策略管理者的重要意涵是什麼？要繼續在強處方面進行投資，以使我們變得更強（越具有獨特能力），還是要在弱點方面投資更多以使得我們至少有些競爭力？

SWOT 分析本身並不是萬靈丹。事實上，它曾遭受過許多批評，例如：

● 它會造成很冗長的清單。

● 它並沒有使用權數以反映出優先次序（相對重要性）。

● 它所使用的詞句常曖昧不明。

● 因素常是一體兩面，故不容易分辨。

● 資料不夠客觀，常以「主見」來做判斷。

● 單變量分析，未能考慮到兩個以上變數的互動結果。

● 對策略執行沒有邏輯上的關連性。

⚙ 策略因素分析彙總 (SFAS) 矩陣

EFAS、IFAS 加上策略因素分析彙總 (strategic factors analysis summary, SFAS) 矩陣的建立，就是針對以上對 SWOT 分析的批評所提出的解決方案。當同時使用這三種分析工具時，對於策略分析有如虎添翼之效。策略因素分析彙總矩陣彙總了組織的策略因素。它是將 EFAS 表中的外部因素與 IFAS 表中的內部因素一起來檢視。我們所建立的 EFAS 表、IFAS 表如表 4–3、表 4–4 所示。表 4–3、表 4–4 共列出了二十個外部、內部因素。對大多數的策略決策者而言，二十個因素著實多了一些，所以有必要將這些強處、弱點、機會、威脅所形成的策略因素減少到

❹ K. W. Glaister and J. R. Falshaq, "Strategic Planning: Still Going Strong?" *Long Range Planning*, February 1999, pp. 107–116.

十個（或以下）策略因素。策略決策者可以檢視及調整每個因素的權數，而調整後的權數就可充分反映出哪些因素對於企業成功具有關鍵性的影響。要將在 EFAS、IFAS 中具有最大權數的因素，顯示在 SFAS 矩陣中，如表 4-5 所示。

　　完成 SFAS 矩陣表之後，公司的外部、內部策略因素便一目了然。以下的例子是 Maytag 公司在 1995 年出售其歐洲及澳洲工廠之前的情形。SFAS 矩陣中包含了從環境偵察中所得到的重要因素，因此有關這些因素的資訊對於策略形成的幫助是很大的。

表 4-5 Maytag 公司之策略因素分析彙總 (strategic factors analysis summary, SFAS) 矩陣

第 1 欄 策略因素	第 2 欄 權數	第 3 欄 評點	第 4 欄 加權分數	第 5 欄期間 短期	中期	長期	第 6 欄 評論
O1 歐洲各國的經濟整合	0.10	4.1	0.51			✓	併購 Hoover 公司
O2 消費者偏好高品質家電	0.10	5.0	0.50		✓		Maytag 有高品質產品
O5 超級商店的蓬勃	0.10	1.8	0.18	✓			公司在這方面較弱
T3 Whirlpool 及 Electronic 公司具有全球競爭力	0.15	3.0	0.45	✓			支配整個產業
T5 日本家電公司	0.10	1.6	0.16			✓	只在亞洲市場
S1 高品質的企業文化	0.10	5.0	0.50			✓	關鍵成功因素
S5 國際導向	0.10	2.8	0.28	✓	✓		品牌認知
W3 財務地位	0.10	2.0	0.20	✓	✓		債務繁重
W4 全球定位	0.15	2.2	0.33			✓	除了英國及澳洲以外定位不佳
總　分	1.00		3.01				

資料來源：修正自 Thomas L. Wheelen and J. David Hunger, *Concepts in Strategic Management and Business Policy*, 9th ed. (Upper Saddle River, N.Y.: Prentice-Hall, 2004), p. 111.

建立 SFAS 矩陣可以依照以下的步驟:

- 在「策略因素」欄（第 1 欄），依照權數列出最重要的 EFAS、IFAS 因素。對每個因素要指明是強處 (S)、弱點 (W)、機會 (O) 或威脅 (T)。
- 在「權數」欄（第 2 欄），依據各外部因素、內部因素的權數。0.0 表示最不重要，1.0 表示最重要。不論有多少因素，所有的權數總和應等於 1.0。在 SFAS 矩陣的權數可能必須再加以調整，所以未必和 EFAS、IFAS 的權數一樣。
- 在「評點」欄（第 3 欄），寫下公司在每一個策略因素上的評點。5 代表極優，3 代表普通，1 代表極差。這些評點很可能與在 EFAS、IFAS 表的評點相同（但並不是絕對如此）。
- 在「加權分數」欄（第 4 欄），計算公司的加權分數，也就是第 2 欄與第 3 欄的乘積。
- 在「期間」欄（第 5 欄），表明短期（低於 1 年）、中期（1～3 年）、長期（3 年以上）。
- 在「評論」欄（第 6 欄），做出評論。針對在 EFAS、IFAS 表中對該因素的評論，你可以重複說明或加以修正。

4.5 利用 TOWS 矩陣產生策略

到目前為止，我們已經說明如何利用 SWOT 分析來評估情勢。我們也可以用 SWOT 分析來產生許多可行的策略。TOWS 矩陣（TOWS 是 SWOT 的另外一種形式）可以用來顯示企業如何發揮長處以掌握機會，以及如何隱藏弱點以避免威脅的情形。在這種情形下，有四種可能的策略選擇，如表 4-6 所示。

TOWS 矩陣有何功用?

- 企業可利用此架構，透過腦力激盪的方式以產生可行策略;
- 它可使策略管理者擬定各種成長策略與退縮策略;
- 它不僅可用來發展總公司策略，也可以用來發展事業單位策略。

表 4-6　TOWS 矩陣

內部因素 (IFAS)　　　外部因素 (EFAS)	強處 (S) 在此處列出 5～10 項內部環境的強處	弱點 (W) 在此處列出 5～10 項內部環境的弱點
機會 (O) 在此處列出 5～10 項外部環境的機會	強處／機會策略 (SO) 列出企業可發揮強處以掌握機會的策略	弱點／機會策略 (WO) 列出企業可克服弱點以掌握機會的策略
威脅 (T) 在此處列出 5～10 項外部環境的威脅	強處／威脅策略 (ST) 列出企業可發揮強處以避免威脅的策略	弱點／威脅策略 (WT) 列出企業可克服弱點以避免威脅的策略

資料來源：H. Weihrich, "The TOWS Matrix: A Tool for Situational Analysis," *Long Range Planning*, April 1982, p. 60.

　　表 4-6 顯示了 TOWS 矩陣。要產生 TOWS 矩陣，必須利用到外部因素分析彙總表 (EFAS)、內部因素分析彙總表 (IFAS)，並依循以下的步驟：

- 在「機會」格，從 EFAS 表中（表 4-3）列出 5～10 項總公司或事業單位在目前或未來環境中可掌握的機會。

- 在「威脅」格，從 EFAS 表中（表 4-3）列出 5～10 項總公司或事業單位在目前或未來環境中可能面臨的威脅。

- 在「強處」格，從 IFAS 表中（表 4-4）列出 5～10 項總公司或事業單位所具有的強處。

- 在「弱點」格，從 IFAS 表中（表 4-4）列出 5～10 項總公司或事業單位所具有的弱點。

- 基於對以上四種因素的合併考慮，產生總公司或事業單位的四種可能策略：

　　強處／機會策略 (SO)：企業可發揮強處以掌握機會的策略。

　　強處／威脅策略 (ST)：企業可發揮強處以避免威脅的策略。

　　弱點／機會策略 (WO)：企業可克服弱點以掌握機會的策略。

　　弱點／威脅策略 (WT)：企業可克服弱點以避免威脅的策略。

　　對於總公司或事業單位而言，TOWS 矩陣是思考並擬定一系列策略的有效分析工具。以 Maytag 公司而言，其利用 TOWS 矩陣的情形如表 4-7 所示。

表 4-7 TOWS 矩陣（Maytag 公司）

內部因素 (IFAS)　　外部因素 (EFAS)	強處 (S) S1 高品質的企業文化 S2 高級主管的豐富經驗 S3 垂直整合 S4 員工關係 S5 國際導向	弱點 (W) W1 程序導向的研發 W2 配銷通路 W3 財務地位 W4 全球定位 W5 製造設備
機會 (O) O1 歐洲各國的經濟整合 O2 消費者偏好高品質家電 O3 亞洲的經濟發展 O4 東歐市場的開放 O5 超級商店的蓬勃	強處／機會策略 (SO) • 利用 Hoover 全球性的通路來銷售 Hoover 及 Maytag 的主要家電產品 • 尋找東歐及亞洲的商業伙伴	弱點／機會策略 (WO) • 藉由提升 Hoover 的品質，擴展 Hoover 在歐洲市場的聲響 • 對於 Maytag 以外的品牌，利用超級商店作為主要通路
威脅 (T) T1 政府管制日深 T2 美國市場競爭激烈 T3 Whirlpool 及 Electronic 公司具有全球競爭力 T4 產品推陳出新 T5 日本家電公司	強處／威脅策略 (ST) • 併購 Raytheon 的家電事業，以增加美國市場的佔有率 • 與日本的主要家電廠商進行合併 • 賣掉 Maytag 以外的所有品牌，強力防衛 Maytag 在美國市場的利基	弱點／威脅策略 (WT) • 賣掉 Dixie-Narco 事業部以減輕負擔 • 重視成本節省，壓低損益平衡點 • 讓 Raythoen 或日本企業收購

資料來源：Thomas L. Wheelen and J. David Hunger, *Concepts in Strategic Management and Business Policy*, 9th ed. (Upper Saddle River, N.Y.: Prentice-Hall, 2004), p. 117.

4.6　策略形成的驅動因素

在情勢分析之後，接下來的策略管理過程就是策略的形成。我們必須了解，策略形成並不是規則的、持續的過程，而是不規則的、間斷的過程。策略形成的過程中有所謂的策略漂浮 (strategic drift) 的現象，也就是有穩定的時候，有混亂的時候，有必須小幅微調的時候，也有必須大幅重擬的時候。不論策略形成的情況如何，我們不難發現決策者的一些傾向：除非已證實行不通，或者被迫承認其行動是不適當的，否則他們會因循舊習、不思突破。為什麼會如此？這些現象的產

生可能是因為組織的惰性，或者管理者的安於現狀，或者管理者對於大幅改變的不確定性。大多數的組織依循著某一個策略導向的時間，可能長達 15 至 20 年之久，之後在遇到了重大事件之後，才可能會重新評估公司的狀況，進而做大幅改變。

驅動事件 (trigger events) 是刺激策略改變的因素。可能的驅動事件包括：

- 高級主管。高級主管不再安於現狀，亟思求變。他們會責成各級主管重新思考公司存在的理由。

- 外部干預。公司的債權人（如銀行）拒絕提供新的貸款或突然緊抽銀根。或者顧客抱怨產品的瑕疵。

- 所有權的改變。公司被競爭者所併購，或公司的普通股被競爭者收購。

- 績效差距。當實際績效無法達成預期績效的目標時，就會產生績效差距 (performance gap)。銷售量與利潤不升反降。

- 策略反應點。策略反應點是英特爾董事長葛洛夫 (Andy Grove) 所創的名詞。策略反應點 (strategic inflection point) 是指由於新技術的引進、政府管制環境的改變、顧客價值與偏好的改變等對企業所造成的衝擊，而促使企業做改革的時點。

昇陽公司的驅動事件：驅動昇陽做大刀闊斧改善的主要原因，是來自於其最大客戶 eBay 的電腦伺服器當機，使它的線上拍賣業務停擺了 22 小時。昇陽在仔細研究之後，發現茲事體大，同時也發現到不僅 eBay 如此，其所有的客戶對於「維護」這件事總是採取被動的態度。於是，昇陽決定採取全方位的服務，包括提供百分之百可靠的網路伺服器、提供電子商務軟體，以及將工程師派駐到客戶公司並與客戶共同工作。

複習題

1. 為什麼在同樣的環境下，不同的公司會有不同的反應？
2. 何謂公司景象 (corporate scenario)？
3. 試簡要說明如何進行景象分析。
4. 試說明產業空間分析。
5. 試扼要說明 Amazon.com 的「合作式過濾」(collaborative filtering) 技術。

6. 試以蘋果電腦公司為例，說明如何利用產業空間模型中的三個向度來分析其策略運用。

7. 何以說在「產品」這個向度，策略管理者必須要以廣泛的角度來思考？

8. 試繪圖說明汽車業的技術向度。

9. 以波特的五力模型來分析產業，可以幫助策略管理者了解這五種力量對產業平均獲利率所造成的影響。在進行五力模型分析之後，企業可以替下列的策略議題找到什麼答案？

　　‧在新進入者方面，策略管理者要分析的問題是什麼？

　　‧在競爭者方面，策略管理者要分析的問題是什麼？

　　‧在替代品方面，策略管理者要分析的問題是什麼？

　　‧在購買者方面，策略管理者要分析的問題是什麼？

　　‧在供應商方面，策略管理者要分析的問題是什麼？

10. 何謂策略群 (strategic group)？

11. 進行策略群分析 (strategic group analysis) 對策略管理者有何好處？

12. 如何界定策略群？

13. 試以個人電腦業為例說明如何進行策略群分析。

14. 何謂產業矩陣？

15. 要建立產業矩陣，可以依循哪些步驟？

16. 在使用 EFAS 時，可以依照哪些步驟？

17. 在使用 IFAS 時，可以依照哪些步驟？

18. 何謂策略形成 (strategy formulation)？

19. 何謂情勢分析 (situation analysis)？

20. 最常被使用的情勢分析技術有哪些？

21. SWOT 分析本身並不是萬靈丹。它曾遭受過哪些批評？

22. 試扼要說明策略因素分析彙總 (Strategic Factors Analysis Summary, SFAS) 矩陣。

23. 建立 SFAS 矩陣，可以依照哪些步驟？

24. 如何利用 TOWS 矩陣產生策略？

25. TOWS 矩陣有何功用？

26. 策略形成的過程中有所謂的策略漂浮 (strategic drift) 的現象，試加以說明。

27. 何謂驅動事件 (trigger events)？可能的驅動事件有哪些？

就第 1 章所選定的公司，做以下的練習：

※ 試描述此公司的公司景象 (corporate scenario)。

※ 試簡要說明進行此公司的景象分析所採取的步驟。

※ 試說明此公司的產業空間分析。

※ 說明此公司如何利用產業空間模型中的三個向度來分析其策略運用。

※ 試繪圖說明此公司所處產業的技術向度。

※ 在進行五力模型分析之後，此公司替策略議題找到什麼答案？

※ 在新進入者方面，此公司的策略管理者要分析的問題是什麼？

※ 在競爭者方面，此公司的策略管理者要分析的問題是什麼？

※ 在替代品方面，此公司的策略管理者要分析的問題是什麼？

※ 在購買者方面，此公司的策略管理者要分析的問題是什麼？

※ 在供應商方面，此公司的策略管理者要分析的問題是什麼？

※ 試界定此公司所處產業的策略群。

※ 試建立此公司產業矩陣、EFAS、IFAS、SFAS、TOWS。

※ 試說明此公司所使用的情勢分析技術。

※ 試進行此公司的 SWOT 分析。

※ 試說明此公司的可能的驅動事件。

第參篇

策略形成

第 5 章　功能層次策略

第 6 章　競爭優勢的基礎與環境因應策略

第 7 章　事業單位層次策略

第 8 章　公司層次策略──水平策略、垂直策略與委外經營

第 9 章　公司層次策略──多角化、內部發展、購併與聯合投資

第 10 章　全球擴張策略

第5章 功能層次策略

本章的目的在於說明：

1. 功能領域與企業流程
2. 功能策略
3. 企業功能的委外經營

　　功能層次策略 (business-level strategy)，又稱企業功能策略，簡稱功能策略 (functional strategy)，其主要目的在於改善公司的作業效能，並藉以使得資源生產力達到極大化，來實現總事業單位、公司的目標。功能策略包括製造、行銷、資訊管理、人力資源、研發及財務策略。功能策略必須配合事業單位策略。例如，某一事業單位企圖以差異化策略來競爭，其製造功能策略就必須不計成本的做到高品質的製造程序 (而不是採取低成本的大量製造程序)；人力資源策略必須雇用及訓練專業技術人員；行銷策略必須採取拉式策略 (利用廣告刺激需求)，而不是推式策略 (向零售商提供銷售誘因)。如果事業單位所採取的是成本領導 (低成本) 策略，則必須採取與上述相反的策略。

5.1 功能領域與企業流程

　　企業流程 (business process) 意指如何來組織、協調工作的進行，並專注在生產有價值的產品或服務，企業流程是一連串的活動——原料、資訊與知識的實際工作流程。企業流程也可說是組織協調工作、資訊和知識的獨特手法，也是管理階層選擇來協調工作的方式。假使企業流程能改革得更好，或比它的競爭對手更具執行力，企業流程可以成為企業競爭優勢的來源之一；但如果企業流程是基於

過時的工作方式，拉長組織的反應時間與降低效率，企業流程反而成為一個沉重的負擔。有些企業流程支援公司的主要功能領域，有些則是跨功能。表 5-1 描述了各功能領域中典型的企業流程。

表 5-1 功能領域的企業流程實例

功能領域	企業流程
製造和生產	產品的組合 品質檢查 生產物料清單
銷售和行銷	尋找目標客戶 使客戶熟悉產品 銷售產品
財務與會計	付　款 計算財務報表 管理現金帳戶
人力資源	雇聘員工 評估員工績效 在各項福利計畫中登錄員工

　　企業中有許多企業流程是跨功能領域的，超越銷售、行銷、製造、研究與開發之間的分界。這些跨功能的流程打破傳統的組織結構，由不同功能領域的專家合作來完成一項工作。舉例來說，許多公司的訂單處理流程都需要銷售功能（接收訂單，輸入訂單）、會計功能（信用查核與開立訂單的帳單）與製造功能（組裝與運送訂單產品）。

5.2 功能策略

　　如前述，功能策略包括製造、行銷、資訊管理、人力資源、研發及財務策略。以下將扼要說明每一個策略。

◑ 製造策略

製造策略 (manufacturing strategy) 所涉及的是：

- 決定如何及在何處製造產品、提供服務；
- 決定在製造過程中有哪些活動要內製，有哪些活動要外包；
- 決定如何部署實體資源；
- 決定在製造程序中應使用什麼製造技術。

✔ 高級製造技術

隨著技術的發達，在製造上也掀起了重大的改革。高級製造技術的出現對全球各廠商造成了莫大的衝擊。高級製造技術 (advanced manufacturing technology, AMT) 泛指電腦輔助設計及製造、彈性製造系統、數位控制系統、自動化引導裝置、物料需求規劃、最適化製造技術、剛好及時系統以及企業資源規劃。這些技術可增加製造的效能及效率，並提高生產力。值得注意的是，對於這些技術的投資成本相當高昂，如果廠商無法獲得規模經濟或範圍經濟的話，必然會血本無歸。

電腦輔助設計 (computer-aided design, CAD) 是指有效的應用電腦以協助創新或修改任何工程設計。電腦輔助製造 (computer-aided manufacturing, CAM) 指的是利用電腦科技來管理、控制，或操作生產設備。彈性製造系統 (flexible manufacturing system, FMS) 是因應產品多樣少量的生產要求所產生的生產技術；它是結合現代電腦科技、群組技術等科技的產物。群組技術的目的是區分類似的產品零件，並將其歸類為同一群組，以充分利用該群組中零件的共通性，使設計或製造時更為方便有效。物料需求規劃 (material requirements planning, MRP) 是一種電腦化資訊系統，其目的在於處理原料、零組件的訂購與日程安排。

企業的製造策略常會受到產品生命週期的影響。當產品的銷售量逐漸增加時，則製造策略會依序是零工式（job shop，生產獨特產品）、分批生產、反覆性生產、連續性生產。因此當產量逐漸增加時，產品就會變成標準品，而彈性也會取代效率。

在 1970 年代以前，廠商所採取的生產方式是大量生產系統。大量生產系統 (mass production system) 對於生產大量的、低成本的標準化產品是非常有效的。在

這種制度下，員工是在科層的、層級式的組織結構下，從事一些界定得非常清楚的重複性工作。管理者所扮演的角色像是監工者。但在 1970 年代以後，由於激烈的競爭、技術的改良，廠商紛紛採取連續改善系統 (continuous improvement system)。連續改善系統也是對於生產大量的、低成本的標準化產品非常有效的，但更重要的是它能生產高品質的產品。在這種制度下，管理者所強調的是跨功能團隊合作，重視員工的經驗及知識，對於品質的要求是精益求精、止於至善。管理者所扮演的角色像是教練。

在許多產業中，廠商最具有製造優勢的做法就是剛好及時。簡言之，剛好及時 (just-in-time, JIT) 就是事先裝配好的組件在需要時可以運送到裝配線工人手中，然後工人就可以很快的將這些組件組合成最終產品。剛好及時的最終目的是平衡系統，亦即達到物料流程的順暢。剛好及時的構想就是在於透過資源利用的最佳方式，使製程時間愈短愈好。剛好及時所達成的功能包括：

- 消除混亂；
- 使系統彈性化；
- 降低籌置與前置時間；
- 存量最小化；
- 消除浪費。

通用汽車在巴西製造其新款流線型汽車 Celta 時，便充分的發揮了剛好及時的功用。其主要協力廠商 Delph、Lear 及 Goodyear 在出貨前已完成了成品的 85% 作業，因此通用汽車所希望達成的「每一工人每年生產 100 輛汽車」的目標是指日可待的事（在未使用剛好及時系統時，每一工人每年生產的汽車數量最多只有 30～40 輛）。

企業資源規劃 (enterprise resource planning, ERP) 是由物料需求規劃 (MRP)、MRP II 演變而來，可以說 ERP 是 MRP 及 MRP II 的延伸版本。ERP 最初是由美國的 Gartner Group 公司在 1990 年代初期提出的。以往的 MRP 系統主要著眼於「製造資源規劃」，主要由經濟訂購量、安全存量、物料清單 (BOM)、工作計畫的功能組成。ERP 是延伸原有的 MRP 範圍，涵蓋企業所有活動的整合性系統，通常包含有：財務會計系統、成本會計系統、產品配銷系統、生產管理系統、物料管

理系統、倉儲管理系統、人力資源系統、專案管理系統、品質管理系統以及其他系統。經濟自由化、國際化後，因應市場的激烈競爭，企業的產銷策略必須緊盯市場脈動隨時調整，因此企業導入接單後生產與全球運籌模式，以迎接競爭時代的來臨，此時企業的管理人必須了解海內外企業的所有資源狀況，並能將所有資源全部整合，其中包括公司本身的人事、財務、物料、技術、資訊、生產外，並結合上下游成為一個完整的供應鏈模式，並能即時提供有用的資訊作為決策之用，因此企業資源規劃應運而生。此系統結合軟體廠商、管理顧問公司與資訊廠商，並結合公司各部門資深人員，在高層領導人與全體員工的全力支持與配合下，依需求採用全面導入、逐漸導入與快速導入等方式，並依照事前妥善的準備工作、企業的分析、系統的導入與規劃、系統的測試到系統的上線、因應變革持續調整等步驟逐一完成，藉以提升本身的競爭力，開拓企業的新契機。

客製化

在這個變化極為快速、消費者偏好多樣化的今日，「一款通吃」的大量製造方式已經受到嚴厲的挑戰，取而代之的是客製化的觀念及作法。客製化 (customization) 是讓顧客表明或挑選他所需要的產品規格，然後再為他製作。例如，Levi Strauss 牛仔褲的銷售人員在幫顧客量尺寸（腰圍、腿長等）之後，在工廠製作顧客所訂做的牛仔褲。餐廳侍者在接受顧客點沙拉（花椰菜多一點、不要乳酪、用千島調味醬）之後，就由師傅準備顧客所訂做的沙拉。

從以上的說明，我們可以知道，客製化可使顧客更能精挑細選、更具有自主性。要實現大量客製化，必須要整合人員、程序、單位（部門）及技術，以便在消費者所希望的時間內提供他們真正想要的東西。與持續性改善不同的是，大量客製化需要彈性與快速反應。管理者必須做好協調，並建立連結系統，以降低成本、提高品質、提供客製化的產品及服務。值得注意的是，在真正的客製化系統下，沒有人能夠預測下一位顧客所需要的是什麼，因此很難建立長期視野。

資訊科技的運用

組織內部的所有商業程序及資訊流程如能密切的整合在一起，必能大大的提升組織效能。典型的大型組織具有支援各種企業功能、各組織階層、各商業程序的各種資訊系統。這些五花八門的系統可能不能互相「對話」，因為在建制時可能

用的是不同的硬體、軟體、資料格式及內容等。在這種情況下，要得到一個綜合性的、完整性的資訊，以整體性的角度來檢視全公司的營運情況有如緣木求魚。看看這些情況：銷售人員在接單時，不知有沒有存貨或存貨夠不夠；顧客不知道訂單處理的進度；設計人員不知道如果推出新產品有沒有足夠的財務支援。如果各資訊系統的資料之間不能相容，對整個組織的效率及績效會有負面的影響。圖5-1 顯示了傳統資訊系統的情形。

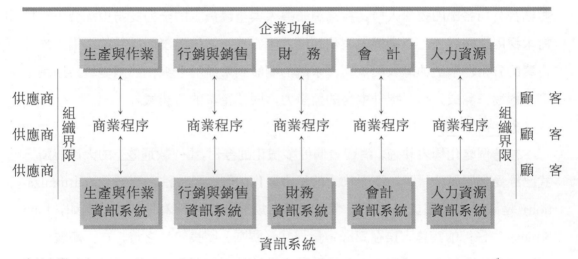

資料來源：Kenneth C. Laudon and Jane P. Laudon, *Essentials of Management Information Systems*, 6th ed. (Upper Saddle River, N.J.: Prentice-Hall, 2005), p. 58.

圖 5-1　傳統資訊系統

　　企業必須利用企業資源規劃系統才能夠解決上述的問題。企業資源規劃系統 (enterprise resource planning systems, ERPS) 可將許多商業程序（如接單程序、運送排程等）加以模型化、自動化，以整合全公司的資訊。對原本各不相容的系統加以連結，是既複雜又昂貴的工程。

　　生產與作業、行銷與銷售、財務、會計、人力資源的商業程序都可以整合在涵蓋全公司各階層、各企業功能的商業程序內。涵蓋整個公司的技術平臺可向各企業功能、各組織階層提供支援，如圖 5-2 所示。

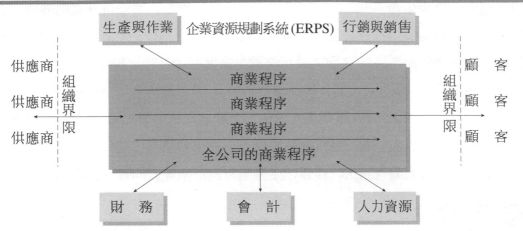

資料來源：Kenneth C. Laudon and Jane P. Laudon, *Essentials of Management Information Systems*, 6th ed. (Upper Saddle River, N.J.: Prentice-Hall, 2005), p. 58.

圖 5-2　企業資源規劃系統

ERPS 會向各商業程序蒐集資料（表 5-2），並將這些資料儲存在整合性的資料庫內以供有關人員檢索及使用。管理者在協調每日工作時，可獲得更正確的、更即時的資訊，同時他們也可以整體性的觀點來看整個公司的商業程序及資訊流程。

表 5-2　ERPS 所支持的商業程序

企業功能	商業程序
生產與作業	製程管理、產能規劃、布置、工作設計、地點選擇、整體規劃、存貨管理、物料需求計畫、生產排程、品質管理、維護、能源管理、工作衡量與標準、安全、採購
行銷與銷售	銷售趨勢預測、行銷組合分析、市場分析、訂單處理、帳單
財　務	利潤規劃、預算、組合分析、資金管理、應收帳款、應付帳款、成本中心會計、資產管理、分類帳、財務報表
人力資源	選才、用才、育才、晉才、留才

看看 ERPS 的例子：在巴黎的銷售人員接獲訂單並將訂單資料輸入 ERPS 之後，這筆資料會自動的流向公司內需要這個資料的人。在馬來西亞的工廠接獲訂

單後就開始準備生產，儲運部門可在線上查看生產進度，並安排運送的時間。倉庫部門可查看物料的存貨，並準備補料事實（如果此 ERPS 連結到供應鏈系統的話，供應商會自動備料）。客服人員可追蹤生產進度（如果此 ERPS 連結到顧客關係管理系統的話，顧客可主動查詢此進度資料）。更新的銷售及生產資料會自動的流向會計部門。ERPS 可計算銷售人員的佣金並將此資料傳送給薪資部門。ERPS 也會更新資產、應收帳款、應付帳款等資料，並自動調整資產負債表的資料。在中國的總部可以查看在銷售、存貨、生產過程、成本等方面每一分鐘的變化。

行銷策略

　　行銷策略（marketing strategy）的目的在於以適當的策略滿足目標市場的需求，並與目標顧客建立長期的互惠關係。基本上，行銷策略包括目標市場選擇策略以及行銷組合策略。行銷組合策略 (marketing mix strategy) 包括價格策略、產品策略、促銷策略與配銷策略。

　　當世界邁入 21 世紀之際，在行銷領域上發生了巨大的變化，由於變化速度非常快，所以改變的能力變成了一個競爭優勢。技術發展的一日千里，全球化的方興未艾，以及社會經濟環境的持續改變等因素，都造成了行銷的大幅改變。由於市場改變了，行銷策略也要跟著改變。行銷策略在運用上必須重視兩個重要的趨勢：連結與顧客關係管理。

連　結

　　當我們進入新時代時，主要的行銷發展可以用一個詞來涵蓋：連結。我們現在連結 (connectedness) 的程度更甚於以往；我們也與全世界所發生的重大事件連結在一起。更重要的是，我們以新的、不同的方式連結在一起。在以前環遊全美要花上數週或數月的光景，但現在環繞全世界也不過需要幾小時或幾天的時間；在以前要知道世界上的重要訊息要花上幾天或幾週的時間，但現在透過人造衛星現場直播，我們在瞬間就可知道；在以前和遠方親友聯繫要花上幾天或幾週的時間，但現在透過電話、網際網路，我們可以立即和他們取得聯繫。

　　在這個新的、相互連結的時代，連結技術 (connecting technology) 的大幅改變，使得行銷者必須重新界定它與市場的連結方式，也就是與顧客、公司內外行銷夥

伴，以及周遭世界的連結方式。

行銷發展中最奧妙的地方，就是公司與其顧客的連結方式。在過去，公司所重視的是大量行銷，而在今日，公司必須慎選顧客，並與他們建立持久的、直接的關係。

在選擇性方面，現在幾乎沒有任何公司會採取大量行銷的方式——以標準化的方式向任何可能的顧客銷售產品。今日，行銷者不需要連結「任何」可能的顧客，只要慎選少數的、有利可圖的顧客即可。

在持久性方面，行銷者必須與慎選的顧客維持持久的（終生的）關係。在過去，許多行銷者所著重的是尋找新顧客，而近年來，許多公司將重心放在維持現有的顧客上；他們的目標不在於獲得每一次的短期銷售利潤，而在於如何經營顧客的終生價值 (lifetime value of a customer) 而獲得長期利潤。公司在維持現有的顧客上做得愈好，競爭者就愈難獲得新顧客。公司不必在「市場佔有率」(market share)上動腦筋，而應在「顧客佔有率」(customer share) 方面下功夫。公司應向現有的顧客提供各種「變化」，並訓練銷售人員如何針對現有顧客做交叉銷售 (cross-selling，即提供另一個產品項目或產品類別) 及向上銷售 (up-selling，即提供品質更好的產品項目)。

在直接性方面，直銷 (direct marketing) 已形成一種風潮。事實上，我們不必到商店，就可以用電話、郵購、線上購物的方式直接買到想買的東西。有些公司只採取直接通路 (direct channel) 的銷售方式，如戴爾電腦、亞馬遜網路書店、Land's End（行銷成衣、禮品等產品的網路公司）、1–800–Flowers 等。有些公司利用連結關係來支援傳統商店的銷售。例如，寶鹼公司 (Procter & Gamble) 利用其網站 (www.pampers.com) 提供了換尿布、育嬰，甚至兒童發展的資訊及諮詢服務，有助於其零售店的銷售。

顧客關係管理

企業不只要將顧客視為收入的來源，更應利用客戶關係管理來培養顧客成為企業的長期資產。顧客關係管理 (customer relationship management, CRM) 的主要目的是在整合各種方法以管理公司既有及潛在的新客戶，換言之，顧客關係管理是利用資訊系統去整合所有公司與客戶間在銷售、行銷及服務上互動的企業流程。

而理想的顧客關係管理系統提供了有始有終的客戶服務，由接到訂單起直到完成出貨止。

在過去，一個公司的銷售、服務及行銷的流程是有高度區別的，並不能相互分享客戶的基本資訊。例如，客戶服務部門可能用一種方式，處理一些特定客戶的資料，而行銷部門對於該客戶的資料又以其他方式來處理。同樣的客戶由於公司對客戶資料的處理方式不同，而變成了兩個不相關的資料。

顧客關係管理系統是透過整合公司與客戶有關係的流程，及藉由多重溝通管道如零售商、電話、電子郵件、無線設備或網站結合客戶資料，使得公司能一致的面對客戶來解決這個問題。

有效的顧客關係管理系統可以透過多重來源來結合客戶資料，並對關鍵問題提供答案，例如，對公司而言，一位特定客戶的終生價值是什麼？誰又是我們最忠實的客戶？由於開發新客戶的成本是維持既有客戶的六倍，所以維持既有客戶是非常重要的。誰又是我們獲利最高的客戶？通常 80～90% 的公司獲利是來自於 10～20% 的客戶。這些獲利最高的客戶想要購買哪些產品？公司可以利用這些答案去爭取新的客戶，提供更好的服務與支援，更精確地依照顧客的喜好來客製化他們的需求，並提供持續的價值以維持有利潤的客戶。

單單僅是在客戶關係管理軟體上做投資，並不會自動產生更佳的顧客關係管理。顧客關係管理系統需要在銷售、行銷與客戶服務的流程上做改變來鼓勵客戶資訊的分享；獲取高階管理階層的支持，與對於整合客戶資料所獲得的利益有清楚的認知和共識。

關係行銷

關係行銷 (relationship marketing) 是「為了建立、發展和維持成功的交易關係，所投入的相關行銷活動❶。」關係行銷是與顧客發展持續的關係，其主要的目的在於與顧客建立彼此的信任。它結合了資料庫行銷、一般的廣告、銷售促進、公共關係以及直接行銷。表 5–3 顯示了關係行銷的特色與實例。

---

❶ R. M. Morgan and S. D. Hunt, "The Commitment—Trust Theory of Relationship Marketing," *Journal of Marketing*, Vol. 58, July 1994, pp. 20–38.

表 5-3　關係行銷的特色

目　　標	追求長期利益（顧客終生價值）
強　　調	視顧客為相對的夥伴
導　　向	關係導向
溝通方式	一對一的溝通
溝通管道	互動式的
所需要的資料	需要大量的資料（交易情況、偏好、滿意程度等）

資料來源：D. Shani and S. Chalasani, "Exploiting Niches Using Relationship Marketing," *The Journal of Service Marketing*, Vol.6, No. 4, Fall 1992, pp. 43–52.

　　目前在臺灣，關係行銷有愈來愈普遍的趨勢。近年來，美國的關係行銷活動可以說是「風起雲湧」，舉凡日常用品、電話公司、娛樂業、飲料業者、軟體公司等無不充分的發揮關係行銷的功能，詳細情形如表 5–4 所示。

表 5-4　美國主要廠商的關係行銷活動

廠　商	產　品	資料蒐集活動
寶鹼公司	Cheer Free, Cascade LiquiGel	利用回函卡蒐集消費者資料，並提供免費的試用樣品，以及提供最新產品訊息。
MCI 電話公司	長途電話服務	在其「親友及家人」計畫方案中，請 MCI 現有用戶提供 20 名最常以電話聯繫的親友名單，用戶打這些電話即可獲得電話費八折優待。MCI 可對用戶所提供的親友資料進行信函及電話促銷。
迪士尼樂園	娛樂服務	利用消費者以電話參加彩金抽獎時，詢問其對迪士尼的意見，以及未來度假的計畫。
金百利公司	好奇紙尿褲	利用購買名單以獲得母親的資料，在嬰兒需包尿布的期間，郵寄折價券，產品小冊及新產品訊息。
百事可樂公司	百事可樂	舉辦「清涼夏日」促銷活動，利用向兒童提供打折卡的機會蒐集郵寄名單。
微軟公司	微軟軟體	利用保證卡的回函，或線上註冊來建立顧客資料庫。定期的提供有關新產品訊息、新產品發表活動的資訊。

資料來源：作者整理自各有關網站。

資訊科技的運用

行銷組合 (marketing mix) 因素包括了產品、價格、配銷、促銷（包括人員推銷及廣告等）。資訊技術可以使得行銷技術得以擴散（也就是說資訊科技可以使得行銷技術的移轉變得更為容易），行銷分析得以改善，行銷資訊得以檢索，以及使得產品規劃做得更為有效。資訊蒐集及散布方面的科技突破，在過去十餘年來對行銷實務造成莫大的影響❷。資訊科技對行銷組合的影響如何？我們可從產品、定價、配銷及促銷方面分別加以探討。

在產品方面，電腦輔助設計及電腦輔助製造是新產品及既有產品發展的有利工具。以電傳行銷 (telemarketing) 及電腦輔助電話調查來蒐集資料，了解顧客的反應，進而引導產品決策，對於有效行銷是相當重要的事。

在定價方面，企業對於競爭者定價變動的反應必須要迅速，而資訊科技就是滿足這些需要的有效工具。資訊科技可協助企業對於競爭者的定價做更正確的追蹤，並可協助企業在產品生命週期的各階段做產品成本的估計。如果與供應商及零售商建立跨組織的連線，更可達到資訊分享的目的。

在配銷方面，在製造商與零售商之間建立通訊網路，可使產品或服務的運輸更具成本效益，而使得中間商的不當剝削無以遁形。電傳行銷（是一種透過電話線所建立的網路系統）能夠輔助企業支配產品的流動、控制其流程速度、減低成本及增加資料的正確性❸。對零售商而言，資訊科技（如銷售點終端機，point-of-sale terminal）可使零售業者了解存貨周轉率、安全訂購點，進而提升營運效率。根據英國卡第夫商學院 (Cardiff Business School) 的研究報告指出，利用資訊科技的零售商相對於製造商而言，會更有權力❹。

❷ D. E. Schultz, and R. D. Dewar, "Technology's Challenge to Marketing Management," *Business Marketing*, March 1984.

❸ R. Vorhees, and J. Coppett, "Telemarketing in Distribution Channels," *Industrial Marketing Management*, 12, 1983.

❹ N. Piercy, N. and N. Alexander, "The Status Quo of the Marketing Organization in UK Retailers: A Neglected Phenomenon of the 1980's," *Service Industries Journal*, 8, No. 1, January 1988.

在促銷方面，電腦化的廣告預算分配系統可使廣告商做更好的節目規劃。廣告業者可在人機互動的過程中，了解節目收視率、目標顧客、毛評點 (gross rating point, GRP) 的關係，以做最有效的廣告預算分配。同時，電腦化的計價系統可使廣告業者有效率的處理付費（向電視臺或雜誌社）及收費（向委託的客戶）的問題。試想在

- 每個電視臺對每個節目的廣告費定價不同
- 每個委託客戶所要求的計價基礎不同

的情況下，如以人工處理付費及收費單，必然是既繁瑣、又容易出錯的事情。

行銷組合整合系統 (marketing integrated-mix system) 是將產品、價格、配銷、促銷這些功能加以整合，以協助行銷經理擬定整體性的策略。在行銷組合整合子系統中最有名的模型是由 MIT 教授 John D. C. Little 所發展的 BRANDAID❺。BRANDAID 包括了廣告、促銷、價格、人員推銷及零售配銷這些子模型。它是模擬一個製造商在競爭環境中，透過零售商銷售給消費者的活動。此模型的基本目的，在於估計各種因素對於製造商銷售量的影響。我們應了解：如果個別的檢視產品、價格、促銷、配銷這些功能對銷售量的影響，與整體性的考量這些變數所產生的影響是不同的。

🎯 資訊策略

資訊策略 (information strategy) 的有效運用可以增加企業經營的效率、作業的合理性，以及增加企業的競爭優勢。資訊發展策略可以說是最基本的資訊策略。資訊系統發展策略 (information development strategy) 涉及到：

- 事業單位的資訊系統要自行發展還是購買套裝軟體？大體而言，愈是具有共通性的作業（例如，文書處理、訂單處理、會計作業），愈是應該購買現成的套裝軟體；
- 在自行發展方面，要建立屬於自己的資訊部門，還是採取外包（委外製造）的方式？

❺ John D. C. Little, "Decision Support for Marketing Managers," *Journal of Marketing*, 43, Summer 1979, pp. 9–26.

- 如果採取外包的方式，那麼承包的資訊系統公司要在該公司發展完成之後再安裝到本公司，還是派遣人員常駐在本公司利用公司的電腦來發展（這種方式稱為設備託管）？

近年來，由於網際網路的普遍，電子商務或網路行銷已經蔚為風氣，因此也延伸出與電子商務或網路行銷有關的資訊策略。電子商務化資訊策略包括：網站發展策略、網際網路商業模式策略、電子商務基本策略、電子商務建制策略。

網站發展策略

網站發展有四個明顯的階段：發表、資料庫檢索、個人化互動，以及即時行銷。

發表 (publishing) 各網站在內容詳盡程度及使用方法上有明顯的不同。許多網站屬於第一階段的發表網站 (publishing sites)，它通常以電子報或電子雜誌的形式，向所有的人提供相同的資訊。第一階段的發表網站並不全是內容貧乏、索然無味的網頁。這些網站有上千個連結，提供了成千上萬的圖片、聲音及影像。

資料庫檢索 (database retrieval) 第二階段的資料庫檢索網站除了具有第一階段的發表能力之外，還可依使用者的需求提供資料檢索的功能。透過電子郵件（electronic mail，簡稱 E-mail）這個互動性的工具，公司與使用者就可以產生對話，但是這種對話是處於「你問我答」的情況。

個人化互動 (personalized interaction) 提供個人化互動功能的網站是相當具有挑戰性的，它除了具有第一、第二階段的功能之外，還必須與特定的使用者作直接連接。使用者至少必須表露身分及需求，而且網站必須要能適當的回應。

即時行銷 (real time marketing) 即時行銷包括了二個重要的功能：

- 在銷售前「接單一建造」(build-to-order)，例如戴爾電腦 (Dell) 在線上接單後，可在 4 小時之內完成裝配及運送；
- 在銷售後「依顧客需要做調整」(adjust-to-demand)。因此行銷部門必須要隨時掌握顧客的回饋資料。

網際網路商業模式策略

網際網路可協助企業創造及獲得利潤，因為它可以增加現有產品及服務的附加價值，或者提供新產品及服務的平臺。表 5–5 列舉了一些重要的網際網路商業

模式。這些網際網路商業模式都以各種方式提供附加價值：向顧客提供新產品或服務，提供舊產品的新資訊，以比傳統方式更低的價格提供產品或服務。重要的網際網路商業模式包括虛擬商店 (virtual storefront)、資訊掮客 (information broker)、交易掮客 (transaction broker)、線上市場 (online marketplace)、內容提供者 (content provider)、線上服務提供者 (on-line service provider)、虛擬社群 (virtual community)，以及入口 (portal)。

表 5-5 網際網路商業模式策略

類　別	說　明	釋　例
虛擬商店	將實體商品直接銷售給消費者或企業。	Amazon.com EPM.com
資訊掮客	向消費者或企業提供有關產品、價格及可供應性的資訊。藉由廣告將買方仲介給買方的方式賺取利潤。	Edmunds.com Insweb.com Kbb.com
交易掮客	藉由處理線上銷售交易以節省使用者的時間及金錢；每次交易收取費用。	E*Trade.com Expedia.com
線上市場	提供一個買賣雙方可以接觸、尋找產品、展示產品及訂定價格的數位化環境。可提供網路拍賣及逆向拍賣（買方向許多賣方投標，由出價最低的賣方得標）。可向消費者及 B2B 電子商務提供服務，從交易費用中獲得利潤。	eBay.com Priceline.com Chemconnect.com Pantellos.com
內容提供者	藉由在網際網路上提供數位化內容（如電子新聞、音樂、相片或影音）來獲得利潤。使用者必須付費才能檢索這些內容。業者也可以從銷售廣告空間中獲利。	WSJ.com CNN.com TheStreet.com MP3.com
線上服務提供者	向個人或商業提供線上服務。藉由收取訂閱費、交易費、廣告費來獲得利潤。也可以藉由提供使用者的市場資訊來獲利。	@Backup.com Xdrive.com Employease.com
虛擬社群	提供線上的接觸地點，使得同好能做意見交流、獲得有用的資訊。	Geocities.com Tripod.com
入　口	提供進入全球資訊網的原始點，也提供特別的資訊及服務。	Yahoo.com MSN.com

資料來源：Kenneth C. Laudon and Jane P. Laudon, *Essentials of Management Information Systems*, 6th ed. (Upper Saddle River, N.J.: Prentice-Hall, 2005), p. 120.

電子商務基本策略

電子商務基本策略 (generic strategy of EC) 可分：

- 企業對企業；
- 企業對顧客；
- 顧客對顧客；
- 顧客對企業。

企業對企業 (business-to-business, B2B)　這是今日電子商務中應用最多的類型。B2B 包括了組織間連線系統 (inter organizational systems, IOS)，以及組織間透過網際網路的電子化市場交易 (electronic market transactions)。在短期內，B2B 將繼續維持電子商務界的主流地位（以交易量來看）。

企業對顧客 (business-to-customer, B2C)　這是企業和顧客之間的零售交易，例如，亞馬遜網路書店向其顧客銷售書籍及 CD 等。

顧客對顧客 (customer-to-customer, C2C)　顧客直接銷售給顧客，例如，有人在分類廣告 (www.classified2000. com) 中銷售房屋、汽車等。在網路上刊登「個人服務」廣告，並銷售知識及技術，就是 C2C 之例。有許多拍賣網站（如 ebay.com、Amazon.com）也允許個人上網拍賣。

顧客對企業 (customer-to-business, C2B)　潛在消費者或消費者可透過網際網路與企業聯繫，如提供建議、詢問問題。消費者不再被動的等候公司寄送型錄，而是主動的上網搜尋各賣方的產品及價格，做了比較之後再做購買決定。

電子商務建制策略

電子商務建制策略 (implementation strategy of EC) 有四：

- 獨立策略 (separation)。電子商業是獨立的活動；
- 重疊策略 (overlay)。電子商業的執行是奠基在目前的商業上；
- 整合策略 (integration)。電子商業與目前的商業加以整合；
- 取代策略 (replacement)。電子商業取代了部分的現有商業交易。

人力資源策略

人力資源策略 (human resource strategy) 之一涉及到：

- 雇用大量的非技術員工，給予低報酬，令他們從事重複性的工作。這些員工不久之後就會辭職；

- 雇用技術性員工，給予高報酬，令他們建立跨功能團隊。這些員工對公司的向心力很高。由於企業經營愈來愈複雜，所以跨功能團隊的建立益形重要，尤其對於創新產品的發展而言。許多國際公司也建立工作團隊來管理國內外事務。工作團隊可以增加品質與生產力，進而提高員工的滿足感與承諾。

差異管理

愈來愈多的企業發現到差異團隊 (diverse workforce，差異性高的工作團體) 的建立會使企業獲得競爭優勢。差異團隊固然給管理者帶來了極大的挑戰 (倫理及其他挑戰)，但同時也帶來了極佳的機會，例如，吸引及留任專業人才的機會，進而提升創造力及獲得創新的機會。差異管理 (managing diversity) 是指「規劃及落實人員管理的組織制度及實務，以使得潛在差異性的優點得到極大化，而缺點變成極小化」。在實務上，差異管理涉及到強制性的和志願性的管理活動。例如，企業雇主必須遵守法律約束，不得在工作場所中有歧視的行為。由於歧視少數團體及婦女是違法的，雇主必須避免使用具有歧視性的求才廣告 (如「徵求年輕的銷售人員」)，並嚴禁性騷擾行為。

研究顯示，在採取成長策略時，具有高度差異的團體會有較高的生產力。雅芳化妝品公司在將非裔、拉丁美洲裔的員工提升為地區經理，掌管非裔、拉丁美洲裔的城市市場之後，使得這些市場的銷售量大幅上升，這種成果不是白人經理所能媲美的。在團隊中年齡、國籍的差異也會帶來許多好處。杜邦公司的多國籍團隊，對於其國際產品及市場的發展貢獻很大。麥當勞發現，年長員工的表現不比年輕員工來得差，事實上在某些方面還更好，因為年長員工自我激勵強、守紀律，又有良好的工作習慣。這些好的特性愈來愈難在年輕員工上發現[6]。

資訊科技的運用

資訊科技在人力資源策略的運用上也佔有重要的一席之地。例如，傳統上，

[6] O. C. Richard, "Racial Diversity, Business Strategy, and Firm Performance: A Resourced-Based View," *Academy of Management Journal* (April 2000), pp. 164–177.

在報紙、專刊上透過廣告，發布招募的消息是相當普遍的做法。企業在收到應徵者的信函後，會加以過濾，並挑出若干個候選人，約定時間進行面談。隨著資訊科技的普及與發達，企業可透過網路，擷取有關當局建立的「人才資料庫」，並以設定的標準篩選人員，合格的候選人基本資料，可以與事先撰寫好的信件內容加以合併，產生一個信函，並透過數據機，傳送給各應徵者。資訊系統可將申請者的基本資料、面談的記錄及評點、工作相關的經驗、工作分析的資料加以整合，對每一位申請者做周密的評估。在此系統中，亦可設計超連結 (superlink)，以連結到網際網路上的相關網站。例如，104 人力銀行、青輔會。

研發策略

研發策略 (R&D strategy) 涉及到產品與製程的創新與發展。研發策略包括:

- 研發組合的決定。所謂研發組合 (R&D mix) 是指基本活動 (純理論研究)、產品 (設計) 與製程的組合;
- 技術的獲得。技術應由企業內部發展、外部購併或經由策略聯盟來獲得。

在研發策略的選擇中有一個重要的決定，就是要成為技術領導者或是技術追隨者。波特 (Michael E. Porter) 認為作為技術領導者 (technological leader)，如 Nike, Intel，有以下的優勢:

- 在成本方面，可成為低成本產品的先驅者或成為從學習曲線獲益的第一個廠商;
- 在差異化方面，可成為提供獨特產品以增加顧客價值的第一個廠商; 可在其他活動上加以創新以增加顧客價值。

作為技術追隨者 (technological follower) 有以下的優勢:

- 在成本方面，可藉由向領導者的學習來減低產品成本或提供價值活動的成本; 可透過模仿，不必消耗龐大的研發費用;
- 在差異化方面，可藉由向領導者的學習以便更有效的進行配銷活動，提供更好的產品來滿足顧客的需求 ❼。

❼ Michael E. Porter, *Competitive Advantage: Creating and Sustaining Superior Performance*

要成為技術領導者或是技術追隨者取決於產業情況、公司的資源能力以及策略運用。有些公司有鑑於本身的資源及能力，只得當技術追隨者，而有些公司即使有能力作為技術領導者，但在策略衡量下寧願作為技術追隨者。

由於科技進步一日千里，許多公司體認到僅憑其內部發展無法跟得上技術進步的腳步，便紛紛與其供應商建立合作關係或策略聯盟。例如，克萊斯勒汽車的座椅及駕駛盤設計是得自於其供應商的技術協助。Maytag 的 IntelliSense 洗衣機的模糊邏輯也是來自於與供應商的技術策略聯盟。合作關係或策略聯盟的建立可使企業以更短的時間進入市場，獲得先佔的好處。

財務策略

財務策略 (financial strategy) 涉及到資金的規劃、獲得以及運用。財務策略可透過低成本的資金獲得以及資金的彈性運用，來支援事業單位策略以獲得競爭優勢。運用財務策略的目的在於檢視公司、事業單位在策略實施時的財務意涵，並且確認最佳的財務行動。

如何獲得所期望的負債與權益比率？如何仰賴現金流量來進行長期融資？如何在此二者之間做取捨是財務策略運用的關鍵性課題。許多中小企業會盡量避免從外界取得資金，以避免因為陷入財務泥淖而失去對公司的控制權。許多財務分析師認為，只有透過長期負債來融資，才能使公司利用財務槓桿來提高每股盈餘，進而提高股票價格及公司整體價值。研究顯示，高的負債不僅能阻礙其他公司的接管（沒有公司願意接管一個負債累累的公司），而且也會因為迫使管理者專注於核心事業而改善生產力及現金流量 [8]。這就是「置之死地而後生」的道理。

研究顯示，廠商的財務策略會受其公司的多角化策略的影響。例如，權益融資 (equity financing) 比較適合用在相關多角化 (related diversification，往相關行業發展)，而負債融資 (debt financing) 比較適合用在不相關多角化 (unrelated diversification，往不相關行業發展)。近年來，相關多角化有高於不相關多角化的趨勢，

(New York: The Free Press, 1985), p. 181.

[8]　D. Champion, "The Joy of Leverage," *Harvard Business Review* (July/August 1999), pp. 19–22.

這個現象也說明了以權益融資來進行購併的企業數目，從 1988 年的 2% 上升到 1998 年的 50% ❾。

在財務策略的運用中，有一個相當普遍的做法就是融資購併 (leverage buy out, LBO)，也就是利用融資（負債）來收購其他公司（通常是透過第三者，如保險公司、銀行來處理）。從被收購公司的營運中，或從其出售資產中，企業可以獲得現金，並利用此現金來償還負債。被收購公司的管理者，為了要盡早償債進而獲利，必然會承受很大的壓力，而不得不將注意力放在具有短期近利的事務上。一項針對融資購併的研究顯示，在收購的四年內，典型的 LBO 的財務績效低於產業平均水準。財務績效不彰的原因可歸因為：過度的期許、用盡所有的寬裕資源（slack，有未雨綢繆的作用，其形式大體而言包括了現金、有價證券、應收帳款、超額股利、額外補貼、備而不用的資本財、多餘的資源等）、管理者崩潰、缺乏策略管理。解決之道通常是再度公開上市，利用發行股票來協助財務成長 ❿。

股利管理也是重要的財務策略之一。在快速成長的行業（如電腦業、通訊業等）中的企業通常不會發放股利。他們會利用這些金錢（原用於發放股息的金錢）來支援企業的快速成長。如果企業經營成功，則其銷售及利潤成長會反映在股價上，而股東拋售其所持有的股票便會獲得很高的利得。如果企業的成長並不快速，則會以較為優渥的股利來維持股票的價值。

股利政策理論有三種：股利無關論、一鳥在手論以及所得稅差異論 ⓫。股利無關論 (dividend irrelevance theory) 主張，股利政策不會影響公司的價值或成本，所以根本沒有所謂最佳的股利政策存在。換言之，每種股利政策都一樣好。公司的價值完全視其投資政策而定，並不是決定於公司的股利政策（亦即盈餘分配方式）。一鳥在手論 (bird in the hand theory) 主張，就像叢林中的兩隻鳥比不上掌握在手中的一隻鳥，發生在未來的資本利得其風險也高於目前已掌握在手中的股利。

❾ A. Rappaport and M. L. Sirower, "Stock of Cash?" *Harvard Business Review* (November/December 1999), pp. 147–158.

❿ D. Angwin and I. Contardo, "Unleashing Cerberus: Don't Let Your MBO's Turn on Themselves," *Long Range Strategy* (October 1999), pp. 494–504.

⓫ 陳隆麒著，《現代財務管理——理論與應用》（臺北：華泰書局，1993 年），頁 443–446。

由於投資人認為,經由保留盈餘再投資而來的資本利得其不確定性比股利支付高,因此當公司降低股利支付率時, 它的普通股必要報酬率將上升, 以作為投資人負擔額外增加的不確定性時的補償。所得稅差異論 (tax differential theory) 主張, 如果股利的稅率比資本利得的稅率高, 則投資人可能希望公司少支付股利, 而將較多的盈餘保留下來作為再投資之用, 而為了獲得較高的預期資本利得, 投資人將願意接受較低的普通股必要報酬率。根據所得稅差異論的說法, 在股利稅率比資本利得稅率高的情況下, 只有採取低股利支付率政策, 公司才能使它的價值達到最大化。

資訊科技的運用

會計功能是負責公司財務記錄 (如收支、折舊、薪資) 的維護及管理。會計資訊系統是行銷、製造、財務、人力資源資訊系統的重要輸入因素, 當然也是財務資訊系統的重要輸入因素。會計資料 (accounting data) 記錄了所有商業活動的內容、時間、對象以及金額。這些資料可以用各種不同的方法來分析, 以滿足管理者的資訊需要。行銷經理所需要的是銷售分析表, 製造經理所需要的是維護報告, 財務經理所需要的是應收帳款中依照過期時間長短分析的呆帳報告——這些報告均來自於會計資料。會計資訊系統是建立所有商業資訊系統的基礎。如果會計資訊系統不健全, 就遑論會有健全的行銷、人力資源、製造, 以及財務資訊系統。財務資訊系統 (financial information systems, FIS) 的目的, 在於提供使用者有關企業內貨幣、資金流向 (money flow) 的資訊。這些使用者包括有公司內的經理、主管, 他們可以利用這些資訊來做好資源管理。

預測子系統 財務預測主要由銷售預測、資金需求預測, 以及預估財務報表的編製等工作構成 ❷。預測子系統是預測五至十年後的資金走向, 以輔助公司的策略規劃。在企業的規劃上, 預測是被使用得相當廣泛的技術。短期預測 (short-term forecasting) 是由企業功能部門來執行的。行銷部門會預測最近的未來 (如一至三年) 的銷售情形。所有的企業功能部門會以銷售預測為基礎, 來決定所需要的資源, 例如, 製造部門的物料需求計畫 (material requirement plans)、財務部門的

---

❷ 詳細的討論可參考: Eugene F. Brigham and Louis C. Gapenski, *Financial Management— Theory and Practice* (Orlando, FL: The Dryden Press, 1994).

資金需求計畫都是以銷售的預測值作為規劃的基礎。長期預測 (long-term forecasting) 通常是除了行銷部門以外的部門，例如財務部門、企劃部或者策略規劃群 (strategic planning group) 來執行的。

資金管理子系統　資金管理子系統 (capital management subsystem) 涉及到公司內部資金流動的管理。財務經理有必要事先了解現金盈餘及短缺的情形，以便做好財務規劃。資金從環境中流到企業內，再流回環境是相當重要的過程。這個過程說明了資金的來源及去路的情形。良好的資金來源與去路的管理可以達到兩個目標：

- 確信利潤的流入比支出的費用多；
- 確信這個情況在整個會計年度都很穩定。

對每月的資金來源及去路做分析，稱為現金流量分析 (cash flow analysis)。我們可以用試算表軟體（例如微軟公司的 Excel）來做這樣的分析。

5.3　企業功能的委外經營

哪些企業功能要由企業本身來做？哪些企業功能要委外經營？委外經營 (outsourcing) 是原本由企業內部處理的作業（如產品的製造、服務的提供），現在改由外包的方式。例如，杜邦公司將其噴射引擎及設計外包給 Morrison Knudsen 公司；AT&T 將其信用卡處理作業外包給 Total Systems Service 公司。

一項針對 30 家企業所進行的研究顯示，外包可平均減少 9% 的成本，增加 15% 的產能及品質 [13]。根據美國管理協會對其會員所進行的調查顯示，94% 的企業至少將一項作業加以外包。以外包作業項目來看：總務行政 (78%)、人力資源管理 (77%)、運輸與配銷 (66%)、資訊系統 (63%)、製造 (56%)、行銷 (51%)、財務與會計 (18%) [14]。

----

[13] B. Kelley, "Outsourcing Marches On," *Journal of Business Strategy* (July/August, 1995), p. 40.

[14] J. Greco, "Outsourcing: The New Parentship," *Journal of Business Strategy* (July/August, 1997), pp. 48–54.

　　外包的原則是什麼？ 在企業獨特能力的獲得及維持中，如果不扮演舉足輕重角色的活動都應外包。如刻意兼顧所有的事情，可能一件事情也做不好。在決定外包策略時，策略管理者必須：

- 確認公司、事業單位的核心能力；
- 確信這些核心能力能夠不斷的被強化；
- 有效的管理核心能力，以確保它們能維持其所創造的核心能力。

複習題

1. 何謂功能層次策略 (business-level strategy)？ 試說明功能策略必須配合事業單位策略。

2. 何謂企業流程 (business process)？ 試描述各功能領域中典型的企業流程。

3. 試說明製造策略所涉及的重要課題。

4. 何謂高級製造技術？ 試簡要說明各種有關技術。

5. 試說明客製化並舉例說明。

6. 傳統資訊系統的缺點是什麼？ 企業資源規劃系統 (enterprise resource planning systems, ERPS) 如何解決傳統資訊系統的問題？

7. 試說明 ERPS 所支持的商業程序。

8. 何謂行銷策略？ 何謂行銷組合策略？

9. 行銷策略在運用上必須重視哪兩個重要的趨勢？

10. 試說明交叉銷售、向上銷售以及合作式過濾這些現代化行銷方式。

11. 顧客關係管理 (customer relationship management, CRM) 的主要目的是什麼？

12. 何謂關係行銷 (relationship marketing)？ 關係行銷有什麼特色？

13. 試簡述美國主要廠商的關係行銷活動。

14. 試說明資訊科技在行銷上的運用。

15. 資訊策略 (information strategy) 的有效運用可以使企業獲得什麼好處？

16. 資訊系統發展策略 (information development strategy) 涉及到哪些課題？

17. 電子商務化資訊策略包括：網站發展策略、網際網路商業模式策略、電子商務基本策略、電子商務建制策略。試分別加以簡要說明。

18. 人力資源策略涉及到什麼重要課題？

19. 何謂差異管理？

20. 試說明資訊科技在人力資源管理上的運用。

21. 何謂研發策略？何謂研發組合？

22. 試分別說明作為技術領導者與技術追隨者的優勢。

23. 試說明財務策略所涉及到的重要課題。

24. 試解釋融資購併。

25. 股利政策理論有三種：股利無關論、一鳥在手論以及所得稅差異論。試分別加以說明。

26. 試說明資訊科技在財務管理上的運用。

27. 何謂委外經營 (outsourcing) 或外包？

28. 哪些企業功能要由企業本身來做？哪些企業功能要委外經營？外包的原則是什麼？

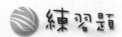
練習題

就第 1 章所選定的公司，做以下的練習：

❊ 說明其功能策略與其事業單位策略配合的情形。

❊ 描述各功能領域中典型的企業流程。

❊ 說明其製造策略所涉及的重要課題，並簡述其所使用的高級製造技術。

❊ 說明其實施客製化的情形。

❊ 說明其 ERPS 所支持的商業程序。

❊ 扼要說明其行銷策略與行銷組合策略。

❊ 說明其交叉銷售、向上銷售以及合作式過濾這些現代化行銷方式。

❊ 說明其顧客關係管理及關係行銷。

❊ 說明資訊科技在其行銷策略上的運用。

❊ 說明其資訊策略與資訊系統發展策略。

❊ 扼要說明其電子商務化資訊策略，包括：網站發展策略、網際網路商業模式策略、電子商務基本策略、電子商務建制策略。

❊ 說明其人力資源策略。

- 說明資訊科技在其人力資源管理上的運用。
- 說明其研發策略與研發組合。
- 說明其財務策略所涉及到的重要課題及股利政策。
- 試說明資訊科技在其財務管理上的運用。
- 扼要說明其委外經營或外包的情形。

第6章 競爭優勢的基礎與環境因應策略

本章目的

本章的目的在於說明：

1. 競爭優勢的基礎

2. 影響競爭優勢基礎的因素

3. 因應策略

4. 選擇因應策略的關鍵因素

5. 因應策略矩陣

6.1　競爭優勢的基礎

　　競爭優勢的獲得在於企業能比競爭者提供更高的顧客價值，而價值的提供在於企業比競爭者提供更低的成本或針對某一特定市場提供差異化的產品或服務。企業如何能做到低成本、差異化呢？端賴功能策略的有效實施。功能策略的主要功用在於創造核心能力，以使得事業單位獲得競爭優勢。圖6-1顯示了競爭優勢的基礎。

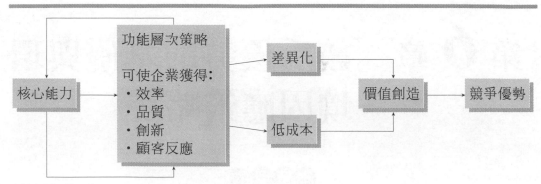

資料來源：修正自 Charles W. L. Hill and Gareth R. Jones, *Strategic Management Theory: An Integrated Approach*, 6th ed. (Boston, MA: Houghton Mifflin Company, 2004), p. 111.

圖 6-1 競爭優勢的基礎

核心能力

核心能力 (core competency) 是指企業能夠做得特別好的地方；核心能力是企業的主要力量所在。例如，雅芳的核心能力是逐戶推銷，聯邦快遞的核心能力是資訊科技。企業必須對其核心能力投注不斷的努力，否則便會付諸東流。核心能力要成為獨特能力 (distinctive competency) 必須滿足三個條件：

- 價值性：必須要能向顧客提供無與倫比的認知價值；
- 優異性：必須要比競爭者更為優異；
- 延伸性：必須可用來發展新產品、提供新服務，或進入新市場。

獨特能力是公司的關鍵力量，但是此關鍵力量未必能夠永遠保持。當競爭者競相模仿某公司的獨特能力之後，則此能力便不再獨特，反而成為競爭的基本條件了。例如，Maytag 公司獨特的高品質洗衣機，在被競爭者模仿之後，便不再獨特，而洗衣機製造商如果無法提供這種高規格的洗衣機，便毫無競爭機會。我們不難發現，由於新科技的層出不窮，企業間競爭的白熱化，公司要維持獨特能力越來越困難。

建立及維持競爭優勢的四個主要因素是：效率、品質、創新與顧客反應。這四個因素是企業獲得獨特能力的來源。具有獨特能力的企業必能：

- 進行差異化，以創造更高的顧客認知價值；

- 降低成本。

圖 6-2 顯示了競爭優勢的基本基礎。之所以稱為「基本」(generic) 是因為不論任何產業，或不論生產何種產品、提供何種服務的企業，都必須獲得優異的效率、卓越的品質、獨步的創新能力以及良好的顧客反應。值得注意的是，這四個因素是互動的，例如創新會增加效率、品質及顧客反應。策略管理者在檢視企業的內部環境時，可以利用競爭優勢的基本基礎來評估。

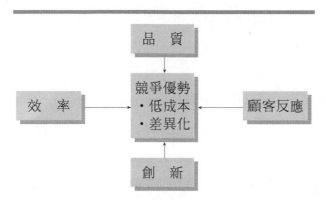

資料來源：修正自 Charles W. L. Hill and Gareth R. Jones, *Strategic Management Theory: An Integrated Approach*, 6th ed. (Boston, MA: Houghton Mifflin Company, 2004), p. 87.

◀≪ 圖 6-2　競爭優勢的基本基礎

◎◎ 效　率

企業是將輸入因素（人力、土地、資本、管理、技術）轉換成產出（產品及服務）的機制。衡量效率 (efficiency) 最簡單的方式就是：效率＝產出／輸入。在一定水準的產出之下，輸入因素愈少，則效率愈高。或者在一定水準的輸入因素之下，產出愈高，則效率愈高。

影響企業效率的兩個主要因素是員工生產力與資本生產力。員工生產力 (employee productivity) 通常是以「每位員工的產出」來衡量，而資本生產力 (capital productivity) 是以「每單位資本投資的產出」來衡量。在其他條件不變之下，員工生產力愈高、資本生產力愈高，則成本愈低。此外，衡量效率的因素還有：研發生產力 (R&D productivity)，例如，製藥公司所發展的新藥與研發支出之比；銷售生產力 (sales productivity)，也就是每一位銷售人員可得到多少新訂單；資訊生產力 (information productivity)，也就是對某個資訊系統的固定投資下，產生多少合理化作業以及增加了多少資訊科技的策略運用。

從以上的說明，我們可以了解，在檢視造成企業競爭優勢之一的效率時，策略管理者必須回答以下的問題：公司的人員生產力如何？資本生產力如何？研發生產力如何？銷售生產力如何？資訊系統生產力如何？

品　質

產品 (product) 可被視為是具有多種屬性的綜合體。例如，許多實體產品的屬性包括形狀、功能、績效、耐久性、可靠性、式樣及設計等。卓越品質 (superior quality) 是指在產品的各屬性上，顧客對於本公司產品的認知價值高於對競爭產品的認知價值。例如，顧客對於勞力士手錶在設計、式樣、績效及可靠性上的認知價值高於對競爭品牌的認知價值，則我們可以說勞力士具有卓越品質。

過去二十年來，在產品的所有屬性中，「可靠性」這個屬性的重要性與日俱增。一般而言，可靠性 (reliability) 是指一致性。以電腦為例，可靠性是指在預定的情況下，測定某一產品、零件或系統履行其期望機能的能力。事實上，可靠性是一種機率的概念。假設某電腦的可靠性為 0.9，這表示該電腦有 90% 的機率能夠履行其應有的機能，而不能履行其應有機能的機率為 1−0.9=0.1 或 10%。

品質也表示可利用性。例如電腦的可利用性 (availability) 是以「電腦能提供的時間百分比」來衡量。如果一個公司可採三班制，在白天班有半個小時的中斷時間（例如故障或維護），則其可利用性指標為 98% (23.5/24)。中斷時間越低，則系統效能越高。如果這個電腦運作 12 小時，中斷時間仍保持不變，則可利用性指標變成 96% (11.5/12)。

可利用性亦可以用失敗間平均時間 (mean time between failure, MTBF) 及平均修護時間 (mean time of repair, MTR) 來衡量，其範圍從 0 到 1。電腦設備高度可利

用性的公司較具有競爭優勢。可利用性是失敗間平均時間與平均修護時間的函數，其計算公式如下：

$$可利用性 = \frac{MTBF}{MTBF + MTR}$$

「六個西格瑪」(six sigma) 是許多公司包括摩托羅拉、奇異公司所採取的品質及效率方案。西格瑪表示標準差，數目愈大表示錯誤率愈小。六個西格瑪表示 99.9996% 以上的正確率，也就是說在一百萬個產品中只有三・四個瑕疵品。

企業對於品質的維護與堅持是全面性的。全面品管 (total quality management, TQM) 就是組織改變其整體經營方法，並以品質作為組織所有活動的標竿的管理實務。全面品管的觀念及實務已在各個績優公司普遍的落實。在全面品管的方法下，整個組織機構從總經理以下，應承擔、參與或追求永無止境的財貨及服務品質改進[1]。

在檢視造成企業競爭優勢之一的品質時，策略管理者必須回答以下的問題：產品的形狀、功能、績效、耐久性、可靠性、式樣及設計如何？產品的可利用性如何？公司的全面品管在策略承諾、員工參與、技術、原料、方法上做得如何？

創　新

創新 (innovation) 是指創造新產品或新程序的行動。創新有兩種類型：產品創新與程序創新。產品創新 (product innovation) 是指創造消費者所認知的新穎產品，或者對既有的產品賦予優異的特性。例如，1970 年代英特爾所發明的晶片、1980 年代中期思科所發展的路由器、Palm 公司所發展的商用掌上型電腦，以及 1990 年代微軟公司所推出的視窗作業系統等。程序創新 (process innovation) 是指新的生產方式或新的遞送過程。例如，本田公司在汽車製造上所使用的瘦身生產系統 (lean production system)、即時存貨系統、自我管理團隊，以及減少安裝複雜設備的前置時間等。沃爾瑪利用資訊系統來管理後勤補給作業、產品組合及定價作業等也是程序創新的典型實例。

---

[1] 有關全面品管的詳細討論，可見：榮泰生著，《管理學》(臺北：三民書局，2004)，第 15 章。

　　產品創新可增加顧客的認知價值，程序創新可減低生產成本。這二者都可以增加企業的競爭優勢。策略管理者可以用對研發功能的檢視方式來檢視企業的創新。

顧客反應

　　所謂顧客反應 (customer responsiveness) 是指認明並滿足顧客需求。優異的品質、卓越的創新會造成好的顧客反應。客製化產品可滿足每位顧客的需要，因此也能產生好的顧客反應。

　　顧客反應時間常被用來檢視企業在顧客反應上的績效。顧客反應時間 (customer response time) 是指產品遞送或服務提供的時間。對製造商而言，顧客反應時間是指接單之後到實際交貨的時間；對服務業者（如銀行）而言，顧客反應時間是指處理客戶貸款的時間，或者客戶排隊等候服務人員提供服務的時間；對超級市場而言，顧客反應時間是指顧客排隊等待結帳的時間。冗長的等候常是造成顧客不滿的主要原因。

6.2　影響競爭優勢基礎的因素

　　能夠建立競爭優勢基礎的企業通常會獲得高於產業平均水準的獲利率。我們在許多產業中也見過許多企業實例。企業環境不斷的在改變，例如，網際網路的出現是近年來影響企業經營非常重大的環境因素，許多企業也因為掌握了它所帶來的無限商機而大發利市。如果企業沒有因應環境的能力，則當環境一旦改變，其獨特能力及競爭優勢的基礎就會受到很大的威脅。

　　環境改變是一種驅動力，它會重新界定企業競爭的方式。在某些情況下，環境改變會波及整個產業，並會改變競爭的本質及產業的長期結構。政府管制的改變（例如對石油、通訊、金融服務的解除管制）會對產業產生直接效應 (direct effect)。有些環境變化會產生連鎖或滿溢效應 ("spillover" effect)，也就是某一產業所發生的改變會波及到鄰近的、相關的產業。例如，數位影像、快閃記憶體對傳統相機充電裝置所造成的影響。影響競爭本質與競爭優勢基礎的因素有：新技術、

新配銷通路、經濟情況、相關產業及政府管制。

◉ 新技術

不論在任何產業，廠商都會投資相當大的資源在其實現價值活動的技術上。廠商所選擇的技術決定了其所從事價值活動所需的原料、設計、方法、程序與設備。在一段時間之後，廠商會累積使用該技術的經驗。技術通常分為產品技術與製程技術。產品技術 (product technology) 涉及到產品的設計、專利權及組件。製程技術 (process technology) 涉及到廠房、設備、作業方法及製造上的改善。新穎的、卓越的產品或製程技術可對既有的競爭優勢造成潛在的威脅，因為它們會削弱廠商目前的獨特能力。

一般而言，所有的廠商都要面對產品及製程陳舊過時的潛在威脅。這種威脅對於界定目前產業標準或實務的開創者（領導性廠商）而言，尤其明顯。當新技術威脅到目前的產品標準或製程技術時，此新技術稱為「能力改變技術」(competence-changing technology)。能力改變技術能夠重新界定產業結構以及技術規格。在許多情況下，能力改變技術是既有程序與方法的替代品。例如，柯達面臨著數位化影像處理這個能力改變技術的威脅。

新原料　以通訊傳輸業而言，光纖電纜很快的就取代了銅線。這個現象使得康寧 (Corning Incorporated)、Lucent 科技 (Lucent Technology) 這樣的科技公司獲得了無限商機。另外一個例子是新型的塑膠取代了鋼及其他金屬原料，成為汽車及重型機械的主要原料。利用合成纖維及塑膠原料製成的車身、車門、擋風板，可大幅降低汽車的重量及成本。這個新原料為許多化學品製造商創造了許多商業機會。最近的新原料是利用智慧科技製成的原料，使得許多合金能夠承受巨大的壓力及碰撞，這些都是傳統金屬材料所沒有的特性。

新製造技術　在製鋼業，許多小型工廠會利用新式的製造方法來取代傳統的開放式鼓風爐製造方式。利用新進的低成本製造技術，像 Nucor、Chaparral 製鋼公司這樣的新進入者都獲得極大的競爭優勢。在製造建築或橋樑所使用的鋼線、鋼樑時，這些公司會使用新技術，這些都是傳統製鋼公司，如美國製鋼公司 (U.S. Steel)、伯利恆製鋼公司 (Bethlehem Steel) 所不能望其項背的。

另外一個例子是，在塑膠業許多廠商利用新式的液體射出製模技術來製造塑膠產品。這些技術是將加熱的塑膠液直接噴射到模子上來製造零件、組件與玩具等。這個新技術比舊技術更有效率，並可使新進入者獲得技術差異化的競爭優勢。

在 1990～2000 年代，柯達與傳統唱片公司（如 Vivendi Universal、Sony、EMI Group、AOL Time Warner、Bertelsman AG），都面臨著「能力改變技術」的威脅，因為它們是以舊技術來建立商業模式。數位化科技的興起改變了影像在創造、傳遞、儲存及操弄上的方式，例如新型的 MP3 格式音樂不僅可讓消費者從網路下載，也可以利用 MP3 隨身聽來播放。

除了製鋼、塑膠及影像處理業者歷經了重大的技術改變之外，其他行業也是如此，如表 6–1 所示。在這些行業中，技術改變一日千里，同時在市場接受度方面，新技術已超越了舊技術。沒有能力或意願建立或接受新技術的廠商，必然會被競爭洪流所淘汰。

表 6–1 各產業的新舊技術

技術 / 產業	舊技術	新技術
電 子	真空管	積體電路
製 鞋	皮 革	化學聚合物
家 電	離散控制	模糊邏輯
飛 機	鋁	合成材料
汽車引擎	鋼 鐵	陶 器
汽車車身	焊 接	一體成形
電 腦	大型電腦	個人電腦
醫療器材	獨立式 X 光	電腦化軸向測試 (computerized axial tomography, CAT) 掃描、磁共振造影 (magnetic resonance imaging, MRI)
電視製造	裝配線人工作業	自動化科技
相 機	底 片	快閃記憶體

新配銷通路

　　既有的廠商必須偵察其行銷、配銷方式以了解其目前的配銷方式是否受到潛在的威脅。在每個產業中，配銷佔有舉足輕重的地位，因此配銷方式的任何變化都會重新界定競爭優勢。也許對目前配銷通路影響最大的就是 1990 年代普及的網際網路。網際網路的出現改變了既有的訂購、配銷、銷售的方式，也迫使許多行業（如旅遊、不動產、金融服務、辦公室用品供應、航空）重新建構其配銷、行銷系統來服務顧客。

　　對於新型配銷系統的偵察，可以幫助廠商了解競爭態勢的變化。新型通路或配銷方式的改變，就是新進入者進入此產業的機會，亞馬遜網路書店 (www.amazon.com) 以透過網際網路的方式來銷售，對傳統的既有廠商，如邦諾書局 (Barnes & Noble)、Borders Group 產生了莫大的威脅，因為新的配銷方式（透過網際網路）可跨越時空藩籬，無遠弗屆的向全球消費者提供產品及服務。每當配銷通路有了新的演變，就意味著既有廠商要面對新的挑戰。這些新進入者可利用新的商業模式或價值主張來吸引甚至搶奪既有廠商的顧客。

　　百貨商店也受到網際網路、電視購物的威脅。新型的配銷通路可使廠商（尤其是後進入此產業的廠商）接觸到被忽略的顧客。結合網際網路行銷與傳統目錄行銷的後起之秀，如 Lands's End、Early Winters、Touch of Class、L. L. Bean，已經成功的接觸到被傳統百貨商店、折扣商店所忽略的顧客。當電視觀賞者或網路遨遊者看到中意的產品時，就可以免費電話來訂購，或者在網頁上填寫訂單、付款單據來訂購。

　　百視達最近在影片出租的業務上，也受到無線電視臺、通訊公司及衛星傳播公司所提供的付費電影的威脅。提供電影觀賞及娛樂的新型通路嚴重的威脅到百視達在低成本租片業務上的獨特優勢。消費者在家中透過無線電視臺以付費的方式來觀賞自己中意的電影及體育節目，在許多國家已蔚為風氣。新型的通路使得百視達的傳統租片、還片作業變得老舊過時。

◎ 經濟情況

產業結構的主要經濟變數的變化會重新界定競爭的本質。我們從日本汽車及電子製造商目前所面臨的困境可見一斑。日本汽車及電子製造商曾經以物美價廉的產品使美國廠商毫無招架餘地。但當日本工資節節上升、國內經濟逐漸疲軟、日圓幣值大幅波動之後,過去十餘年來日本汽車及電子製造商的優勢已不復存在。現在的日本製造商不遺餘力的透過自動化科技、委外經營、減少產品的變化性、轉移製造地來降低成本。事實上,日本在東南亞各國(如印尼、泰國、馬來西亞、新加坡)的投資額非常大,因此在 1990 年代這些國家遭遇到經濟不景氣時,日本製造商的利潤受到很嚴重的影響。同樣的在降低成本上的努力,使得美國本土的製造商,如通用汽車、福特、戴姆勒克萊斯勒,在美國市場及國外市場獲得了市場地位及低成本優勢。因此,匯率、國內需求、商品價格,或者商業伙伴的配合度這些因素的改變,都會大大的影響廠商的競爭優勢。

◎ 相關產業

有時候某個產業的競爭情況會受到相關產業的牽連。相關產業 (related industry) 是指在經濟、技術及市場驅動力方面都與本產業息息相關的產業。例如,消費者電子業與個人電腦業可被視為相關產業,因為它們通常都需要針對大量市場的配銷通路、需要許多相同的電子組件,以及甚至在同一家工廠製造主要的組件及周邊設備。電話業、網際網路、電腦網路業愈來愈有相關性,因為它們利用同樣的基本通訊建構,而且都是透過共同的資訊傳輸技術(如路由器、橋接器及分封交換)來傳遞資訊。即使無線電視業也愈來愈類似通訊業。

同樣的,數位化科技的出現,使得傳統的內容媒體(如電視、印刷品刊物、廣播、音樂)都變成數位化了。這些傳統的內容媒體業者在結合網際網路、衛星通訊系統之後,大大的擴展了營運的範圍。這兩個領域(內容及通訊)的相關性也愈來愈高,因為它們可以相輔相成,以更便宜、更有效率的方式接觸到廣大的顧客。網際網路入口網站(如 Yahoo!、Terra Lycos、MSN)的快速成長也顯示了內容提供者、通訊業者的密切關連性。內容提供者愈來愈依賴新型的技術向顧客

創造及遞送價值，而通訊業者也需要內容提供者供應擴展市場所需的材料。在 2000 年，美國線上與時代華納的合併事件，充分的顯示了通訊業者與內容提供者密不可分的現象。

　　現在我們用一個假想的例子來說明一個產業的變化如何影響另外一個產業。我們要說明製鞋業、製革業（鞣製皮革）與化學業之間的關係。像義大利這樣的國家，其製鞋業的規模非常大，而且利潤也非常豐厚，因為他們可向歷史悠久的製革業者那裡，大量的買到高品質的加工皮革。義大利的製鞋業者之所以能夠生產高品質的皮鞋，不僅是因為他們所獲得的規模經濟及經驗效果，而且也是因為他們與製革業者之間的密切關係。皮革製造上的創新，可使製鞋業者製造新款的皮鞋，同樣的，製鞋業者也會向製革業者提供製程改善的建議。雙方相輔相成，同蒙其利。不久之後，由於化學業者在技術上的改良，能夠提供更便宜、品質更好的材料，使製鞋業者能夠直接製造更耐用、更舒適的皮鞋，因此使用這些新材料會使義大利的製鞋業者大幅增加其競爭優勢。從以上的說明，我們還可以延伸出幾個分析重點。第一，新的代替材料會使義大利製鞋業者減少對製革業者的購買量，因而製革業者會面臨到新的競爭威脅，營業量也會大幅下降。第二，由於新的化學材料必須用新的、更有效率的自動化方式來製造更便宜、舒適的皮鞋，既有的製鞋業者的舊設備便毫無用武之地。這對既有的製鞋業者是一大打擊。第三，如果新材料的使用價值愈來愈高的話，會引誘新進入者加入製鞋業，因為新材料會減少差異化的成本。因此，根據以上的說明，相關產業在技術及其他方面的變化，會造成另外一個行業的競爭優勢的改變。

🔵 政府管制

　　政府行動會改變或威脅產業內企業競爭的本質。例如，1970 年代，美國政府對日本進口機車課以高額關稅，大大的傷害了日本製造商，如 Kawasaki、本田 (Honda)、三葉 (Yamaha) 的競爭地位。1990 年代早期，美國政府採取的配額限制，使日本汽車製造商（尤其是小型汽車製造商，如本田、豐田、日產）不得不提高在美國工廠的產能，以維持其競爭地位。1990 年代的空氣清潔法 (Clean Air Act) 迫使美國煉油業者淘汰既有的舊設備，而必須採用昂貴的新設備。京都協議 (Kyoto Accord) 規定各國應限制溫室效應氣體的排氣量，此協議造成了許多廠商的財務壓力。這就是美國為什麼未成為簽署國的原因。

反托拉斯的規定也會影響廠商的競爭力。例如，自從微軟公司與美國司法部對簿公堂，而法院做了對微軟不利的判決之後，微軟在個人電腦軟體業（尤其在搜尋引擎方面）的獨佔優勢便受到嚴重打擊。此項判決可使個人電腦廠商利用其他的搜尋引擎，例如，網景的通訊家 (Netscape's Communicator)。此外，個人電腦製造商不再需要向微軟支付權利金。美國政府在 1990 年代以後，對於許多產業都採取解除管制。例如，1996 年通過的「電信法」(Telecommunication Act) 使得許多地區性的小型電話公司，如 SBC、維萊松通訊公司 (Verizon) 與貝爾南方公司 (Bell South)，可以合法的經營長途電話業務。在這之前，長途電話業務長年以來都是由全國性的大型電話公司（如 AT&T、Sprint、WorldCom）所壟斷。

6.3 因應策略

在面對環境變化或受到環境的挑戰時，廠商可以採取三種因應策略 (response options)：探勘、防衛及收割。首先我們來說明探勘與防衛的差別，如表 6-2 所示。每一種策略都有其特定的目標，都需要做一些特定的調整，而且也都有優缺點。

表 6-2　因應策略──探勘與防衛的比較

因應策略	所採取的行動
探勘策略	發展新的獨特能力 努力研發新技術 發展新的製程 學習如何設計及促銷新產品
防衛策略	維持既有的獨特能力 以研發強化既有技術 對既有產品採取降價措施 增加對既有產品的促銷

探　勘

在因應環境的改變方面，廠商所採取的最積極作為就是成為第一個做調適的廠商。察覺並善用環境新發展的行為稱為探勘 (prospecting)，而察覺並善用環境新發展的第一家廠商稱為探勘者 (prospector)。探勘者對於環境變化所應採取的反應措施隨著環境發展的本質而異。以 1990 年代照相業者所面臨的新科技發展（數位化影像處理技術）為例，探勘者會是第一家利用新技術推出新產品的廠商。為了成為領先者，探勘者會採取一系列的活動，如進行新技術研究、設計雛形（運用新技術所製成的雛形）、購買新設備，以及當新產品準備上市時做大量促銷。

我們再來看看 1970 年代美國製錶業的領導性廠商天美時 (Timex) 所面臨的情況。天美時面臨著電子及數位化製錶業者的強大威脅。這些新技術將以蠶食的方式侵蝕傳統機械式手錶的市場，而機械式手錶又是天美時的生產重心。如果天美時是探勘者的話，它就會企圖滲透並奪取電子錶市場，因此它會在學習新技術及自動化生產方面做重大的投資。新技術包括如何製造及裝配石英及二極體。漸漸的，它會放棄標準的機械化作業，如發條、彈簧軸等。了解新產品、學習新製程、設計新的促銷方案等都意味著管理聚焦（重心）的改變。作為探勘者，天美時會逐漸淡化它在機械式手錶上的獨特能力。在電子手錶的前途未卜之前，它就要在許多固定設備上做重大的投資。

在變化非常快速的半導體業，在 1990 年代全球許多廠商都企圖成為探勘者。美國的全國半導體公司 (National Semiconductor)、臺灣的威盛科技公司、英國的 ARM 控股公司都爭先恐後的在晶片的功能整合上發展產業及技術標準。這些功能整合的標準可以在關鍵性的用途上大幅提升產品績效，例如，處理速度、共容性（與不同的作業系統、消費性電子產品，甚至網際網路應用都能共容）。

如果規劃良好、執行有效的話，探勘者可以使企業獲得開創者的優勢，使得後來者望塵莫及。然而，探勘者必須承擔很大的風險。如果市場反應不如預期，消費者接受度不高，則所投入的大量資本會血本無歸。

◎ 防　衛

因應環境變化的另外一個策略就是刻意不對環境的變化加以調適。防衛 (defending) 是指努力防守傳統事業，不受環境的負面影響。防衛者在防守既有市場地位的最普遍做法就是採取降價措施。在降價之後，企業就可維持傳統產品的銷售量，以免受到新產品或替代品的威脅。菲利普莫里斯 (Philip Morris) 對其主力產品萬寶路 (Marlboro) 所採取的一系列降價措施，就是要防止其他菸草商的巧取豪奪。菲利普莫里斯的作法，就是要讓那些絡繹不絕的菸草商，及早看到菸草業的不樂觀景象（利潤非常微薄）而自動打退堂鼓。在消費者非耐久財方面，如軟性飲料、點心等，削價戰爭更是激烈。既有廠商為了保衛其市場地位及品牌認知，常以削價來嚇阻蠢蠢欲動的新進入者。例如，可口可樂的 Frito Lay 透過「價值定價」(value pricing) 來保衛它在鹼性餅乾市場的地位，同時也用以減緩探勘者的腳步。

另外一個普遍的防衛措施就是強力促銷。防衛者會以大量的廣告支出來延緩消費者對於新產品的接受度。例如，AT&T 在長途電話業利用強力促銷方式來削弱其競爭對手（如 WorldCom、Sprint）在折價策略上的威力。AT&T 在促銷上的努力，就是希望在消費者心目中繼續保持其高品質、高信度的形象。傳統的大眾傳播公司，如在電視業的 NBC、在廣播界的 Clear Channel Communications 也不遺餘力的大力促銷其節目及明星，以阻擋新的數位媒體、網際網路傳播技術所帶來的潛在威脅。

密集的投資在傳統技術或更新技術上（不是嶄新技術），以提升傳統產品的吸引力，也可以防衛既有廠商的地位。在無線廣播業，摩托羅拉 (Motorola) 就是採取這種策略，它將其新發展的微晶片納入到它的警用、緊急使用的雙向溝通工具上。目前，摩托羅拉又採同樣的技術改善策略來圍堵像諾基亞 (Nokia)、易利信 (Ericsson) 及 Qualcomm 這些廠商的探勘行動。在另一方面，摩托羅拉在無線衛星通訊業務上的行動卻像是典型的探勘者。雖然摩托羅拉在 Iridium、Teledisc（衛星通訊的領導性廠商）的投資未獲得預期利潤，但是它在衛星傳播的其他用途上卻有相當大的斬獲。

雖然防衛策略可使廠商避免承受探勘者所遭遇到的風險，但是它也必須承受

其他的風險。有些環境發展及改變的威力太過強烈,即使再堅固的防衛措施也阻擋不住。如果防衛者面臨到「能力改變技術」的劇烈改變或者新的配銷通路,則既有的防衛措施會毫無用武之地。唯有順應潮流才是求生之道。事實上,許多零售商店面臨到許多網路商店的威脅;這些新興的網路行銷公司,不必投資大量的資金在傳統的基礎設施上,就可以無遠弗屆的接觸到大量的新顧客。書籍業者、運動器材業者、影片租賃業者、旅行社、捐客等也都受到壓縮的、便宜的網際網路通路系統的衝擊。即使傳統藥局也受到新型的健康用品網路行銷者在價格、交貨速度上的威脅。

同樣的,在 DVD 出現之後,傳統的 VCR、VCD 也逐漸從市場中消失。DVD 的解析度高,音質好,播映時間長,這是眾所周知的好處。未來數年當 DVD 錄製系統普及、價格下降之後,傳統的 VCR、VCD 將逐漸在市場中萎縮,而消費者的需求改變(不論在家庭及商業使用上),更會使得 DVD 加速擴散。任何防衛 DVD 的措施都是不智之舉,而且注定會失敗。

新科技及網際網路化的配銷系統已使得既有廠商在獨特能力、品牌名稱、市場地位上喪失了競爭優勢。對於以上這些主要改變採取防衛措施,只會使廠商嚴重的喪失其競爭地位。我們認為,面對這些潮流任何防衛措施都是捨本逐末,企業應及早順應潮流才是上策。

◎ 收　割

因應環境改變的第三個策略是及時收割現有的企業。收割 (harvesting) 的目的在於在環境變得更為惡劣之前,盡可能的從現有的事業中獲得現金。收割的最大困難在於高的退出障礙。退出障礙的產生通常是因為專屬的生產設備、特殊的資產及其他沉入成本(有些投資成本尚未攤銷)所造成的。由於這些障礙,退出所付出的代價通常和投資新設備的代價一樣高。

要收割一個事業,廠商必須採取與防衛者截然不同的策略。它必須提高產品價格,減少在研發、維護及廣告方面的支出。在 1980 年代末期及 1990 年代早期,西屋電力公司 (Westinghouse Electric) 所採取的就是典型的收割策略;在彼時它不看好電力配送事業的前途,於是將工廠賣給 Asea-Brown-Boveri (ABB) 公司,同時

也賣掉變壓器及配電盤事業。同時，它將所獲得的資金用在其他工業及商業事業部上。

相較於探勘及防衛策略，收割可以說是在因應環境方面最差勁的策略。如果將資產售給有意願購買者還算好，因為這類購買者多少還可以利用這些資產的剩餘價值，因此願意付出比較高的價格。例如，1980 年代早期，GTE（現已經被 Verizon 通訊公司購併）認為其喜萬年 (Sylvania) 彩視產品線會分散它在核心電話事業上的努力，於是將它賣給競爭者。

收割也表示企業必須將相當大的努力投注在衰退的事業上，而這些努力原本可以用在更具吸引力的其他事業上。這是相當可觀的機會成本。奇異公司決定不對其消費者電子產品事業部採取收割策略，而是將它賣給法國的 Thomson S. A. 公司，並向 Thomson S. A. 公司購進其醫療事業部。在這個買賣交易中，奇異公司獲得了可觀的資金。

6.4　選擇因應策略的關鍵因素

策略管理中最關鍵的因素之一就是在環境改變時管理者具有調整其策略的能力。然而在實務上，由於競爭環境的限制、利益關係者的不同需求以及組織本身等因素，使得管理當局沒有迅速調整的足夠「操弄空間」(maneuvering room)。此外，對環境改變所做的調整需要管理者的明智判斷，才能夠採取適當的因應策略。在選擇三種因應策略（探勘、防衛、收割）時，管理者必須考慮兩個關鍵因素：機會／威脅衝擊力以及調整能力（反應力）。

◎ 機會／威脅衝擊力

↳ 機　會

環境的改變也會替企業帶來無限機會。有意願、有能力因應環境的企業獲得相當大的優勢。已經擁有新技術的廠商當環境變化（機會來臨）時，會獲得相當大的、前所未有的市場機會。例如，多媒體技術的出現，對於電視、CD 播放機、個人電腦、手掌型電腦、個人數位助理 (PDA)、無線電視、遊樂器、網際網路連

結、DVD 技術及通訊等產品的設計、製造及配銷掀起了相當重大的革命，這些現象對於廠商（如新力、惠普、摩托羅拉、AT&T、WorldCom、思科、菲利普電子等）而言，是一個莫大的機會（當然也可能是威脅）。具有半導體及電腦技術基礎及經驗的公司，如 IBM、摩托羅拉，會發現這是絕佳的機會；它們會利用已經具有的必要元件及原料，在這個新興的多媒體事業上大顯身手。同樣的，新力、菲利普電子等公司也因為在設計、製造、配銷及行銷電子產品及網際網路硬體（如網路電視裝置）上已經具有雄厚的基礎，因此可利用這個機會在全球市場大發利市。

◣ 威　脅

有些環境的改變對企業的核心事業而言只有些微的衝擊力。在產業中出現了某一個小型的、特殊的市場利基，對企業的影響應該不會太大。這種環境發展也許只會吸引少量的既有顧客。如果這個小利基一直保持小規模，則對廠商而言，實在沒有必要採取因應措施。例如，拍立得的即拍式照相機對於柯達相機的威脅可以說是微乎其微。雖然消費者在開始時會受到拍立得的一些新功能（如即拍即得，不必花時間沖洗底片）的吸引，但是當他們發現所拍出來的照片品質粗糙便又興趣缺缺。所以對柯達而言，保持既有顧客就是上策，大可不必對拍立得採取因應措施。

但在另外的情況下，如果環境的新發展動搖了既有廠商的競爭基礎，嚴重的威脅到其競爭優勢時（例如，數位影像處理的興起，對於傳統沖印業者（照相公司）而言，構成了極大的威脅），既有廠商當然必須迅速採取因應策略。如果不能迅速因應，必然會使其競爭地位受到嚴重的影響。

◉ 調整能力

在對環境變化所做的調整方面，企業通常必須建立某種新的技術和能力。例如，為了因應網路消費者購買行為，傳統的唱片公司必須具備數位安全、加密及網站管理的技術。同樣的，柯達必須在半導體科技、相片輸出技術、數位化影像處理的技術上投入大量的資金，以培養能力及經驗，如此才能夠在數位化照相事業上做成功的轉型。在進行這樣的調整之前，企業必須評估它在發展新技術上的能力。

　　為了因應環境而必須培養的獨特能力及技術有許多形式。例如，在軟體工程上及數學邏輯運算上的技術，可幫助唱片公司了解及管理複雜的網路行銷作業。在應用化學及混合技術上的經驗與能力，對於非耐久財製造商（如寶鹼公司、聯合利華、Henkel、Cloros）而言，在製造洗衣粉及除漬劑方面是非常有價值的技術。網路管理能力（如路由器、交換機等）對於通訊業者、內容提供者而言，在應付顧客的資訊需求上，都是非常重要的技術。

　　在評估其調整能力時，廠商必須重新建構整個價值鏈活動（第 3 章）及商業模式（第 7 章）以發展各種新技術。要建立一個新技術並不是唾手可得的，單說組織內對策略改變的抗拒就要花很多心血去擺平。諷刺的是，既有廠商在創造新能力上所遭遇到的困難及抗拒比新進入者還大。既有廠商的許多管理實務已經行之有年，思考方式已經定型，要適應新的科技、新的配銷系統或其他改變，不僅在心理上要做調適，具備破釜沉舟的決心，而且也要準備勞師動眾。既有廠商在進行改變上的困難主要是因為惰性使然。惰性 (inertia) 是對於環境改變做因應時的重大阻力。成熟產業的大規模廠商在面臨新科技的衝擊時，其惰性尤其明顯。也許為了因應環境變化而必須發展新技術時，最好的方式就是讓管理者的認知地圖及心智模型歸零。管理者應覺悟到，過去的獨特能力及技術已如明日黃花，緬懷過去的成就只有使自己更難因應未來，只有從零開始才會產生新思想、新邏輯與新觀點。

6.5　因應策略矩陣

　　現在我們將選擇因應策略的關鍵因素（機會／威脅衝擊力、調整能力）分別作為兩軸，並將機會／威脅衝擊力以大小來分，調整能力以強弱來分，就可產生因應策略矩陣 (response strategy matrix)，如圖 6-3 所示。

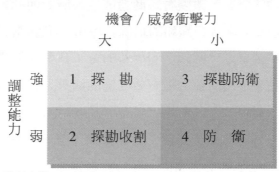

資料來源: Robert A. Pitts and David Lei, *Strategic Management: Building and Sustaining Competitive Advantage*, 3rd ed. (Canada: South-Western, Thomson Learning, 2003), p. 188.

◀ 圖 6-3　因應策略矩陣

方格 1　在機會／威脅衝擊力大的情況下，如果企業的調整能力不夠強，則會永遠喪失其競爭地位。在此情況下的企業必須迅速開拓新的領域，也就是要採取探勘策略。採取其他任何策略都會使競爭者獲得開創者經驗及規模上的優勢，而這些優勢一旦失去便無法獲得。

微軟公司為了因應客戶對於客製化、開放系統的要求，近年來先後推出了 Windows 2000、Windows XP 及 Windows NT（NT 是 New Technology 的開頭字）。當客戶對於跨平臺（所謂跨平臺是指可在不同的作業系統下運作）軟體的需求日益迫切時，微軟必須對於這個需求做適當的因應，否則市場會被新進入者侵蝕。微軟推出 Windows NT 就是適當的因應策略。Windows NT 具有跨平臺能力，它可使不同的電腦製造商（如 IBM、新惠普及昇陽）的電腦互相「溝通」。最近它所推出的 Windows Pocket PC 更是開啟數位網路裝置的新紀元；它可以透過共通的軟體語言連結影印機、電腦、個人數位助理、網路裝置、電話及其他辦公室設備。為了繼續保持其領導地位，微軟主導了一項會議，並邀請 20 家廠商（包括軟體、硬體及辦公室設備製造商）參與，讓他們以微軟的專屬程式語言碼來設計其產品。以上一連串的做法充分顯示微軟要成為業界龍頭的決心，也顯示微軟在因應策略上的強勢作為。

方格 2　當環境的發展或改變對廠商造成巨大威脅而此廠商又缺乏因應能力時，這種情況就是廠商所面臨最艱鉅的情況。1970 年代，當電子錶席捲整個錶業時，天美時所面臨的就是這種困境。利用新的電子科技可製造便宜的手錶，但是天美時又缺乏這個技術。沒有能力做有效因應的結果，使得天美時的競爭地位喪失殆盡。

　　IBM 的大型電腦在受到個人電腦、主從架構（由伺服器及工作站所建構的網路）、網路電腦、工作站的強大威脅時，並沒有做適當的因應。這個情況充分的顯示了當「能力改變技術」重新界定競爭優勢的基礎時，未能因應新技術所造成的困境。以技術層面而言，IBM 用它在製造大型電腦上的技術來製造個人電腦可以說是易如反掌，但是在個人電腦及網路電腦市場競爭，所需要的是速度及彈性，而這兩個特色正是彼時的 IBM 所欠缺的。IBM 的舊思維、舊管理實務是跟不上時代的致命傷。同時，其管理者心態也是未做適當因應的主要原因；其管理者認為個人電腦是「雕蟲小技」，因此不屑進入這個市場。等到 IBM 看清了個人電腦的市場潛力時，大好商機早已被競爭者掌握。它在個人電腦的策略運用上也是跟在戴爾及惠普後面亦步亦趨，曾經在大型電腦上是一方之霸的廠商，在個人電腦上表現得如此不堪，就是因為在調適能力上出了問題。

　　在機會／威脅衝擊力大、企業的調整能力不夠強的情況下，企業所採取的一個策略就是收割，也就是在情勢變得更為惡劣之前盡量從現有的事業中榨取現金。收割是一個極端的、不受歡迎的解決方案，因為它是刻意的用方法去摧毀一個曾經是健全的事業。此外，由於環境變化非常快速，即使用收割所獲得的現金也極為有限，倒不如乾脆將此事業出售。在此情況下，企業所採取的另一個策略就是積極的探勘。雖然對於缺乏所需技術及資源的廠商而言，探勘顯然並非易事，但是有限度的探勘還是值得一試的。此時企業如果能與其他廠商合作，會更容易克服探勘上的困難。將資源導入在探勘活動上，有時候反可獲得所需的技術來因應環境的變化。最重要的是，廠商應在情勢惡化之前，盡早進行探勘活動。例如，邦諾書局 (Barnes & Noble) 在亞馬遜網路書店 (Amazon.com) 造成重大威脅前，就已先採取探勘活動。集中精力於探勘活動上是非常重要的，雖然企業內的許多老頑固主管會抗拒這種做法。在實務上，探勘表示將資源投入一個前途未卜的活動，

而這些資源本來是在公司內其他單位所迫切需要的。沒有意願、沒有能力進行早期探勘活動的企業，將會發現企業對日後的競爭挑戰毫無招架之力。

對於迅速的探勘有迫切需要的廠商，可以透過與商業伙伴（尤其是已經具有所需技術的伙伴）的合作，來加速新能力與技術的發展。例如，天美時可和電子組件製造商（如德州儀器或摩托羅拉）合作，以獲得所需的電子技術，或者從無意進入手錶業的電子廠商獲得電子技術的授權。

方格 3 在此情況下的廠商有能力因應環境的變化，所以探勘是最佳的策略運用。但是，探勘活動並不需要躁進，因為即使不用探勘也不會對廠商的競爭優勢產生嚴重的影響。採取防衛策略以鞏固目前的獨特能力及技術也是一個可行的策略。在 1980 年代，美林集團 (Merrill Lynch) 決定不積極的採取融資購併就是典型的方格 3 策略。在經過大幅度的重整之後，許多有力的 LBO 廠商，如 KKR (Kohlberg Kravis Roberts & Co.)❷已經在財務金融界成為一方之霸。但是美林集團不為所動，仍然強化其核心的金融經紀業（掮客業務），以及強化其在財務規劃及投資的專業技術。它在新電腦技術上做重大的投資，並擴展股票及債券這些傳統產品。美林集團在資產管理、共同基金及其他事業上本來就佔有一席之地。它在金融經紀業、廣大的消費者認知、電腦化作業上所奠定的穩固基礎，使它在進入新的金融服務時，絲毫不會受到競爭威脅的影響。

與其他廠商建立合作關係，也是相當有效的方格 3 策略，因為廠商可以同時採取探勘與防衛策略。例如，在唱片業，許多唱片公司與 RealNetworks、MP3.com 建立合作關係，以學習如何利用網際網路科技來管理數位化配銷的問題。唱片公司間所形成的 MusicNet 及 Pressplay 策略聯盟也是透過合作來獲得新技術的方式。

方格 4 在此情況下的廠商缺乏因應環境的能力，但是環境對它的威脅不大。

---

❷ KKR 是於 1970 年代起家的美國「融資購併」(LBO: leverage buy out) 公司，公司名稱 Kohlberg Kravis Roberts & Co. 是取名自三個創業者的縮寫，KKR 於 1989 年以巧妙的手法，融資購併美國德州知名的食品集團 RJR Nabisco，而震驚國際金融界。KKR 目前在全世界已擁有 17 兆日圓（約 1,536 億美元）的投資購併實績，繼在美國、英國等投資據點之後，近來積極進軍亞洲，日本及香港的辦事處都預定在半年之內開設，以便展開在亞洲和太平洋地區的合併與收購 (M&A) 業務。

一般而言，在此情況下的廠商應避免探勘，原因是：

- 探勘活動是很昂貴的，因為它需要發展新能力與技術；
- 廠商在新領域缺乏新技術，探勘活動一旦失敗必定付出昂貴的代價；
- 由於環境威脅不大，因此即使不採取探勘活動對廠商的競爭優勢影響亦不大；
- 探勘活動所涉及的技術具有相當程度的不確定性。即使廠商能夠學習到新技術，但是遠景依舊捉摸不定，前途依舊未卜。

綜合以上的說明，廠商應避免採取探勘策略，而改以防衛策略，將資源投入在強化既有的競爭優勢上。

全美三大汽車廠商（通用、福特、戴姆勒克萊斯勒）所面臨的就是典型的方格 4 情況。它們持續的使用其內燃引擎來作為汽車的主要供電來源，因為它們認為雖然新型的電子化混合式燃料引擎目前正在發展之中，但要成為氣候（產業標準）還需一段時日。況且，目前的電池供應汽車的持續力不夠，整體績效也不夠好，所以傳統汽油引擎汽車在數年之內不會被取代。但是我們認為，在未來當新技術成熟之後，這些廠商都必須採取探勘策略。

複習題

1. 試繪圖說明競爭優勢的基礎。
2. 何謂核心能力？核心能力要成為獨特能力必須滿足哪三個條件？
3. 建立及維持競爭優勢的四個主要因素是什麼？
4. 影響企業效率的兩個主要因素是什麼？
5. 試對產品、品質、卓越品質下一個定義。
6. 試解釋全面品管。
7. 試對創新、產品創新、程序創新下一個定義。
8. 何謂顧客反應？何謂顧客反應時間？
9. 試扼要說明影響競爭優勢基礎的因素。
10. 何謂直接效應？何謂連鎖或滿溢效應？
11. 技術通常分為產品技術與製程技術。試分別加以說明。

12. 試比較各產業的新舊技術。

13. 何以對目前配銷通路影響最大的就是網際網路？

14. 產業結構的主要經濟變數的變化會重新界定競爭的本質。試加以說明。

15. 何謂相關產業？何以相關產業會影響競爭優勢的基礎？

16. 政府行動會改變或威脅產業內企業競爭的本質。試加以闡述。

17. 試扼要說明在面對環境變化或受到環境的挑戰時，廠商可以採取哪三種因應策略？

18. 何謂探勘？何謂探勘者？

19. 何謂防衛？何謂防衛者？

20. 收割的目的是什麼？

21. 試說明選擇因應策略的關鍵因素。

22. 試繪圖說明因應策略矩陣。

 練習題

就第 1 章所選定的公司，做以下的練習：

⁂ 試說明此公司競爭優勢的基礎。

⁂ 試說明此公司的核心能力。

⁂ 試說明此公司建立及維持競爭優勢的四個因素。

⁂ 試說明影響此公司競爭優勢基礎的因素。

⁂ 試說明此公司所處產業的新舊技術。

⁂ 試描述此公司受到新型配銷通路（網際網路）的影響。

⁂ 試扼要說明在面對環境變化或受到環境的挑戰時，廠商可以採取哪三種因應策略？

⁂ 試說明此公司選擇因應策略的關鍵因素。

⁂ 試繪圖說明此公司的因應策略矩陣。

第 7 章　事業單位層次策略

本章目的

本章的目的在於說明：

1. 事業單位層次策略與競爭優勢

2. 選擇基本的事業單位層次策略

7.1　事業單位層次策略與競爭優勢

界定一個事業單位 (business unit) 可以利用這三個角度：

- 顧客需求，也就是要滿足顧客的什麼東西；
- 顧客群，也就是要滿足誰的需要；
- 獨特能力，也就是如何滿足目標顧客的需求[1]。

其中，以顧客需求最為重要，因為即使找到了顧客，用盡了各種適當的方法，但是假使顧客需求無法滿足，一切終究是枉然。所以企業應以「顧客需求滿足」的行銷導向，而不是以「產品製造」的生產導向來看事業。我們可以生產導向及行銷導向來看網路行銷公司在界定其事業的例子，如表 7–1 所示。

事業單位層次策略 (business-level strategy)，簡稱事業策略 (business strategy)，其目的在於發展專屬的商業模式，以便在一個市場或產業中比競爭者更能獲得競爭優勢。所謂商業模式 (business model)，簡言之是指為達成某個特定的企業目標的思維過程[2]。對於顧客需求、顧客群及獨特能力的決定，就構成了競爭策略的

---

[1]　D. F. Abell, *Defining the Business: The Strategy Print of Strategic Planning* (Englewood Cliffs, N.J.: Prentice-Hall, 1980), p. 169.

[2]　商業模式有點像你在做專題研究或撰寫學術論文時的「觀念架構」(conceptual frame-

 **表 7-1** 界定事業的導向——生產導向與行銷導向

公 司	生產導向	行銷導向
亞馬遜網路書店 (Amazon.com)	我們銷售書籍、CD、玩具、消費者電子產品、硬體、家庭用品及其他產品	我們創造網路購買的迅速、簡單、愉快經驗——在我們這裡，你可以透過線上交易找到任何想買的東西
美國線上 (American Online)	我們提供線上服務	我們在任何時間、任何地點，創造顧客的連結
迪士尼 (Disney)	我們經營主題公園	我們創造幻想
eBay	我們主持網路拍賣	我們在全世界網路市場上，連結買方與賣方；我們創造一個獨特的社區，使得雙方都可以隨便逛逛、享受樂趣、互相認識
Home Depot	我們銷售工具及家庭維修及改裝用品	我們提供意見及解決方案，使得每個「笨手笨腳」的家庭主婦（主夫）都能成為維修專家
沃爾瑪 (Wal-Mart)	我們經營折扣商店	我們每天以最低價提供給顧客
麗池卡登飯店 (Ritz-Carlton)	我們出租房間	我們創造 Ritz-Carlton 的獨特經驗，景象栩栩如生，顧客心中充滿安逸，實現顧客無從言喻的希望及夢想

資料來源：Gary Armstrong and Philip Kotler, *Marketing—An Introduction*, 6th ed. (Upper Saddle River, N.J.: Prentice-Hall, 2003), p. 49.

基礎，因為這三個向度可勾勒出在一個產業內企業要在何處競爭以及要如何競爭。換句話說，我們可以顧客需求、顧客群及獨特能力來討論競爭優勢。

顧客需求與產品差異化

顧客需求 (customer demands) 就是可藉著產品 (財貨或服務) 的屬性來加以滿足的需要及慾望。在這裡我們要說明需要、慾望及需求的差別。「需要」(need) 是個人感覺到某種基本要求被剝奪的情況。人們對於食衣住行育樂、安全、歸屬、受尊重等都有需要，以生存及「活得有意義」。需要並不是由社會及行銷者所創造的，它們自然的存在於人類的生物系統之內。「慾望」(wants) 是「對於特定滿足物

work)。在此觀念架構中，你會提出一些主張，也就是變數之間的關係。

的切盼，這些特定的滿足物能夠滿足更深一層需要」。例如，我們需要食物，但對漢堡有慾望；我們需要衣服，但對皮爾卡登皮飾有慾望；我們需要受尊重，但對凱迪拉克有慾望。「需求」(demands) 是對於特定產品的慾望，它是受到我們是否有能力、有意願去購買所影響。如果我們有購買能力時，慾望就會變成需求。許多人對於凱迪拉克都有慾望，但只有少數人有能力及意願去購買它。消費者在選擇哪種產品來滿足其需求時，基本上決定於兩個因素：

- 該產品的差異化；
- 該產品的價格水準。

產品差異化 (product differentiation) 的產生，是在產品創造、設計及提供方面，較競爭者更能滿足消費者的需求。產品差異化加上適當的定價策略，就會刺激消費者的需求，進而造成利潤的增加。例如，在豪華汽車市場中，賓士面臨著強勁的競爭者（如 Infiniti、BMW、Jaguar、Lexus、Volvo），然而賓士汽車以其優異的豪華設計及性能，再加上適當的定價（在美國市場，約 35,000 美元），使它滿足了特定市場的需求。同樣的，豐田的 Lexus 汽車也以安靜、可靠而具有差異性。

當然，產品差異化程度愈高，在設計及製造上的成本也會愈高。如果能夠將此增加的成本轉嫁給消費者，而且消費者也願意接受的話，則廠商就會有競爭優勢及利潤。從以上的說明，我們可以了解，差異化的程度及項目（在什麼地方進行差異化，如汽車的式樣、安全性、可靠性、技術設計等）、成本、延伸的價格、顧客需求等都是策略管理者應一併考慮的因素。

顧客群及市場區隔

市場區隔 (market segmentation) 是企業基於消費者的需要及偏好的重要差異，來將顧客分群，其目的在於獲得競爭優勢。將顧客分群或市場區隔的一項重要基礎，就是消費者對於某特定產品具有購買能力及意願。策略管理者必須思考在每個市場區隔內要如何競爭，以及如何獲得差異化優勢。

一般而言，企業可以針對市場區隔採取三種策略：

- 它認為每個顧客群的需要並無不同，而採取滿足每一個顧客的策略。這種策略又稱為綜合式目標市場法 (combined target market approach)；

● 它認為每個市場區隔是不同的，而針對每一個市場區隔發展不同的產品，以分別滿足他們的需求。這種策略又稱為多種目標市場法 (multiple target market approach)。例如，新力公司製造了二十四種不同的十九吋彩色電視，每一款針對不同的市場區隔；

● 它認為每個市場區隔是不同的，但只選擇滿足一個（或若干個）市場區隔的需求。這種策略又稱為單一目標市場法 (single target market approach)。例如 BMW 針對豪華汽車的市場區隔策略。

以多種產品提供給多個市場區隔的策略（多種目標市場法）可使企業滿足比較多的顧客需求。如果再以合宜的價格來配合，則消費者的總體需求會上升，而企業也必然獲得更為豐厚的利潤（相較於綜合式目標市場法而言）。

由於某些產品特性或產業特性（如化學品業、水泥業）的緣故，差異化不太可能產生。在這些產業中，透過產品差異化或市場區隔，幾乎無法獲得競爭優勢，因為以不同的方式來滿足客戶需求的機會非常渺茫。在這種情況下，價格便成為評估產品的重要基礎。而任何只要能提供優異的效率、較低的價格（反映在成本結構上）的廠商，必能獲得競爭優勢。

獨特能力

事業單位層次策略的第三個議題是決定要創造及建立什麼獨特能力以滿足特定顧客的需求，進而獲得競爭優勢。企業可以獲得獨特能力的基礎包括：優異的效率、品質、創新及顧客反應。策略管理者在選擇事業單位層次策略時，要思考如何組織及整合效率、品質、創新及顧客反應來獲得競爭優勢。

商業模式

企業實施事業單位層次策略的目的，在於獲得競爭優勢，進而獲得高於產業平均水準的獲利性。在思考如何獲得競爭優勢時，策略管理者必須做出這些決定：

● 如何對產品加以差異化及定價；

● 在何時及如何區隔市場以創造最大的市場需求；

- 在何處及如何做資本投資以獲得獨特能力，並在適當的成本水準下向顧客創造最大的價值。

以上的三個因素不僅決定了應採取何種事業單位層次策略，而且也決定了應採取哪些功能層次策略。事業單位層次策略可以說是商業模式的主要決定因素。

圖 7–1 顯示了事業單位層次策略的商業模式。事業單位層次策略的商業模式 (business-level business model) 說明了各變數的動態變化性。某產品在差異化之後會增加顧客的認知價值，因而增加了此產品的市場需求。需求增加會造成規模經濟，進而造成成本的下降。因此，從以上的觀點來看，差異化會降低成本。然而，差異化需要額外的資源支出（例如，為了改善產品品質、提高客戶服務水準，需要人員、資金、技術的投入），因此也會造成成本的上升。

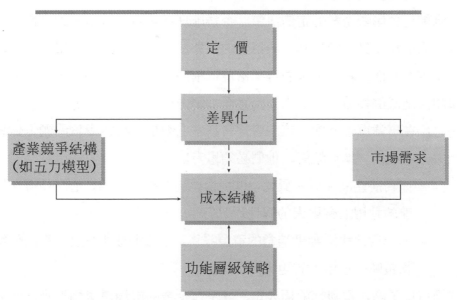

資料來源：Charles W. L. Hill and Gareth R. Jones, *Strategic Management Theory: An Integrated Approach*, 6th ed. (Boston, MA: Houghton Mifflin Company, 2004), p. 155.

圖 7–1 事業單位層次策略的商業模式

為了達到獲利極大化的目標，策略管理者必須選擇一個適當的價格水準，而在此價格水準下既可抵銷由於差異化所造成的成本上升，又不會高到使顧客裹足

不前（拒絕購買）。策略管理者也必須考慮如何壓低成本，但又必須同時考慮到不要因為一心想要壓低成本而使得差異化窒礙難行。功能層次策略的有效實施，可以幫助解決這些兩難的情況。例如，電腦化人力資源系統、顧客關係管理、彈性製造系統、剛好及時系統、網際網路電子商務的策略運用等。

在圖 7-1 中的另外一個重要動態因素就是產業競爭結構或五力模型（詳見第 2 章），此競爭結構會影響企業的差異化、成本結構以及定價。例如，在競爭者如林、潛在進入者威脅不斷的產業環境中，企業的策略選擇必須要考慮到差異化、成本結構以及定價。有時，當競爭者開始提供新產品（具有新的功能或特性）時，企業也會被迫加強產品的差異化。如果競爭者決定進入一個新的市場區隔，企業也會被迫跟進。

在成本方面，產業競爭會增加企業的成本，因為實施差異化的緣故。競爭者的價格水準也會影響企業的定價決策。企業應仔細考慮在競爭者的定價水準下，企業的定價能夠抵銷由於差異化所衍生的額外成本嗎？在同時考量差異化、成本結構以及定價方面，戴爾電腦做得相當值得稱許。戴爾電腦的客製化服務配合其低價策略，造成許多競爭者的損失，甚至被迫退出市場。

總之，在事業單位層次，策略管理者基本上總是環繞在兩個問題上做思考：差異化與成本結構。換句話說，他們必須思考：

- 如何將產品加以差異化，以提供更高的顧客價值，進而使得在價格策略的運用上有更大的彈性；
- 如何對功能活動做適當的資源投資，以獲得成本優勢，進而使得在價格策略的運用上有更大的彈性。

我們可以了解，獲利性的極大化，就是在企業的市場需求情況及產業競爭情況下，如何在價值（由於差異化所造成）、成本及定價之間取得適當的平衡或做正確的選擇。

7.2　選擇基本的事業單位層次策略

基本的事業單位層次策略 (generic business-level strategies) 有五種：成本領導

策略、差異化策略、成本領導與差異化策略、集中差異化策略、集中成本領導策略，如圖 7-2 所示。基本的事業單位層次策略又稱為基本競爭策略 (generic competitive strategies)。實施基本競爭策略的主要目標在於獲得競爭優勢。然而什麼是競爭優勢？我們從這個例子來了解：兩位男士興沖沖的跑到美國西部探險。忽然看到遠方出現一隻北美大熊，龐大的身影正向他們逼近。其中一人趕緊從背包中摸出一雙球鞋，然後坐下來，準備穿上。另一人看在眼裡，大惑不解問道：「你瘋了嗎？難道你以為可以比那隻大熊跑得快？」那位先生穿好球鞋，站起來，拍拍屁股上沾著的泥土，說道：「我不需要跑得比大熊快，我只要跑得比你快。」

	針對某類顧客群提供產品	針對多類顧客群提供產品
向顧客提供低成本產品	集中成本領導策略	成本領導策略
向顧客提供獨特產品	集中差異化策略	差異化策略

資料來源：Charles W. L. Hill and Gareth R. Jones, *Strategic Management Theory: An Integrated Approach*, 6th ed. (Boston, MA: Houghton Mifflin Company, 2004), p. 167.

圖 7-2 事業單位層次的基本策略

這些策略之所以稱為是「基本的」的原因在於：
- 所有的公司或事業單位，不論是製造商、服務業者、或非營利機構都應追求這些策略；
- 不論產業環境如何，均應追求這些策略。

這些基本策略的基本特性主要是在產品、市場及獨特能力上的不同，如表 7-2 所示。

表 7-2 產品／市場／獨特能力與基本的競爭策略

	成本領導策略	差異化策略	集中策略
產品差異化	低到中（主要來自於價格）	高（主要來自於獨特性）	低或高（主要來自於價格或獨特性）
市場區隔	低（大量市場）	高（許多市場區隔）	低（一個或若干個市場區隔）
獨特能力	製造及物料管理等	研發、行銷	任何種類的獨特能力

資料來源：Charles W. L. Hill and Gareth R. Jones, *Strategic Management Theory: An Integrated Approach*, 6th ed. (Boston, MA: Houghton Mifflin Company, 2004), p. 156.

成本領導策略

在追求成本領導策略 (cost leadership strategy) 所建立的商業模式，就是比競爭者有更低的成本結構。企業的成本結構比競爭者還低，就會獲得競爭優勢以及高於產業平均水準的獲利率。實施成本領導策略的主要優點是：在同一產業爭取同一市場的競爭者之間，在同一價格水準之下，成本領導廠商（採取成本領導策略的廠商）其競爭優勢必然較大、獲利率也必然較高。或者，以較低的價格向顧客提供同樣的價值，就會比競爭者獲得更大的顧客滿意並吸引更多的顧客。如果競爭者以更低的價格企圖挽回流失的顧客，則以低價回應的成本領導廠商必然能保住這些顧客。企業如何能成為成本領導廠商？顯然企業在產品、市場及獨特能力上做了適當的選擇。

策略運用

相較於競爭者而言，成本領導廠商會選擇低到中度的產品差異化。差異化是所費不貲的。企業在差異化方面投注的資源越多，成本就越高。成本領導廠商會對於產品做某種程度的差異化，以至於不會比差異化廠商（採取差異化策略的廠商）遜色太多。但是，成本領導廠商又不能在差異化上做過多的努力，以至於使成本大幅上升。成本領導廠商絕不是在差異化上面做產業的先鋒，而是在觀望某產品確實有市場之後，才做資源的投入。

成本領導廠商常會忽略產業中許多其他獨特的市場區隔。它會將自己定位成

一個「吸引一般消費者」的廠商。原因何在？為不同的市場區隔提供不同的產品必然會衍生許多成本。基本上，成本領導廠商是針對大量市場，但是有時候它也可以選擇若干個市場區隔，以少樣多量的產品來吸引這些市場區隔的一般消費者。雖然這些消費者所買到的東西未必能百分之百的滿足他們的需求，但是由於價錢偏低所以也不會抗拒。

在發展獨特能力方面，成本領導廠商的基本目標是放在增加效率、降低成本上。在行銷、製造、物料管理、網際網路科技的有效運用有助於達成目標。例如，成本領導廠商可利用行銷資訊系統、彈性製造系統、物料需求計畫、剛好及時系統、企業資源規劃、供應鏈管理（詳見第 2、3 章）等來降低成本、增加效率。

例如，行銷人員可利用顧客關係管理、行銷資訊系統與優異的專業銷售能力，與顧客建立長期穩定的關係。在這種情況下，製造就可以做有效的長期生產計畫，並且可以獲得製造上的規模經濟，進而使成本降低。戴爾電腦向其線上顧客提供有限的產品組合選擇，因此就可以低成本提供客製化服務。

對於採取成本領導策略的廠商而言，如何以低成本提供客製化產品及服務是一項重要的任務。人力資源功能必須著重於訓練計畫及報酬（誘因）制度，以便透過人員生產力的提高來降低成本。研發功能必須注重製程改善以減少製造成本。成本領導廠商也必須充分利用資訊科技來減少產品從製造商到顧客手中的成本，如沃爾瑪的做法。戴爾電腦利用網路行銷（利用網際網路的行銷）來減低電腦銷售成本。在策略執行階段（第 11、12 章）也必須考慮到成本因素，因為組織結構構成了成本的主要項目。

◤ 優勢與劣勢

我們可以用波特的五力模型來分析基本競爭策略。如第 2 章所述，五種力量分別是：新競爭者的加入、替代品的威脅、購買者的議價能力、供應商的議價能力，以及競爭者。成本領導廠商可因為成本優勢而不受到競爭者的威脅。低成本也表示當成本領導廠商遇到議價能力強的供應商而被迫提高原料價格時，比較能夠不受競爭者威脅（不必同步調高產品價格）。由於成本領導廠商是製造少樣多量的產品，所以通常需要大的市場佔有率來支持，所以它會以大量採購的方式來進貨，如此一來不僅可獲得進貨折扣，而且對供應商也比較具有議價能力。如果替

代品出現，成本領導廠商可以降低價格來競爭，以保持原來的市場佔有率。最後，成本領導廠商本身就構成了進入障礙，因為新競爭者（潛在進入者）無法在成本上與之抗衡。因此，假使成本領導廠商能一直保持成本優勢，則必定能在產業中穩如泰山。

　　成本領導廠商的主要風險在於競爭者也找到了降低成本的方法，並且在這個賽局中打敗了成本領導廠商。例如，技術的改變使得原有的經驗變得老舊過時（經驗曲線失去效果）、原有的做法變得無用武之地。競爭者也可能在人力成本的節省上獲得成本優勢。由於第三世界（如馬來西亞、中國）廠商的勞工成本約為美國的六百分之一，許多美國廠商紛紛將製造作業外包這些國家。

　　競爭者的模仿也會構成成本領導廠商的一大威脅。例如，若干中國廠商經常將日本廠商如新力、國際牌的產品加以拆解，在了解其設計原理及裝配方法之後，再利用中國自製的組件加上廉價勞工，就可以製造更便宜的錄放影機、收音機、電話及 DVD，橫掃美國市場。

　　最後，在嚴格的成本領導策略實施之下，策略管理者可能會「見木不見林」，也就是說只顧壓低成本而忽略了其他重要的事情。例如 Gateway 電腦公司為了壓低成本而減少客戶服務（如果客戶在其電腦上安裝非 Gateway 產品，則不再提供這些額外的服務），結果使得客戶怨聲載道，揚言拒絕往來，所幸管理當局及時警覺，恢復原來的全方位服務。又如，某公司為了監督員工的生產力，而額外的雇用了一些稽查員，又怕這些稽查員沒有善盡其職，又聘請了數名上級指導員。結果因小失大，為了減低成本反而衍生更多的成本。

意　涵

　　要成為百分之百的成本領導廠商，策略管理者必須投注相當大的努力，他們必須將最新的資訊、物料管理技術、製造技術納入在其作業之中，並尋找降低成本的新方法。採取成本領導的商業模式是一個永無止境的經營循環，必須精益求精的不斷思考此商業模式的適切性，並不斷的隨著環境的變化做適當的調整。

　　產業的競爭者會虎視眈眈的注意成本領導廠商的一舉一動，企圖藉著模仿學習，自己也能成為一個具有成本優勢的廠商。同時，差異化廠商（採取差異化策略的廠商）不會坐視成本領導廠商長期的佔盡低成本的優勢，因為成本領導廠商

可利用所獲得的利潤走向差異化之路（這種做法稱為向上延伸），進而對差異化廠商構成莫大的威脅。例如，本田汽車公司在開始時是成本領導廠商，製造一些只是具有基本功能、價格又便宜的汽車。但當汽車銷售業績蒸蒸日上並獲得利潤之後，便投資生產多功能的高品質汽車，在每個市場區隔採取差異化策略，同時仍然保持低成本優勢。今日的本田公司可以說既是成本領導廠商，又是差異化廠商。

成本領導廠商也必須注意差異化廠商的策略動向，並盡速將新產品的功能及品質納入到現有的產品之中。例如，即使像產銷天美時手錶、Bic 刮鬍刀這樣低價產品的廠商，也不能讓高檔的精工錶、吉列刮鬍刀專美於前，佔盡差異化的優勢，而應將其新功能，如精工錶的液晶顯示、吉列的四片設計，納入在其低價的產品之中。

⬤ 差異化策略

企業實施差異化策略 (differentiation strategy) 的目的在於創造獨特的產品（包括財貨及服務），也就是顧客在產品的重要屬性上認知不同或獨特的產品，以建立競爭優勢。由於能夠做到競爭者望塵莫及的事情，因此差異化廠商就可以設定較高價格，進而獲得較高的利潤（不像成本領導廠商是藉著低成本來獲得利潤）。顧客為什麼願意接受較高的價格？因為他們認為值得花費較高的價錢來獲得差異化特性，例如，賓士轎車的品質、地位。差異化廠商的定價是目標顧客所願意支付的（或所能忍受的）最高價格。

✍ 策略運用

差異化廠商是藉著提供高度差異化的產品來獲得競爭優勢。造成顧客的心理利得（如獲得尊嚴、地位）、提供家居及家庭安全、讓顧客享有難忘的購物經驗也都是差異化的做法。差異化也可以針對人口統計變數（如族群、年齡等）來實施。

產品差異化 (product differentiation) 來自於品質、創新與顧客反應。在品質方面，例如，寶鹼公司 Ivory 香皂的純度（號稱具有 99.44%）、Maytag 洗衣機的可靠性及維修服務、IBM 的高品質專業服務。在服務業，服務品質尤其重要。對於會計師事務所、律師事務所、顧問而言，所謂服務品質是指知識、專業與名聲。在創新方面，對於技術複雜的產品而言，創新是主要的差異化來源，例如，微軟

公司的視窗作業系統、具有錄放功能的手機等。當差異化是基於顧客反應時，企業必須提供完整的售後服務及產品維修。對於複雜的、經過一段時間會經常出現狀況的產品（如汽車、家電等），售後服務尤其重要。Maytag、戴爾電腦、BMW都是在顧客反應方面做得相當出色的公司。

當企業採取差異化策略時，要盡可能的在各方面進行差異化。例如，BMW不僅在地位的提供上具有差異性，而且也在高級技術應用、豪華、可靠性及維修服務上造成差異化。差異化的提供愈是具有原創性、獨特性，就愈能具有持久的優勢地位。

一般而言，差異化廠商會將市場區隔成若干個利基市場。在每個利基市場，差異化廠商如能夠吸引愈多願意付出高價的顧客，則獲利愈高。在實務上，差異化廠商會選擇一個（或幾個）最具有利潤的市場區隔。例如，新力公司製造了24款電視，價格範圍從低價、中高價到高價，但它卻選擇了低價市場（即使低價也比同業高出60美元）作為利基市場，因為在此市場區隔有更多的消費者願意支付此價格，因此獲利最高。

在實施差異化時，差異化廠商必須著重企業功能，因為這些功能在差異化上扮演著關鍵性角色。由創新及技術能力所創造的差異化是源自於研發功能。顧客服務的改善取決於行銷人員的品質。

值得注意的是，在發展獨特能力以獲得差異化優勢時，會使差異化廠商產生比成本領導廠商更高的成本結構，因此差異化廠商不能忽略成本控制（尤其是對差異化無貢獻的活動成本）。差異化廠商必須仔細觀摩成本領導廠商的營運方式，並從中學習具有成本節省功能的創新活動。換句話說，差異化廠商要能夠做到在提供差異化的產品及服務時，又能兼具低成本優勢。不然的話，差異化廠商所定的價格會超過顧客所願意支付的水準，而且面臨成本領導者向上延伸的威脅。

優勢與劣勢

我們可用五力模型來分析差異化的優勢。差異化對於企業而言是防禦競爭者挑釁的橋頭堡，因為差異化可以造成顧客的忠誠。供應商的議價能力對於差異化廠商而言不會造成問題，因為差異化廠商是以高價（而不是低成本）來獲得利潤。再說，差異化廠商可將原料成本的上升轉嫁給顧客，因為顧客願意為產品的獨特

性付出高價。因此，差異化廠商比成本領導廠商更能忍受資源因素成本的上漲。差異化廠商也不太可能經驗到議價能力強的顧客所帶來的問題，因為差異化廠商所提供的是獨特的產品。顧客的忠誠也會造成潛在競爭者（新進入者）的進入障礙。新進入者必須付出昂貴的代價才會具有獨特能力、建立穩固的忠誠顧客基礎。最後，替代品威脅的程度取決於競爭者發展類似產品以滿足顧客需求、破壞顧客忠誠的能力。在產業中這種現象非常普遍，例如，電話公司受到光纖電纜、人造衛星、網際網路的威脅。

　　差異化策略的主要問題，在於策略管理者是否能長期的保持產品的認知差異，以及產品在消費者心目中的獨特性。在實務上，競爭者的模仿已是屢見不鮮，在零售業、電腦業、汽車業、家電業、通訊業、醫藥業尤其明顯。專利權只能保護一段期間（通常是五十年），先驅者的優勢也不會長久，當所有的競爭者都能提供相同的優異性時，顧客的品牌忠誠就會受到考驗。

　　如前述，差異化的劣勢在於競爭者的競相模仿，造成差異化廠商無法再設定高價。就模仿的情況而言，如果差異化來自於產品特性或實體設計，則競爭者就相對的容易模仿，但如果差異化來自於服務品質或無形資產（如聯邦快遞的使命必達，或勞力士手錶的地位形象等），則競爭者就不容易模仿。因此，差異化要持久的話，必須要在無形因素上造成獨特性。

　　亞馬遜網路書店 (www.amazon.com) 在成立後的前三年，其銷售成長的快速令人嘖嘖稱奇。在 1997 年的銷售成長是 1996 年的 8 倍。其競爭對手邦諾書店 (Barnes & Noble) 披星戴月的花了一年半的時間，才成立了網路書店。在邦諾書店跨入電子商務的那一年，亞馬遜網路書店早已是線上銷售的龍頭。雖然由於環境、經營及其他因素使然，亞馬遜網路書店於 1998 年仍處於虧損狀態，但是它卻控制了 75% 的線上書籍銷售，而且在 1998 年中期至少和 10,000 家公司建立了商業夥伴關係。邦諾書店亦非等閒之輩，它建立了「企業對企業」(B2B) 應用，使得只建立「企業對顧客」(B2C) 應用的亞馬遜網路書店相形失色。除此之外，邦諾書店也購併了幾家外國公司，並在其產品線組合策略中加入了 CD 產品及其

他產品。為了增加其競爭優勢，邦諾書店成立了獨立的公司，處理所有的線上交易活動，包括「企業對企業」(B2B) 的應用在內。我們可以預見，亞馬遜網路書店及邦諾書店之間的競爭將日形白熱化，它們之間的新點子及把戲將層出不窮，我們且拭目以待。無可否認的，網路書店由於配銷成本的降低，可向顧客提供 40% 折價的書籍，因此受惠最多的還是網路消費者。從以上的網路行銷的個案中，我們可以發現低成本與差異化兼得的因素：(1)降低購買者的搜尋成本 (search cost)。電子化市場可降低搜尋產品資訊的成本。這種情形對於競爭有著重大的影響。消費者的搜尋成本降低之後，就會間接的迫使賣方降價、改善顧客服務。(2)加速比較。在網路的環境下，顧客可以很快、很方便的尋找到廉價的產品。顧客不必再一家一家的逛商店，只要利用購物搜尋引擎 (shopping search engine)，就可以很快的找到所要的東西並做比價。因此，線上行銷者如能向搜尋引擎提供資訊，將使自己（以及顧客）受惠無窮。(3)差異化。亞馬遜網路書店向顧客所提供的服務是傳統書店所沒有的，例如，與作者溝通、提供即時的評論等。事實上，電子商務可使產品及服務做到客製化 (customization)。例如，亞馬遜網路書店會不定期的利用電子郵件通知讀者他們所喜歡的新書已經出版了。差異化會吸引許多顧客，同時顧客也會願意因為享受差異化而多付些錢。差異化減低了產品之間的取代性。因此在差異化策略中的降價措施對市場佔有率不會造成太大的衝擊。(4)低價優勢。亞馬遜網路書店可以較低的價格競爭，是因為其成本較低之故（不必負擔實體設備，只要保持最低存貨量即可）。某些書本的成本降低了 40%。(5)顧客服務。亞馬遜網路書店提供了優異的顧客服務，這些服務都是重要的競爭因素[3]。

◎ 兼得低成本與差異化──物美價廉

成本領導與差異化策略能夠同步實施嗎？換句話說，企業可以兼得低成本與差異化的優勢，而顧客可以買到價廉物美的產品嗎？由於製造技術的進步、資訊

---

[3] Efrain Turban, et al., *Electronic Commerce: A Managerial Perspective*, International Edition (Upper Saddle River, N.J.: Pearson Education Inc., 2004), p. 603.

及網路科技的一日千里，企業對於成本領導與差異化策略的選擇也愈來愈不需要取捨（二擇一）。由於以上原因，成本領導廠商可將其產品加以差異化，而差異化廠商可以降低成本，這些廠商都可以提供物美（差異化結果）價廉（低成本結果）的產品。由此可以想見，廠商之間的競爭將更趨白熱化，而競爭優勢的維持也愈來愈短。

策略意圖 (strategic intent)

日本廠商如何能提供全球性物美價廉的產品？首先，基本上，日本廠商具有強烈的策略意圖 (strategic intent)，也就是對於獲得競爭優勢有旺盛的企圖心及執著，成為競爭的贏家是永無止境的目標。根據策略大師漢莫 (Gary Hamel) 等人的看法：「日本廠商充分的了解到，競爭優勢很少是恆久的。目前獲得的競爭優勢並不保證能創造新的優勢。策略的本質在於創造明日的競爭優勢，使得競爭者措手不及，即使競相模仿，也終究是望塵莫及。企業必須精益求精，追求競爭優勢是永無止境的奮鬥目標❹。」

機器人技術

機器人技術 (robot technology) 對於企業提供物美價廉的產品也有相當的貢獻。美國機器人協會 (Robot Institute of America) 將機器人 (robot) 定義為「一個可以重複程式化、具有多功能的操縱者，透過各種程式的控制，以各種方式抓握及移動各種物件、零件、工具」。工業機器人，或稱鋼領工人 (steel-collar worker)，可以算是最進步的自動化科技。它是可程式化的 (programmable)、具有彈性的 (flexible) 機器，可依各種指示做各種事情。在美國的汽車業約有一半工廠採用機器人，在 2000 年時所有的工廠都會實施全盤的自動化。由於技術的不斷改良，再加上使用的經驗累積，未來機器人的價格可望降低，而能力也會不斷提升。自從機器人被用在汽車製造以來，在其他的工業界也嶄露頭角。美國、日本、義大利、德國、瑞典及英國的汽車製造商莫不不遺餘力地增加機器人的生產力與品質。在美國汽車業工人的平均工資為每小時 15 美元，而機器人的操作成本每小時為 4.8

---

❹ Gary Hamel and C. K. Prahalad, "Strategic Intent," *Harvard Business Review*, May/June 1989, p. 69; Gary Hamel and C. K. Prahalad, "The Core Competence of the Corporation," *Harvard Business Review*, May/June 1990, pp. 79–91.

美元，而且又沒有大罷工之虞。1980 年代機器人在銲接、噴漆及鍛鐵等這些「基本動作」方面仍然扮演著不可或缺的角色。事實上，機器人在日本產業所發揮的功能大多是技術上比較簡單的動作。在下列的工作型態中機器人最可能發揮它的功能：

- 危險的工作環境，或是以人工操作很容易受傷的環境；
- 日夜必須換班的工作；機器人可以不停的運作；
- 單調枯燥的工作；
- 易使人疲倦的工作；以一天而言，生產力會越來越低的工作；
- 作業人員容易犯錯，或產品損壞率很高的工作。

資料庫行銷

此外，組件的標準化作業、剛好及時系統以及網際網路資訊科技（如網際網路化資料庫行銷）均可使企業降低成本、增加差異化。資料庫行銷 (database marketing) 是組織（包括營利組織、非營利組織）以資訊科技為基礎的行銷方式。例如，組織蒐集目前的、潛在的顧客的有關資料，建立包括顧客的人口統計資料、偏好、興趣、購買行為、生活型態等資料庫，並可以利用統計分析與模式技術，對資料進行分析，所分析的結果可以支援行銷計畫，以維持與顧客的長期良好關係。資料庫行銷在支援行銷作業的效率上，有三個主要的應用方面：

- 利用統計分析方法來分析顧客資料，以引發相關的銷售行為；
- 對銷售結果加以評等及追蹤、衡量媒體促銷活動所產生的銷售成果；
- 利用資料庫來提供銷售支援及顧客服務，例如發行小冊子或舉辦研討會說明如何發揮產品的功能及新應用，或者利用資料庫來完成訂單追蹤、幫助顧客解決問題。

企業如何利用資料庫行銷來支援戰術面及策略面的行銷組合決策呢？表 7–3 說明了這些情形。

表 7-3 資料庫在行銷戰術及策略上的支援

策略運用\\行銷組合及功能	戰術決策	策略決策
產　品	依照產品線及地區別等進行銷售額及損益兩平分析	進行趨勢分析，以協助預測及產品發展
定　價	分析各產品、市場區隔的價格敏感度	產品線之間的定價
促　銷	擬定促銷計畫 評估媒體計畫	各媒體別的促銷計畫
通　路	對經銷商的促銷 製造商及經銷商對潛在及現有顧客的聯合促銷	通路、經銷商的效果評估
爭取顧客	從外部資料庫描述顧客的特質	增加對顧客的獲利力分析
顧客服務	顧客可在線上使用資料 更快、更精確的處理及完成訂單	客戶往來、滿意度分析
銷售團隊	對個別的銷售地區及業務員進行獲利力分析 進行銷售之前的引發及追蹤計畫 協助業務員進行服務及拜訪	提高生產力計畫
顧客關係維護	對顧客的特定促銷	非銷售性的溝通
行銷研究	緊密控制樣本 獲得更高的回收率	建立動態的分析模式

資料來源： M. L. Robert, "Expanding the Role of the Direct Marketing Database," *Journal of Direct Marketing*, 6, No. 2, 1992, pp. 51–60.

大量客製化

大量客製化 (mass customization) 是指大規模製造消費者所訂做的產品和服務。資訊系統可使製造程序更具彈性，因此就可以製造符合個別需求的產品。大量客製化是廠商能夠增加產品與服務的差異性又能夠減低成本的策略能力。

例如，軟體和電腦網路可以緊密的將工廠與訂單、設計、採購連結在一起，並可精密的控制製造設備或機具，在不因生產規模不大而增加成本的情況下，製造出多樣化、客製化的產品。例如，李維牛仔褲 (Levi Strauss) 以在其店面增設了

一個稱為「原始紡織」(original spin) 的服務，顧客可以依照自己的規格設計牛仔褲，而不是從貨架上挑選已經設計好的牛仔褲。顧客將自己的尺寸數據輸入電腦後，系統就會透過網路將這些資料傳到工廠。工廠可以在製造標準化產品的同一條生產線上製作顧客所訂做的牛仔褲。這種作法不會產生額外成本，因為這個製造過程不需要額外的倉儲管理，也不會產生生產過量的問題。

　　大量客製化可兼具低成本與差異化的優勢，同時可避免其負面效果。大量客製化如果能充分發揮功能的話，可使企業對於顧客需求做迅速的反應、創造最佳的價值解決方案，並有高度的彈性。要實現大量客製化必須要靠高級的科技、新型的通路，並發展行銷技能以便向更小的市場區隔提供產品及服務。

　　如果競爭者能夠以低成本提供一系列的價值，則廠商的差異化策略便會處於劣勢。但如果實施大量客製化，就可以避免在成本領導與差異化之間做取捨的兩難局面。實現大量客製化的驅動因素有：

- 高級製造技術（見第 5 章）；
- 產品的模組設計。所謂模組 (module) 是指混合或配合各種不同元件、產品特性以產生客製化產品；
- 新型配銷通路（如以網際網路作為通路）；
- 市場區隔技術及工具的應用，如資料採礦。高級的資料採礦 (data mining) 軟體工具可從許多資料中找出軌跡（型式），並做推論。這些軌跡及推論可被用來引導決策及預測決策的效應❺。

集中策略

　　集中策略分為成本集中 (focus low-cost) 與差異化集中 (focus differentiation)。這兩個策略是針對特定的市場區隔或利基。基本上，這些市場區隔可以用地理區域、顧客類型、產品線項目來加以區分。例如，地理區域可用地區或坐落地點來區分，顧客類型可分別以富有者、年輕人或冒險者來區分，產品項目可以用素食、

---

❺　有關資料採礦的詳細討論，可參考：榮泰生著，《管理學》（臺北：三民書局，2004），第 5 章。

超高速跑車、高檔服飾、太陽眼鏡來加以區分。採取集中策略的廠商在某一方面都有其專精之處。

一旦選擇了特定的市場區隔之後，集中廠商（採取集中策略的廠商）就會使用成本領導或差異化來將自己定位。在本質上，集中廠商是專精的差異化廠商或成本領導廠商。一個成本集中廠商（採取成本集中策略的廠商），會和成本領導廠商在某一市場區隔內競爭，而在此市場區隔內，成本集中廠商不會有成本劣勢。例如地區性的木材、水泥、會計師事務所、pizza 店，其運輸成本會比全國性的成本領導廠商還來得低。成本集中廠商會專注於具有成本優勢的少量定做產品，如低價的墨西哥餐，而成本領導廠商會生產大量的標準化產品，如麥當勞的大麥克（Big Mac）。

差異化集中廠商（採取差異化集中策略的廠商）會採取差異化廠商所採取的策略。差異化集中廠商與差異化廠商只在一個（或若干個）市場區隔內競爭。例如，差異化集中廠商保時捷只在跑車這個市場區隔內與通用汽車競爭。差異化集中廠商會有能力發展高品質的差異化產品，因為：

- 他們非常了解小範圍的顧客群（如跑車買士）；
- 他們對於所在地區相當熟悉；
- 他們具有特殊領域（如公司法、管理諮詢、網站的設計與管理）的專業技術。

就因為如此，差異化集中廠商的創新速度會比差異化廠商來得快。

差異化集中廠商並不企圖以所有的市場區隔為目標市場，因為這樣做的話會與差異化廠商直接競爭。事實上，差異化集中廠商會在某一市場區隔內，鞏固並提高其市場佔有率。如果在此市場區隔內做得有聲有色，才會向其他市場區隔進軍，以侵蝕差異化廠商的市場版圖。許多小型的軟體公司在委外製造（外包）市場上佔有一席之地，就是因為其差異化集中策略運用得當的結果。

如表 7-2 所示，產品、市場及獨特能力對於集中廠商都有重要意涵。對於集中廠商而言，產品的差異化程度可以高，也可以低，因為集中廠商可以成為成本集中廠商或差異化集中廠商。至於市場（顧客群）方面，集中廠商會選擇特定的利基來競爭，而不像針對廣大市場的成本領導廠商，或者針對許多市場區隔的差

異化廠商。

集中廠商可以培養任何種類的獨特能力，因為它可以追求任何種類的差異化及成本優勢。例如，它可以低成本製造或在某一地區實施網路行銷來獲得優異的效率及成本優勢，它也可以基於某一地區的特殊需求來發展服務顧客的優異技術。

由於集中廠商可以發展競爭優勢的途徑有很多，這也說明了中小型企業林立的原因。在臺灣，約 95% 的企業屬於中小型企業。集中廠商有無窮的機會來發展其利基，並與成本領導廠商、差異化廠商來抗衡。許多今日的創業家也是因為早年發現到市場空隙（消費者需求未被滿足的地方）進而發展創新產品而發跡。今日的許多大型企業早年也是篳路藍縷的集中廠商。

企業擴張的一種方法就是購併或接管集中廠商。例如，全球最大的路由器製造商思科系統公司 (Cisco Systems) 其經營範圍之所以如此龐大，就是因為先後購併了許多小型的軟體公司。思科的管理當局認為，這些小型公司的專業知識及技術，使公司成為獨步全球的差異化廠商。在電子商務逐漸飽和、許多企業已經被迫退出市場的今日企業環境中，思科公司還是一枝獨秀。

優勢與劣勢

集中廠商的競爭優勢源自於其獨特能力，也就是效率、品質與顧客反應。我們可以用五力模型來分析集中廠商。集中廠商不會受到競爭者威脅，因為它能夠提供競爭者所無法提供的產品。這種情況也會使得集中廠商相較於供應商其議價能力低，因為集中廠商無法從其他來源來獲得原料供應，以及其購買量相對的少。然而，只要集中廠商能夠將成本的上漲轉嫁給忠誠的顧客，則上述的劣勢應該不會造成太大的問題。潛在進入者（新進入者）要能克服集中廠商所建立的顧客忠誠，才有機會進入此產業。忠誠顧客也減少了替代品對於集中廠商的威脅。以上的五力模型分析顯示，集中廠商可以獲得高於產業平均水準的投資報酬率。集中廠商的另外一個優點就是它可以接近顧客，並對顧客的需求改變做迅速的適當反應。差異化廠商在經營多個市場區隔的困難是集中廠商所無法體會的。

由於集中廠商從事少量生產，因此其成本結構會高於成本領導廠商。如果集中廠商被迫在發展獨特能力上做大量投資（如昂貴的創新）以便和差異化廠商競爭的話，則其較高的成本結構會減低其獲利性。但是如果集中廠商能夠採用彈性

製造系統的話，就可以較低的成本生產少量的產品。結果使得小型的專業企業在某一特定的市場區隔與大型企業競爭時，在成本優勢上毫不遜色。

由於科技進步一日千里、消費者偏好改變如家常便飯，集中廠商的利基會突然消失於無形。不像比較一般化的差異化廠商，集中廠商無法輕易的移向另外一個市場利基，因為集中廠商已經將其資源及獨特能力全力投注在一個（或有限個）市場區隔上。例如，以製作正式西服為名的 Brooks Brother 服裝公司，在上班族漸漸的喜歡在辦公場所穿著輕便的商業服裝之後，生意一落千丈。由於 Brooks Brother 服裝公司不能適應新的市場需要，最後慘遭被收購的厄運。

最後，差異化廠商也會藉著提供能夠滿足顧客類似需求的產品，在集中廠商的市場利基上與之競爭。例如，通用汽車的新款中型凱迪拉克、福特汽車的新款中型 Jaguar 就是衝著 Lexus、BMW 及賓士來競爭的。集中廠商有時是蠻脆弱的，它必須不斷的防衛其市場利基。

◉ 嵌在中間

企業要有成功的競爭定位的話，必須在產品、市場及獨特能力上做適當的搭配。成本領導廠商不能像差異化廠商一樣，針對每一個（或多個）市場區隔提供多樣的產品，因為這種策略選擇會使它的成本優勢喪失殆盡。同樣的，一個具有創新能力的差異化廠商如果企圖削減其研發費用，或者一個具有顧客反應優勢的差異化廠商企圖縮編其客服人員，結果必定因為喪失其獨特能力而使得其差異化優勢消失於無形。

要使事業單位層次策略發揮功效的話，企業必須持續的審視商業模式（圖 7-1）中的所有因素。許多企業由於疏忽或思考不周，對於所選擇的基本競爭策略沒有周密規劃，因此很容易會被「嵌在中間」(stuck in the middle)，進而使得其獲利率低於產業平均水準，而且在產業競爭日趨激烈時更是不堪一擊。

「嵌在中間」的企業在開始時是採取成本領導策略或差異化策略，但漸漸的由於無法因應詭譎多變的環境或者資源分配的決策錯誤，以至於使得策略管理者失去了對於基本競爭策略的掌控。換句話說，當低成本廠商不再具有低成本優勢，或者差異化廠商不再具有差異化優勢時，它們就被嵌在中間了。

　　對於基本競爭策略失去掌控的現象比比皆是。策略管理者應審慎的檢視其事業及環境，並持續的調整其產品及市場策略以因應環境的變化。這也凸顯了策略意圖的重要性。策略意圖勾勒出管理者的願景（希望組織走向哪裡），以及他們將利用什麼資源及能力將組織帶往那裡。策略意圖提供了公司的方向，並使得各階層的管理者更具有創造力及創新力。

　　當集中廠商由於過度自信而其行動像是針對多個市場區隔的差異化廠商時，這個集中廠商就會被嵌在中間。例如，某地區性的小型企業，以親切服務、方便性吸引了當地的許多顧客，但如果它擴大其營運範圍（增加了許多市場區隔）之後，可能會因為缺乏資源因而力不從心，結果喪失了原有的競爭優勢。從這裡我們可以了解，獲得範圍經濟固然有許多好處，但是如果缺乏相當的資源作為後盾，極易陷入「嵌在中間」的下場。

　　差異化廠商也會因為競爭者提供具有同樣特色的低價產品，而使得競爭優勢喪失殆盡。最後也落到被嵌在中間的下場。競爭者對於電腦輔助設計、電腦輔助製造、彈性製造系統以及電子商務的使用對於成本領導廠商或差異化廠商而言都是一大威脅。許多大型企業如果不能同時擁有低成本與差異化優勢（提供物美價廉的產品），同樣的也會被嵌在中間。在激烈的競爭叢林中，沒有任何企業可以保證永遠穩如泰山，立於不敗之地。每個企業必須不斷的防衛已經具有的優勢，並將此優勢發揮得淋漓盡致。

　　總之，要使基本競爭策略發揮成效的話，策略管理者必須注意兩件事情：

- 必須確信產品、市場及獨特能力的決策能夠獲得事業單位層次策略的競爭優勢，以及確信其商業模式能夠產生優異的獲利率；
- 必須不斷的檢視環境及競爭者，以使得具有競爭優勢的資源能夠掌握環境機會、避免環境威脅。

複習題

1. 可以利用哪三個角度來界定一個事業單位？
2. 試舉例比較生產導向與行銷導向。
3. 何謂事業單位層次策略？何謂商業模式？

4. 試定義顧客需求。

5. 試比較需要、慾望與需求。

6. 如何產生產品差異化?

7. 何謂市場區隔 (market segmentation)? 一般而言，企業可以針對市場區隔採取哪三種策略?

8. 企業可以獲得獨特能力的基礎有哪些?

9. 在思考如何獲得競爭優勢時，策略管理者必須做出哪些決定?

10. 試繪圖說明事業單位層次策略的商業模式。

11. 基本的事業單位層次策略 (generic business-level strategies) 有哪五種?

12. 試說明在追求成本領導策略 (cost leadership) 所建立的商業模式。

13. 試說明成本領導的策略運用。

14. 成本領導策略有何優勢與劣勢?

15. 成本領導策略有何策略上的重要意涵?

16. 企業實施差異化策略 (differentiation strategy) 的目的是什麼?

17. 試說明差異化的策略運用。

18. 產品差異化 (product differentiation) 的來源有哪些?

19. 試舉例說明當企業採取差異化策略時，要盡可能的在各方面進行差異化。

20. 企業實施差異化策略有何優勢與劣勢?

21. 如何兼得低成本與差異化（提供物美價廉的產品）?

22. 集中策略分為成本集中 (focus low-cost) 與差異化集中 (focus differentiation)。試分別加以說明。

23. 集中策略有何優勢與劣勢?

24. 何謂嵌在中間? 試舉例加以說明。

25. 要使基本競爭策略發揮成效的話，策略管理者必須注意哪兩件事情?

 練習題

就第 1 章所選定的公司，做以下的練習:

✂ 說明此公司利用哪三個角度來界定其事業單位。

※ 說明此公司的作為是生產導向或行銷導向。

※ 說明此公司的市場區隔策略。

※ 說明此公司獲得獨特能力的基礎。

※ 試繪圖說明此公司事業單位層次策略的商業模式。

※ 說明此公司所採取的事業單位層次策略、利弊得失與策略意涵。

※ 說明此公司如何兼得低成本與差異化（提供物美價廉的產品）？

※ 說明此公司是否有嵌在中間的困境。

第 8 章 公司層次策略——水平策略、垂直策略與委外經營

本章目的

本章的目的在於說明：

1. 公司策略

2. 家長式策略

3. 水平策略

4. 垂直策略

5. 合作關係

6. 委外經營

8.1 公司策略

公司層次策略 (corporate-level strategy)，簡稱公司策略 (corporate strategy)，公司策略決定了公司的生存與成長。公司策略涉及到整體公司所面臨的四個基本議題：

- 公司應擁有什麼事業單位，以及公司的事業單位應有怎樣的組織結構、管理程序、經營哲學，以獲得卓越的績效。換句話說，就是如何實施「家長式策略」；

- 確認公司應該從事的行業；

- 確認在這些行業中所應從事的價值活動；

- 確認在不同行業中成長或退出的最佳方式。

　　到目前為止，大多數公司所追求的方向都是以在銷售、資產、利潤（或以上的綜合）的成長為主。在成長產業中，競爭的企業必須要擴張才能生存。例如，摩托羅拉公司在手機、呼叫器市場不斷的投入大量的資金進行研發及市場拓展。持續的成長表示銷售量的不斷增加，而且由於經驗曲線效果而使得單位成本減低，進而使得利潤增加。如果產業成長快速，而且競爭者積極的以價格戰來增加其市佔率，則低成本變成一個很具關鍵性的競爭因素。如果企業無法獲得「關鍵多數」（mass critical），也就是無法從大量製造中獲得成本優勢，就會面臨到重大的損失，除非它能找到一個利潤豐厚的利基市場（在此利基市場可以獨特的產品或服務來訂定較高的價格）。

　　以成長為主的公司策略稱為成長策略。成長策略之所以有吸引力的原因如下：

- 成長可掩蓋瑕疵或缺點。在穩定或衰退市場的情況下，這些缺點會很容易顯現。在市場成長的情況下，企業會相對容易的發揮槓桿作用（leverage，簡單的說，就是「四兩撥千斤」或是以小錢賺大錢），以獲得豐厚的利潤。這就是組織寬裕的現象；

- 當因策略錯誤而必須迅速的改弦易轍時，企業的成長狀態會產生穩定的緩衝作用。例如，當企業遭遇困難時，由於企業在成長狀態，所以能夠得到利益關係者的支持；

- 企業的成長可以提供更多的自我成長機會、工作機會，以及強力促銷以更加強化其形象的機會。對於高級主管而言，成長本身不僅令他振奮，而且也能提升其個人形象。市場人士及潛在的投資者均會對成長的企業給予正面的評價（例如，將他們視為贏家、明日之星、後起之秀等）。當組織規模變大之後，高級主管的報酬也會同步增加。同時大企業比較不會被購併，因此主管的職位便會有相當的保障。

　　擬定公司策略的主要目的，就是極大化公司的長期獲利性。公司策略有：水平整合策略、垂直整合策略、合作關係、委外經營、家長式策略、多角化策略、購併與內部發展。由於篇幅，本章將討論家長式策略、水平整合策略、垂直整合策略、合作關係、委外經營，至於多角化策略、購併與內部發展將在第 9 章說明。

8.2 家長式策略

不論對小型企業、具有單一產品線的企業，或多國公司而言，公司策略基本上都是公司營運方向的選擇。然而，對於複合式企業（multibusiness，具有許多事業單位的公司）而言，總公司策略還包括如何管理許多產品線／事業單位以獲得最大價值。在這種情況下，公司總部必須扮演「家長」角色，照顧其「子女」（事業單位）。雖然每個事業單位都有其競爭策略或合作策略以獲得競爭優勢，但是公司必須協調這些不同的事業策略，以獲得整個「家族」的成功。策略管理者必須了解在協調、資源分配及培養產品線／事業單位能力方面的方式。

康柏等人 (Campbell, Goold and Alexander) 在其《總公司策略：多事業單位企業如何創造價值》一書中，認為總公司策略必須考慮以下的兩個關鍵問題❶：

- 公司應擁有什麼事業單位？為什麼？
- 公司的事業單位應有怎樣的組織結構、管理程序、經營哲學，以獲得卓越的績效？

我們現在來看看組合分析（如波士頓顧問群矩陣）是如何來回答上述問題的。組合分析是以檢視各種產業的吸引力以及各事業單位在該產業的表現，來對各事業單位的現金流量加以管理（例如，利用現金牛所產生的現金流量來支援明星）❷。然而，組合分析沒有考慮到企業應進入什麼新產業的問題，以及企業如何從各事業單位中獲得綜效的問題。就如我們所知道的，組合分析是以財務觀點來看事情，它將事業單位與總公司視為是分開來的、獨立的投資。

相形之下，家長式策略 (corporate parenting) 是以資源、能力的角度來看企業，也就是看如何建立事業單位的價值，以及如何從各事業單位之間獲得綜效。複合式企業可以利用家長式的領導來創造企業價值。

❶ A. Campbell, M. Goold, and M. Alexander, *Corporate-Level Strategy: Creating Value in the Multibusiness Company* (New York: John Wiley & Sons, 1994), pp. 308–318.

❷ 如對組合分析或組合管理技術想進一步了解，可參考：榮泰生，《管理學》（臺北：三民書局，2004），第 7 章。

家長式策略所著重的是母公司（總公司）的核心能力，以及母公司與各事業單位所建立的關係中產生的價值。母公司在這個關係中具有相當大的權力。如果母公司的技術與能力能夠與事業單位的需求及機會有良好的配合的話，則企業就可以創造價值。反之，如果配合不當，就必然不能創造價值。以這種「配合」觀點來擬定總公司策略，不僅可以決定要購買什麼新事業，而且也能夠決定既有的事業要如何經營才會最有效。

奇異公司的成功得力於「配合」觀念的落實。奇異公司的董事長傑克威爾許 (Jack Welsh) 就任時，曾特別強調各事業單位應達到嚴格的利潤目標以增加價值，並且各事業單位間要做到知識分享。例如，如果在威爾斯的飛機引擎維修工廠發現到降低成本的好方法，就必須分享給總公司所屬的其他工廠。

因此，總公司（公司總部）的基本責任，就是在各事業單位間獲得綜效。總公司如何做到這點？

- 提供各事業單位所需的資源；
- 將技術與能力在各事業單位之間進行交流；
- 協調共同的活動（例如，集中式採購）。

這種將知識資產、技術在組織內做充分交流的做法，就是學習型組織的特色。在今日的企業經營中，由於四分之三的市場價值來自於組織內部的無形資產（知識），所以組織內知識分享的重要性將數倍於往昔。

❸ 擬定家長式策略

如何擬定家長式策略？擬定家長式策略包括以下三個步驟：

- 檢視各個事業單位（或是購併的企業）的策略因素。事業單位主管由於必須擬定事業策略，所以應是對策略因素具有相當了解的人。
- 檢視各個事業單位（或是購併的企業），以找出美中不足之處，也就是可以再精益求精、加以改善的地方。這些地方也是作為家長的總公司可以出面指導或干預以提供貢獻的地方。例如，透過總公司的協調或干預，兩個事業單位的銷售可以合併或合作以獲得範圍經濟。總公司也可以提供製造及後勤補給的技術指導。除非問題有立即性的威

脅，否則事業單位常常是「當局者迷」，此時必須要有「旁觀者清」的總公司加以點醒。

- 分析總公司與事業單位的配合度。總公司必須了解其在資源、技術及能力方面的強處及弱點，並確信它在資源、技術及能力方面足以指導事業單位。同時，總公司的資源、技術及能力必須能使事業單位的策略因素得以充分發揮。

總公司／事業單位配合矩陣

總公司／事業單位配合矩陣，又稱為家長式—配合矩陣 (parenting-fix matrix)，顯示總公司與事業單位配合的情形。與組合分析不同的是，總公司／事業單位配合矩陣並不是以事業單位的成長潛力、競爭地位來分析，而是以「與事業單位的配合度」為分析主軸。如圖 8-1 所示，總公司／事業單位配合矩陣有兩個向度：掌握機會得當程度以及特性配合得當程度。掌握機會得當程度是指總公司能夠掌握機會以向事業單位提供貢獻的程度，而特性配合得當程度是指總公司的特性(資源、技術及能力) 配合事業單位的策略因素的程度。這兩個向度的組合可以產生五種不同的事業類型：中心地帶事業、邊緣地帶事業、鎮重物事業、異形地帶事業、價值陷阱事業。每一種事業類型對於總公司策略都有重要意涵。

中心地帶事業

中心地帶事業 (heartland business) 是指總公司機會掌握得當、特性配合得當的事業單位。總公司應針對這類事業優先進行所有活動。

邊緣地帶事業

對於邊緣地帶事業 (edge-of-heartland business) 而言，總公司的某些特性可以配合事業單位，但是其他特性則不行。總公司並不具備事業單位所需要的各種特性，或者總公司並不真正的了解事業單位的策略因素。例如，某事業單位在創造形象的廣告策略上非常強，而形象建立在其行業（如香水業）是關鍵成功因素，但是總公司並不具備這樣的強處，因此便無從做策略上的指導。如果總公司強加干預（例如，命令此事業單位選擇它所認為好的廣告公司），反而是吃力不討好或是弄巧成拙，當然這是極為不智的行為。這類的事業單位會受到總公司的極大關

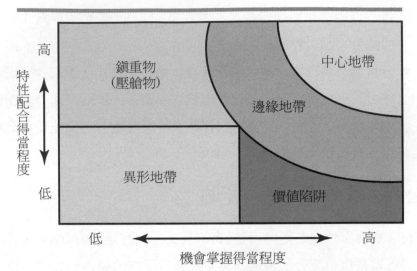

資料來源：修正自 Thomas L. Wheelen and J. David Hunger, *Concepts in Strategic Management and Business Policy*, 9ᵗʰ ed. (Upper Saddle River, N.Y.: Prentice-Hall, 2004), p. 157.

圖 8–1 總公司／事業單位配合矩陣

注，因為總公司總是企圖將它們轉換成中心地帶事業。事實上，總公司的最大智慧在於了解何時干預、何時放任不管。

鎮重物事業

鎮重物（或壓艙物）事業 (ballast business) 是指總公司機會掌握不當，但是特性配合得當的事業單位。這類的事業單位曾經風光一時，在過去總公司有機會與能力向這類事業單位提供許多加值活動，但是這種現象已是曇花一現。就像現金牛一樣，鎮重物事業造成穩定與利潤的重要來源。然而這些成長緩慢的事業單位可能會變成總公司進程的累贅，也就是會阻礙總公司從事其他更具生產力的活動。有些分析師認為，IBM 的大型電腦事業部就屬於鎮重物事業。由於環境的變化會很容易使鎮重物事業變成異形地帶事業，總公司的決策者應考慮到對這類事業做撤資的打算，尤其是當這類事業還有剩餘價值時。

異形地帶事業

異形地帶事業 (alien territory business) 是指總公司機會掌握不當、特性配合不當的事業單位。異形地帶事業有以下的特性：

- 價值創造的潛力很低，但價值破壞的潛力卻非常高；
- 規模通常很小，而且極可能是過去多角化的餘物（可能是購併下來的公司，或者管理者為某專案所成立的小公司）。

雖然總公司與這些事業單位配合不當，但是還是會保留它們，原因何在？因為：

- 這些事業單位目前仍可獲得利潤；
- 目前找不到適當的買主；
- 總公司對這些事業單位有承諾；
- 這些事業單位是董事長的心腹。

企業應趁著這類事業單位目前還有剩餘價值時，迅速撤資。

✍ 價值陷阱事業

價值陷阱事業 (value trap business) 是指總公司機會掌握得當，但是特性配合不當的事業單位。對於價值陷阱事業單位，總公司常會犯下嚴重的錯誤，因為總公司常誤認為這類事業在獲利、競爭地位上仍有改善的餘地。例如，總公司認為可將此事業單位塑造成世界一流的製造工廠，但卻忽略了該事業單位的成功在於其產品發展及利基行銷 (niche marketing)。總公司如果執迷不悟並一意孤行，反而會傷害此事業單位原有的核心能力。

8.3　水平策略

水平策略 (horizontal strategy) 是透過購併與合併產業中的競爭者來獲得競爭優勢的方式。為什麼會獲得競爭優勢？因為會獲得規模經濟、範圍經濟。購併 (acquisition) 是指公司利用其資本資源（如股票、負債或現金）來購買其他公司。公司在購併其他公司時，會將其他公司納為自己旗下的子公司或事業單位，被購併公司的法人地位消失。合併 (mergers) 是指競爭力相等的公司透過協議（通常是利用股票交換的方式）來整合其事業，創造一個新的企業實體。在 1983～2001 年間，世界通訊公司 (WorldCom) 所採取的水平策略就是一個很好的例子。在這期間它先後購併了 60 家公司，儼然成為通訊服務業的霸主。世界通訊公司已經將其經營

觸角延伸到不同的事業，如長途電話服務、網際網路通訊服務、無線通訊服務等。它的目標是獲得規模經濟與範圍經濟，以增加顧客的認知價值。

過去十餘年來，水平策略一直是相當受到公司重視的策略。在各行各業，購併與合併的實例不勝枚舉。例如，在汽車業，德國的戴姆勒公司 (Daimler) 與美國的克萊斯勒公司 (Chrysler) 合併成戴姆勒克萊斯勒公司 (DaimlerChrysler)；在航空業，波音 (Boeing) 與麥克唐納道格拉斯 (McDonald Douglas) 合併成為世界第一大航空公司；在製藥業，輝瑞 (Pfizer) 購併了 Warner Lambert，成為世界第一大藥廠；在金融服務業，花旗 (Citicorp) 與 Travelers 合併，成立了世界第一大的 Citigroup；在電腦硬體業，康柏購併了迪吉多 (Digital Equipment)，但後來又被惠普 (Hewlett Packard) 所購併；在化妝品業，寶鹼公司 (Procter & Gamble) 購併了 Richardson-Vicks（曾以 Oil of Olay 化妝品名噪一時）、Vidal Sassoon（沙宣）、Noxell 公司（其有名的品牌是 Noxema、Cover Girl）。

水平策略實施的結果會造成行業中被幾個寡佔廠商所壟斷的現象。例如，在動態隨機存取記憶體業 (DRAM)，由於購併與合併的結果，使得整個產業被三星、Hynix、美光、英飛凌四大廠商所霸佔。這四大廠商在 2002 年的全球市場佔有率是 83%，而在 1995 年時僅佔 45% [3]。為什麼會有這個現象？因為水平整合會帶來許多經濟利益。

利　益

水平整合可藉著以下四個方式來獲得經濟利益：

- 降低成本；
- 透過差異化來增加產品價值；
- 對產業內的競爭做妥善的管理，以減少併發價格戰的機會；
- 增加對供應商及顧客的議價能力。

降低成本　水平整合的實施可使公司獲得經濟規模，因而降低成本。對於具有高固定成本的公司而言，透過水平整合之後可以降低平均單位成本。例如，在

---

[3]　Y. J. Dreazen, et al., "Why the Sudden Rise in the Urge to Merge and Create Oligopolies," *Wall Street Journal*, February 25, 2002, p. A1.

通訊網路業，由於固定成本高，為了早日回收龐大的投資，必須要有廣大的顧客群來支持。同樣的，在製藥業，購併與合併如此頻繁的主要原因，是因為業者想要獲得規模經濟、降低成本，以及提高銷售人員生產力（銷售人員在向醫院客戶推銷其藥品時，因可提供更多的產品項目以供客戶選擇，故成交機會較大）。

除了節省成本以外，減少重複也是購併其他企業的主要原因之一。惠普宣稱在購併康柏之後，由於可減少重複支出，因此每年節省了 25 億美元的費用。

透過差異化來增加產品價值　水平策略的實施可使公司藉著提供成套產品而增加顧客價值。軟體業者常以成套產品（或稱套餐軟體）來銷售，例如，微軟公司將資料庫處理軟體 (Access)、試算表軟體 (Excel)、表單設計軟體 (InfoPath)、電子郵遞 (Outlook)、瀏覽器 (Internet Explorer)、簡報軟體 (PowerPoint)、網頁設計軟體 (FrontPage)、文書處理軟體 (Word) 成套來銷售。提供成套產品可使顧客一次購買就可滿足各種需求，因此可提高顧客的認知價值。在 1990 年代早期，微軟公司還是在以上各個產品項目中位居第二、第三的廠商，例如，在文書處理市場是以 WordPerfect 稱雄，在簡報處理方面是以 Harvard Graphic 為龍頭老大。但在 1990 年代中期，微軟公司推出 Office 套裝軟體之後，這些曾經名噪一時的公司其競爭優勢已被重創，因此不出幾年都銷聲匿跡了。

另外一些與成套產品相類似的應用還有：

- 產品線。公司通常會提供整個生產線的產品，而不是個別產品，例如，國際牌 (Panasonic) 所生產的照相機，從重約 4.6 磅的簡單型到重約 6.5 磅的豪華型，豪華型照相機有自動對焦、褪色控制、二段式放大鏡頭等。從簡單型照相機為基礎來看，每一種照相機都有一些額外的功能；
- 選擇性特徵。許多企業在其主要產品之外還提供了許多選擇性的功能，例如，旅行社提供飛機訂位、旅館預定、租車、民宿、旅行平安保險等服務；
- 輔助品。例如，刮鬍刀片與刀柄、相機與膠卷；
- 整體解決方案。

我們現在以電腦業為例來說明整體解決方案。在電腦業中，廠商為了向客戶

提供整體解決方案而採取水平策略的例子比比皆是。藉著購併或合併，廠商向其商業客戶提供硬體（如電腦設備、網路裝置、周邊設備等）、軟體（如視窗作業系統、商業應用軟體等）解決方案，以增加產品價值。這種做法可節省客戶的金錢，因為客戶不必向每個供應商協商議價，而且大規模採購會有議價能力。最重要的，不會有硬體之間、軟體之間、硬軟體之間不相容的問題。廠商不僅可提升在顧客心目中的價值，又可獲得更高的市場佔有率。

增加產品價值的另外一個方法就是交叉銷售。交叉銷售 (cross selling) 是指兩個廠商互相向顧客推介另外一個公司的產品或服務，以達到互惠的利益。以金融服務為例，顧客希望從一個金融服務業者獲得所有的金融服務，如定期存款、抵押貸款、保險、投資理財服務。花旗銀行與 Traveler 合併的主要原因就是其合併的 Citigroup 能直接向銀行客戶提供保險服務，並向保險客戶提供銀行服務。

對產業內的競爭做妥善的管理，以減少併發價格戰的機會　水平整合能使企業對產業內的競爭做妥善的管理，原因有二。第一，購併或合併競爭者可以消除產業中多餘的產能。如果廠商競相利用產業中多餘的產能必然會引發激烈的價格戰。水平整合在消除產業中多餘的產能之後，就比較能造成可駕馭的產業環境，進而使價格平穩（甚至上升）。2002 年惠普購併康柏的主要原因，在於消除產業中多餘的產能，以及由此原因所造成的激烈價格戰。第二，水平整合在減少競爭者數目之後，會比較容易產生默契價格協調 (tacit price coordination，不必透過溝通，在價格協調上產生默契)。一般而言，產業內競爭者數目愈多，愈難造成價格協議，也愈難產生價格領袖 (price leader，主導價格的支配性廠商)，因此也愈容易引發價格戰。將產業加以集中化（產業被幾個寡佔廠商霸佔）之後，在競爭者之間就會比較容易協調。

增加對供應商及顧客的議價能力　採取水平整合策略的第四個重要原因，就是增加企業對供應商及顧客的議價能力。透過水平策略將產業加以集中化之後，企業對於原料、供應品的需求必然增大，因此對於供應上的議價能力也會比較強，進而可以獲得較低的價格。同樣的，在產業集中化之後，企業對於產出有更大的控制，進而使得消費者對於企業的產品更具有依賴性。在其他條件不變之下，由於消費者沒有更多的選擇，所以企業可以調高價格，獲得更大的利潤。向消費者

提高價格，並向供應商壓低價格的能力稱為市場力量 (market power)。

失敗理由

雖然許多公司，如奇異公司，在合併與購併上做得相當成功，但是研究發現，70% 的合併與購併結果是失敗的，不是降低股票價值，就是日後面臨撤資的厄運 (*Braxton Associates*, 1997; *Economist*, 1997)。合併與購併失敗的主因是整合不當，包括組織、資訊系統的整合不當。合併與購併的效果深受合併公司的組織特性以及資訊科技的基礎建設的影響。在將不同的資訊系統加以合併時，組織需要進行大幅度的改變以及對複雜系統專案進行有效的管理。如果無法有效的整合，組織會充斥著互不相容的舊系統，結果會使得商業程序無法運作，進而流失了既有的顧客。當公司確認了合併或購併對象之後，資訊部門主管就必須確認系統整合的成本（包括對有問題的系統進行重新設計所衍生的成本），並估計作業在範圍、知識及時間上的經濟效益。此外，策略管理者必須估計在提升資訊系統基礎建設上、改善主要系統上所需要進行的組織改變。

水平策略與多點競爭

透過水平策略的實施會造成許多競爭對手，引發多點競爭的現象。多點競爭 (multipoint competition) 是指具有多個事業單位的總公司會與其他的大企業（也具有多個事業單位者）在許多市場上競爭。這些在許多市場上競爭的企業稱為多點競爭者 (multipoint competitors)。這些多點競爭者不僅是某一個事業單位的相互競爭，同時也是多個事業單位的相互競爭。在某一時點，財務雄厚的競爭者會選擇某市場建立其市場、提高其市場佔有率，在這種情況下會使本公司的某事業單位處於不利的地位。雖然事業單位必須擬定其策略並對其成敗自負責任，但是總公司在此時不可置之不理，尤其是當競爭者可從其總公司獲得大量奧援時。在這種情況下，總公司必須擬定水平策略，並透過各相關事業單位的協調來形成龐大的力量。

寶鹼公司 (Procter & Gamble)、金百利克拉克 (Kimberly-Clark)、史谷脫紙業 (Scott Paper)、嬌生 (Johnson & Johnson) 都在消費者紙類產品市場（如紙尿布、面

紙、衛生紙）互相進行激烈的競爭。假設（純粹是假設）嬌生在某地區推出新產品以低價攻擊寶鹼的 Charmin 衛生紙市場，寶鹼可能不會以降價來反擊，反而會以低價來攻擊嬌生佔有率極高的嬰兒洗髮精市場。我們知道，在消費者日用品市場，降價是一個相當有效的策略，佔有率高的廠商很容易受到競爭者降價的打擊。同時，嬌生的洗髮精市場在受到反擊之後，很可能會收斂其在衛生紙市場的低價攻勢。

在多點競爭方面，由於每個競爭者會考慮到如果它侵略競爭者的某個版圖，必會遭遇到競爭者在其他市場的反擊，所以在策略的運用上會更加保守，以免遭到報復。在這種情況下，產業的競爭態勢便會減緩。廠商普遍抱持著「自己活也要讓競爭者活」的心態。當公司成為全球競爭者，或者透過策略聯盟來擴張時，多點競爭的現象將會越來越普遍。

8.4　垂直策略

垂直整合 (vertical integration) 是指公司向產業的上下游延伸其營運範圍的策略。垂直整合分為向後整合與向前整合。

向後整合與向前整合

如果公司的營運範圍延伸到產業上游的供應商，稱為向後整合 (backward integration)，例如，製鋼廠向自己所擁有的生鐵廠進貨，就是向後整合。如果公司的營運範圍延伸到產業下游的配銷商，稱為向前整合 (forward integration)，例如，公司透過自己擁有的零售店來銷售，就是向前整合。2001 年蘋果電腦公司建立屬於自己的蘋果商店 (Apple store) 經銷網來銷售其電腦。

圖 8-2 顯示了從原料到消費者的四個主要階段。對一個處於最後裝配階段的公司而言，向後整合的意思是將營運範圍延伸到零組件的製造及原料生產，向前整合的意思是將營運範圍延伸到配銷（零售）。在這個產業價值鏈中，每個階段都會加值 (value added)。在任何一階段的公司會將前一階段的產出加以轉換，以生產對下一階段具有價值的東西，最後到達消費者。值得注意的是，產業價值鏈中的

各活動可能屬於不同的產業，也可能屬於同一產業。

資料來源：Charles W. L. Hill and Gareth R. Jones, *Strategic Management Theory: An Integrated Approach*, 6th ed. (Boston, MA: Houghton Mifflin Company, 2004), p. 306.

圖 8-2 產業價值鏈（從原料到消費者的四個主要階段）

　　我們利用個人電腦業再來闡述加值觀念。如圖 8-3 所示，原料製造商包括陶器製造商、化學品製造商、金屬製造商，例如，日本的 Kyocera 公司就是製造半導體所需原料陶器的主要製造商。這些原料製造商將其產出銷售給組件製造商，如英特爾、Micro Technology 公司，而這些公司會利用所購得的陶器、化學品及金屬製成組件，如微處理器、磁碟機、記憶體晶片。在這個過程中，這些廠商會對於所購買的原料來產生加值的活動。然後這些組件會被再銷售給裝配製造商，如 Gateway、蘋果、戴爾、惠普。這些裝配商會將組件組合成個人電腦。在這個過程中，他們也對所購買的組件來產生加值活動。許多個人電腦成品會再透過配銷商，如 Office Max、CompUSA 來銷售，或直接由個人電腦製造商來銷售。配銷商藉著提供產品的時間效用、地點效用或提供服務支援，來對產品產生加值。因此從原料到消費者手中的每個階段都會產生加值現象。從這個角度來看，垂直整合是公司決定從原料到消費者這個階段中的哪個產業從事競爭。

完全整合與部分整合

　　除了向後、向前整合之外，策略管理者也要決定完全整合或部分整合。完全整合 (full integration) 是指公司本身製造所有所需原料（或本身擁有原料供應商）、本身從事所有的製造程序，以及完全透過自營的配銷出口來銷售。部分整合 (taper integration) 是指公司除了本身製造所需原料之外，也向獨立供應商購買原料，或者除了透過自營的銷售出口來銷售之外，也透過獨立的配銷商來銷售。圖 8-4 顯

示了完全整合與部分整合。

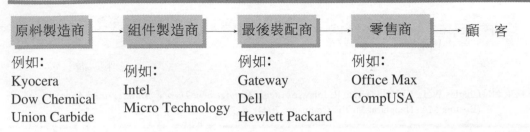

原料製造商 →	組件製造商 →	最後裝配商 →	零售商 →	顧　客
例如： Kyocera Dow Chemical Union Carbide	例如： Intel Micro Technology	例如： Gateway Dell Hewlett Packard	例如： Office Max CompUSA	

資料來源： Charles W. L. Hill and Gareth R. Jones, *Strategic Management Theory: An Integrated Approach*, 6th ed. (Boston, MA: Houghton Mifflin Company, 2004), p. 307.

← 圖 8-3 產業價值鏈（個人電腦）

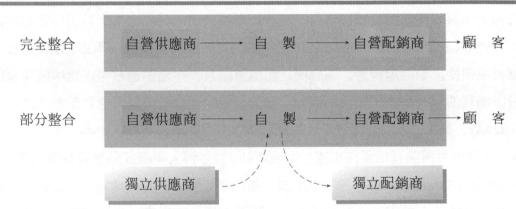

資料來源： Charles W. L. Hill and Gareth R. Jones, *Strategic Management Theory: An Integrated Approach*, 6th ed. (Boston, MA: Houghton Mifflin Company, 2004), p. 307.

← 圖 8-4 完全整合與部分整合

◎ 利　益

公司採取垂直整合的目的，在於強化其核心事業的競爭能力。垂直整合的益處有：

- 建立進入障礙；

- 藉著投資專有資產以獲得競爭優勢；
- 品質保證；
- 排程配合。

建立進入障礙　透過向後整合以掌控重要輸入因素，或者透過向前整合以掌控配銷通路，公司就可以建立潛在競爭者的進入障礙。建立進入障礙可以減低產業中的競爭密度，以使得公司設定較高價格、獲得較大利潤。

例如，大同公司自行建立其映像管工廠（如此可擺脫對日本廠商的依賴），並在全省各地廣設服務站作為銷售出口。在這個完全整合的策略運用下，自然可阻礙虎視眈眈的潛在進入者。

藉著投資專有資產以獲得競爭優勢　專有資產 (specialized assets) 是經過特殊設計來執行某項特定任務的資產，而這類資產在執行其他任務時所發揮的功能極為有限，或根本無法發揮功效。專有資產可能是具有特殊用途的某種設備，或者公司透過訓練及經驗所擁有的專業知識或技術。公司會在專有資產投資的原因，是因為這些資產會在創造價值的過程中使公司降低成本，或者使公司的產品或服務具有差異化的特色。因此，專有資產可使公司獲得競爭優勢。

福特汽車公司想要以一個高性能的噴射引擎來增加其汽車的差異性，因此福特公司必須決定是否要自製此系統（也就是運用垂直整合策略）或者外包給引擎製造商。一般而言，獨立的引擎製造商不願意為此專有資產做投資，因為用途有限、需求量不大（相對於供應多數廠商而言），而且失去議價能力。在此情況下，福特公司只有透過垂直整合來生產（也就是自製）來獲得差異化優勢。在商業史上，因為獨立供應商不願意為廠商的專有資產投資，而迫使廠商自行投資專有資產的例子有很多。例如，汽車公司的向後整合組件的製造，製鋼廠向後整合生鐵的鍛燒，電腦公司向後整合晶片的製造，製鋁公司向後整合到採礦等。

品質保證　透過品質保證，垂直整合可使公司成為核心事業的差異化廠商。例如，卜蜂企業為了保證供貨品質，從飼料、養雞、屠宰、雞肉加工、食品加工到最末端的餐飲業，每一個環節都有涉入，這種向後整合以完全掌控貨源的結果，可使卜蜂企業在最適的消費時間提供標準品質的生鮮雞肉。

為了獲得品質保證，也是公司向前整合的原因。如果公司要對其複雜產品提

供完善的售後服務，便會向前整合零售出口。例如，大同公司是透過自己的服務站來配銷電子、家電相關產品。

　　排程配合　一個垂直整合廠商，如能對於產業鏈中各階段活動在規劃、協調及排程上做得很好，必能獲得競爭優勢。對於要獲得剛好及時存貨制度的公司而言，上述現象尤其重要。例如，日本的豐田汽車因為向後整合，所以可對各活動做到有效的協調及排程配合，進而使得「剛好及時」制度充分發揮其功能。透過垂直整合所造成的排程改善也可使企業更能因應突變的需求情況，或者可使企業以更快的速度推出新產品。

8.5　合作關係

　　公司如何能獲得垂直整合的益處，但又不必負擔官僚成本呢？官僚成本 (bureaucratic cost) 泛指在大型複雜的組織內由於管理無效率所衍生的成本。在垂直整合方面上，是指擁有產業價值鏈上下游廠商所衍生的成本，例如，垂直整合廠商在誘因制度上設計不良所產生的問題。廠商可以透過與商業伙伴建立合作關係來獲得兩全其美的效果。這種長期關係通常被視為是策略聯盟。然而，如果廠商與商業伙伴所建立的是短期契約關係，就無法獲得垂直整合的益處。

短期契約關係

　　許多公司在原料輸入、產出的作業上會與其他廠商簽訂通常是一年或以下的短期契約 (short-term contract)。例如，通用汽車公司採取零組件競標策略，並與得標者（在所定的品質水準下，出價最低的廠商）簽訂一年的供貨契約。期滿之後，通用汽車會再舉行競標，得標者未必是曾經得標的廠商。

　　競標策略的好處是讓投標者彼此競爭，被迫壓低價格。但是由於廠商的缺乏長期承諾往往使得供應商不願在專有設備上做投資（這些專有設備可大大的提升零組件設計與品質）或不願在排程上做配合。在這種情況下，廠商只有透過垂直整合才會擁有專有資產。

長期契約關係

長期契約 (long-term contract) 是指企業間簽訂的長期合作關係，通常稱為策略聯盟 (strategic alliance)。在長期契約的約定之下，供應商會同意長期提供原料，而廠商也承諾會長期購買，雙方會共同承諾降低成本、提高品質。穩定的長期關係可使締約雙方分享垂直整合的好處，並可避免官僚成本。

許多日本汽車公司會與其零組件供應商建立互惠的長期合作關係，儼然形成緊密的「中心—衛星」關係 (the keiretsu system)。例如，本田的供應商願意全力配合本田的剛好及時存貨制度，使本田的存貨成本減到最低；願意投資於專有設備使本田汽車的品質達到世界一流水準，而本田也對其供應商在技術支援及融資上給予許多指導及幫助，使得它們能夠成長及茁壯。

建立長期合作關係

公司如何像本田一樣與商業伙伴建立互惠的長期關係? 與供應商建立長期關係有三種方法: 扣押人質、建立承諾與市場戒律。

扣押人質　扣押人質 (hostage taking) 是基於互賴的關係而使得任何一方不至於背信。日本的汽車製造商所需零件需依賴許多小型供應商的供應，而這些小型供應商又需要這個汽車大廠的技術指導、財務融資，或者打開國際市場。這個脣齒相依的現象好像是每一方都是對方所扣押的人質。

建立承諾　建立承諾 (establish commitment) 是基於互信來建立長期關係。例如，甲公司是乙公司所需核心組件的供應商，為了滿足乙公司的需求，甲公司必須對專有設備做大量的投資。在理論上，由於這種投資是屬於沉入成本 (sunk cost)，甲公司對乙公司的依賴必定非常高，如果乙公司違約或以轉換供應商來要脅甲公司，甲公司也只能被迫接受。但是在實際上，乙公司為了要建立長期而穩定的關係，達到互惠共榮的結果，反而會與甲公司共同分擔專有設備的成本。

市場戒律　長期的合作關係往往會使得合作廠商因為有了依靠而怠惰，在成本效率的提升、品質的改善上不求精進。為了避免這個現象的發生，必須採取市場戒律。所謂市場戒律 (market discipline) 是指創造失去依靠的恐懼感或創造弱肉強食的生存競爭環境。市場戒律之一就是如臨深淵原則 (fear-evoked rule)。讓合作

伙伴失去依賴性，例如雖然簽訂的是十年合約，但在合約上有個但書，就是每二、三年要評估一次，如果不能達成條件就解約，使合作者為了維持合約而戰戰兢兢的，不敢懈怠。市場戒律之二就是平行供應原則 (parallel supply rule)，也就是合作伙伴不只一家，如果某家表現不佳，則將生意移往其他家。如此，每個合作對象就會卯足全力，為生存而努力不懈。

8.6　委外經營

委外經營 (outsourcing) 簡稱外包，是指將企業的某些價值創造活動透過契約的方式交由專業公司執行。委外經營會縮小組織界線，並使組織將注意力放在少數幾個創造價值的活動上，如圖 8-5 所示。圖中顯示了某公司決定將生產及顧客服務外包出去，只將研發、行銷及銷售留在公司內。外包的範圍可能是某企業功能的整個活動（如製造），也可能是某企業功能的一部分，例如，許多公司將退休管理制度外包出去，但仍保留人力資源管理的其他活動。

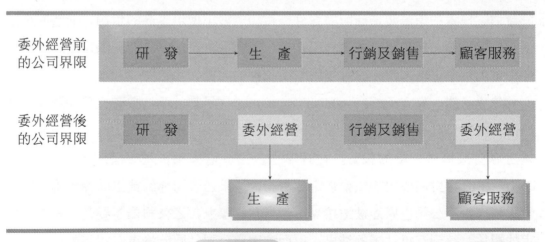

委外經營前的公司界限　研發 → 生產 → 行銷及銷售 → 顧客服務

委外經營後的公司界限　研發　委外經營　行銷及銷售　委外經營　生產　顧客服務

← 圖 8-5　委外經營

近年來，企業將非核心、非策略性活動外包出去的例子已是屢見不鮮，而且也有漸增的趨勢。許多高科技公司會將大部分的製造活動外包給契約製造商。例

如，Palm 電腦公司本身並不從事掌上型電腦的製造，而是外包給墨西哥的 Solectron 公司製造。製造的外包也不局限於高科技公司，許多製鞋業者（如耐吉）、成衣業者（如 Gap）均將製造活動外包給國外廠商，在人工相對便宜的國家製造。微軟公司長年以來均將其客戶技術服務業務委外經營。在 2002 年早期，美國運通公司將其整個資訊處理功能外包給 IBM，合約長達七年，總金額高達 40 億美元。

　　企業實施委外經營的理由是強化商業模式、提高獲利率。企業在考慮委外經營的決定時，必須要做到以下的事情：

- 確認公司的價值創造活動，因為這些活動是建立核心能力、創造競爭優勢的基礎。企業要將這些活動保留在公司內；

- 檢視剩下來的活動，看看如果由承包商來做是否更有效能、更有效率，也就是是否能產生差異化特色及具有成本效應。如果是，就將這些活動委外經營。

　　在實施委外經營時，企業與承包公司必須建立長期契約關係，因為這樣才會促進資訊的充分交流。虛擬公司 (virtual corporation) 這個術語就是在描述廣泛進行委外經營的企業。近年來，由於網際網路科技的普及，許多小型的虛擬公司（俗稱個人工作室）紛紛成立，它們只是專精於網站的架設、接單及帳單處理，其他的許多活動，如尋找貨源、運送及技術服務等全部外包給專業公司來做。我們可以發現，網際網路的出現不僅造就了許多年輕的創業家，也替外包市場帶來了無限商機。

　　在好萊塢的黃金年代，影片都是由垂直整合的大型製片廠所製作。像米高梅、華納兄弟、20 世紀福斯公司這些大製片公司，都擁有自己的拍片廠、成千上萬的專職人員（如攝影師、場景布置人員、剪輯師、配樂人員、導演，甚至演員）。但是在今天，大多數的影片都是由小型公司或志同道合的一群人以專案的方式來製作。這種製作影片的方式，可以使得製片者就每一個專案（影片）挑選最適合的人，而不是從製片公司內既有的人員中來挑選。這種方式可以使製片者減低長期風險及長期成本。事實上，由於人員是以專案方式集結的，專案完成之後就解散，故無所謂「長期」風險及成本。

◉ 利　益

委外經營的利益是：降低成本、造成產品差異化及集中精力。以下就此三點加以說明。

降低成本　將活動加以外包可以降低企業經營成本，原因在於專業承包公司具有規模經濟之故。例如，實施基本的人力資源管理活動（如薪資處理、福利計畫）需要在資訊科技的基礎設施（如硬體、軟體）上做大量的投資。如果企業要自行處理人力資源管理活動，則必然會衍生大量的固定成本。除非在人力資源管理活動上的處理量夠大，才可能降低平均成本。專業承包公司（如 104 人力銀行）由於可向許多企業承包人力資源管理的業務，所以會產生規模經濟，而規模經濟就會降低單位成本。此外，專業承包公司還可以獲得經驗效果、學習效果。這些都是個別企業無法獲得的。專業承包公司在獲得這些效果之後，就可以降低承包價格，回饋企業，如此一來，企業及承包公司均能同蒙其利。

此外，專業承包公司也會因為處在低成本地區而具有更高的經濟效益。例如，耐吉將其跑鞋的製造外包給中國廠商，因為中國勞工成本低廉，而製鞋又是勞力密集的活動。對於耐吉而言，外包給外國廠商比在外國設廠更具有經營上的彈性。如果有一天中國的勞工成本上漲，耐吉便可相對有彈性的轉換承包商，例如轉而由印度廠商承包。

造成產品差異化　藉著將非專長的活動加以委外經營，企業也可以獲得產品差異化的好處。專業承包商必然具有執行所承包業務的專業知識及技術。以品質的可靠性而言，專業承包商必定能夠在執行業務時達到零缺點的標準，因為它有嚴格的品管以及累積學習效果。例如，Flextronics 製造公司因採用「六個西格瑪」制度（見第 6、8 章）而使得產品具有高度的可靠性。對發包廠商而言，產品的可靠性就是差異化來源。

企業也可以將差異化活動外包給專業承包商。例如，戴爾電腦公司的客戶服務及維修是具有差異化優勢的活動，許多該公司的用戶在對於其 24 小時的快速專業維修服務讚不絕口時，從不知道這是由戴爾的承包商所提供的。

集中精力　委外經營的另外一個好處，就是企業將非核心活動外包出去的話，

將可使注意力集中在獨特能力的培養上。這些獨特能力對於創造價值、獲得競爭優勢的意義非常重大。在其他條件不變之下，集中精力可使企業強化某特定領域的優異性。例如，網路業赫赫有名的思科公司本身並不是路由器及撥接器的製造商，而是委外製造，它本身將精力放在產品設計、行銷、銷售及供應鏈管理上，結果成為產業的佼佼者。

🎇 風險管理

雖然委外經營有以上的優點，但是其中存在有不少風險，例如，受到牽制與失去掌控力。因此，在決定是否要將某件活動委外經營時，要同時考慮利益與風險因素。

受到牽制 牽制 (holdup) 是指在委外經營的合約下，企業因依賴承包商而受到承包商的不合理對待。例如，承包商片面的提高先前已議定的價格。我們在市場戒律時所說明的如臨深淵原則及平行供應原則都是避免牽制的好方法。

失去掌控 失去掌控可以分為對活動的失去掌控以及對資訊的失去掌控。在對活動的掌控方面，相對於對產業鏈中的上下游活動進行垂直整合而言，委外經營的方式會使企業較無掌控力。當市場需求急遽增加時，由於企業對於承包商的不願意全力配合無掌控力，所以常失去商機。在對於資訊的掌控方面，企業如對承包商缺乏嚴密的管理，便很容易失去對資訊的掌控。例如，許多電腦軟硬體公司將顧客技術服務外包給專業公司執行，雖然從成本與差異化的觀點來看，這是不錯的作法，但是承包商通常不會將顧客的意見、偏好、抱怨等反應給電腦公司，使得這些電腦公司在產品改良、產品設計方面無法掌握顧客的看法，因而失去了競爭優勢。從以上的說明，我們可以看出資訊回饋的重要性。戴爾公司嚴格要求其執行技術服務的承包商必須將產品故障的資訊傳送回來，以作為產品設計的重要參考，這種作法顯然值得業者借鏡。

複習題

1. 公司層次策略 (corporate-level strategy) 涉及到整體公司所面臨的哪四個基本議題？
2. 成長策略之所以有吸引力的原因是什麼？

3. 公司策略有哪些?

4. 在何種情況下,公司總部必須扮演「家長」角色,照顧其「子女」(事業單位)?

5. 康柏等人 (Campbell, Goold and Alexander) 在其《總公司策略:多事業單位企業如何創造價值》一書中,認為總公司策略必須考慮哪兩個關鍵問題?

6. 試說明家長式策略 (corporate parenting)。

7. 總公司(公司總部)的基本責任,就是在各事業單位間獲得綜效。總公司如何做到這點?

8. 如何擬定家長式策略?

9. 試繪圖說明家長式一配合矩陣 (parenting-fix matrix)。

10. 何謂水平策略 (horizontal strategy)?水平策略的實施為什麼會使企業獲得競爭優勢?

11. 試扼要說明購併與合併。

12. 試舉例說明水平策略實施的結果,造成行業中被幾個寡佔廠商所壟斷的現象。

13. 水平整合可藉著哪些方式來獲得經濟利益?

14. 雖然許多公司,如奇異公司,在合併與購併上做得相當成功,但是研究發現,70% 的合併與購併結果是失敗的,不是降低股票價值,就是日後面臨撤資的厄運。合併與購併失敗的主因是什麼?

15. 何以透過水平策略的實施會造成許多競爭對手,引發多點競爭的現象?

16. 試扼要說明垂直整合 (vertical integration)。

17. 試繪圖說明從原料到消費者的四個主要階段。

18. 試以個人電腦業為例,說明加值觀念。

19. 除了向後、向前整合之外,策略管理者也要決定完全整合或部分整合。試繪圖說明完全整合或部分整合。

20. 公司採取垂直整合的目的,在於強化其核心事業的競爭能力。垂直整合的益處有哪些?

21. 何謂官僚成本 (bureaucratic cost)?

22. 試說明短期契約關係。

23. 試說明長期契約關係。

24. 公司與供應商建立長期關係有哪三種方法?

25. 何謂委外經營 (outsourcing)？試繪圖加以說明。

26. 何謂虛擬公司 (virtual corporation)？

27. 委外經營有哪些利益？

28. 在決定是否要將某件活動委外經營時，要同時考慮哪些因素？

 練習題

就第 1 章所選定的公司，做以下的練習：

※ 說明此公司的公司層次策略 (corporate-level strategy) 所涉及到的四個基本議題。

※ 說明此公司的家長式策略 (corporate parenting)。

※ 說明此公司如何在各事業單位間獲得綜效。

※ 說明此公司家長式策略的擬定，並試繪圖說明家長式一配合矩陣 (parenting-fix matrix)。

※ 說明此公司的水平策略 (horizontal strategy) 以及其所獲得的競爭優勢及經濟利益。

※ 說明此公司的垂直整合 (vertical integration)、加值觀念及益處。

※ 說明此公司的完全整合或部分整合。

※ 說明此公司的短期契約關係與長期契約關係。

※ 說明此公司的委外經營 (outsourcing)。

第9章 公司層次策略——多角化、內部發展、購併與聯合投資

本章目的

本章的目的在於說明：

1. 事業的延伸

2. 多角化策略

3. 內部發展

4. 購　併

5. 聯合投資

　　本章將延續第 8 章對公司層次策略的說明。本章要討論的公司層次策略有：多角化、內部發展、購併以及聯合投資。

9.1　事業的延伸

　　公司層次策略管理者的角色，就是要確認在哪個行業競爭以使公司的長期利潤得到極大化。對許多企業而言，利潤的成長和擴展通常是來自於其堅守本行，例如，麥當勞堅守全球速食業，沃爾瑪堅守全球折扣零售業。

　　只在單一行業發展的原因是：

- 可使企業將管理、財務、技術集中投注在已經熟悉的領域而獲得競爭優勢，尤其是成長快速、變化莫測的行業；

- 如果投入新事業，可能會使得既有的資源變得無用武之地。這些資源即使能夠發揮一些功能，但因為企業對於新行業不熟悉而失去優勢。

可口可樂、席爾斯（美國百貨行銷公司）就曾犯了這種策略錯誤。可口可樂公司在購併了哥倫比亞公司之後，便將經營觸角延伸到電影事業。它也曾購併了釀酒公司。席爾斯因為想要成為向消費者提供全方位服務的大型連鎖店，先後購併了 Allstate 保險公司、Goldwell Banker 不動產公司以及 Dean Witter 金融服務公司。這兩家公司都發現，它們在新事業缺乏競爭力，並且也都承認沒有看清楚新事業的不同產業結構（五力模型）。在連連虧損之下，只有賤價出售這些購併的事業。

如第 8 章所述，專注於某一產業（堅守本行）的公司可以用水平整合、委外經營來強化競爭地位。它們也可以利用垂直整合進入產業鏈裡面前後階段的事業，來強化其核心事業的優勢。不論採取什麼策略，此公司的營運範圍還是在原來的產業內。這種策略會有很大的風險，也就是當此產業衰退時，公司的獲利性會受到極大的不良影響。此外，固守本行的公司也失去將其資源及能力發揮槓桿作用 (leverage)，以創造價值、獲得利潤的機會。滿足現狀、不思變化、不擴張事業版圖的企業會被雄心壯志、不斷改變其商業模式的競爭者所淘汰。基於此原因，企業如要生存及成長，必須充分發揮其資源與能力，將經營版圖擴展到新市場區隔及產業。

能力產業矩陣

企業應如何將其經營範圍擴展到新的市場區隔及產業？首先，策略管理者應將其企業看成是能力組合 (competence portfolio)，而不是產品組合 (product portfolio)，如此才能夠看清楚各種不同的市場機會。然後，策略管理者要思考如何發揮資源及能力的槓桿作用以創造新的事業機會。例如，佳能 (Canon) 公司因具備精密機械、精密光學、微電子影像處理技術，而製造出家喻戶曉的照相機及影印機。

圖 9-1 顯示的能力產業矩陣 (competence industry matrix) 可幫助策略管理者同時思考能力與產業，以決定有無多角化機會。能力產業矩陣的兩軸分別是能力（既有能力、新能力）與產業（既有產業、新產業），據此我們可發展出四種策略：穩紮穩打、精益求精、求新求變、慧眼獨具。

	產　業	
	既有產業	新產業
新能力	精益求精	慧眼獨具
既有能力	穩紮穩打	求新求變

（縱軸標示：能力）

資料來源：Gary Hamel and C. K. Prahalad, *Competiting for the Future: Breakthrough Strategies for Seizing Control of Your Industry and Creating the Markets for Tomorrow* (MA: Harvard Business School Press, 1994).

圖 9-1　能力產業矩陣

穩紮穩打　採取穩紮穩打策略的公司會思考：在既有的產業中應如何發揮既有的能力來強化競爭地位。例如，在 1900 年代佳能公司在精密機械、精密光學、微電子影像處理技術具有獨特能力，因此是照相機業及影印機業的佼佼者。它利用在精密機械、精密光學方面的獨特能力來製造基本型的機械式照相機，這些能力再加上微電子影像處理技術，它又發展出普通型影印機。穩紮穩打策略又稱填補策略，也就是透過能力移轉來強化在既有產業中的競爭地位。佳能公司將其影印機的微電子技術移轉到照相機上，使其照相機也具有微電子功能（例如，自動對焦功能）。這種填補策略強化了佳能的競爭地位。

精益求精　採取精益求精策略的公司會思考：在今日必須發展什麼新的獨特能力，以確信在十年後還是繼續保持領先地位。佳能公司認為要在影印機事業維持其競爭優勢，就必須在微電子影像處理技術建立新的獨特能力，例如，數位化影像擷取及儲存。這個新的獨特能力使它能夠延伸其產品範圍，涵蓋了雷射影印機、數位相機。

求新求變　採取求新求變策略的公司會思考：如何重新部署、重新組合既有的獨特能力以進入新事業。佳能公司將其精密機械、精密光學以及稍後獲得的微電子影像處理技術加以整合，製造出了傳真機、彩色雷射印表機，因而進入傳真

機業及印表機業。換句話說，它充分的發揮既有能力以掌握多角化機會。

　　慧眼獨具　採取慧眼獨具策略的公司會思考：如何培養新的能力進入新的事業？例如，原本在農化業（如肥料）佔有一席之地的 Monsanto 公司，因預見生物科技業的無限商業契機，便毅然決然投資數十億美元，從事基因稻種的研發及製造。經過不斷的努力，結果在 1990 年代中期，其有機式自動防止蟲害的稻種研發成功，為該公司帶來了豐厚的利潤❶。

多事業模型

　　公司在跨入新行業之後，必須對新事業的經營建立商業模式。公司有三種作法：

- 替每一個新事業發展一套商業模式；

- 以一個標準的商業模式（可能是原來的）移轉到新事業。例如，奇異公司的標準商業模式是「以低價銷售昂貴的資本設備，並從售後服務中獲得高額利潤」。它以低價向航空公司銷售其噴射引擎，並在引擎的二十五年壽命中提供售後服務。這個商業模式之後被沿用到其他事業，如醫學影像設備。值得注意的是，這個移植的作法未必適合每個新事業，例如，傳播業（如 NBC），因為傳播業的主要利潤來源是廣告收入；

- 發展高層次多事業模型。多事業模型 (multibusiness model) 是考慮加入的新事業對公司整體而言，會不會提高獲利性。以獨特能力的觀點來看，多事業模型可解釋為什麼及如何將獨特能力移轉到新事業會增加公司的資本投資報酬率，以及公司如何從所選擇的公司層次策略來創造價值。例如，Tyco 國際公司的多事業模式是：

　(a)利用購併來整合歧散的產業；

---

❶　Monsanto 原計畫與 AHP 合併成立的新公司，合併後的營運淨利，總計 2003 年達 28.3 億美元，僅次於 DuPont 及 Hoechst AG 公司，成為全球農業生物技術公司中，排名第三的公司。但這兩家公司沒有合併成功，所以 Monsanto 在全球農業生物技術公司排名中，僅為第七名。（資料來源：*Agbiotech Reporter*, June, 1998, pp. 1–3） (b)購併的對象是其績效低於同業標準的公司；

(c)從不從事敵意的購併；

(d)在購併前要考慮節省成本的做法；

(e)在購併後要盡速回收成本；

(f)確信要對被購併的公司員工提供適當的誘因，以使他們願意發展獨特能力，提高公司的獲利性❷。

9.2　多角化策略

多角化 (diversification) 是將獨特的新事業納入公司的過程。一個多角化公司 (diversified company) 或多事業公司 (multibusiness company) 就是跨入二個或以上獨特行業的企業。為了增加獲利性，多角化策略的實施要成功的話，必須做到三件事情：

- 以低成本執行一個或以上的價值創造活動；
- 執行一個或以上的價值創造活動，可使公司的產品具有差異化特性；
- 協助公司更能掌握產業中的競爭態勢。

透過多角化提高獲利性

在考慮是否要進行多角化時，策略管理者必須先考慮到淨現金流量的問題。淨現金流量 (net cash flow) 就是在扣除投資資金及負債之後的現金。有了淨現金流量，公司就可以用來支援現有的事業單位或投資成立新的事業單位。多角化公司在提高獲利性方面有四種做法：

- 能力移轉。在既有的事業單位之間進行能力移轉；
- 能力槓桿。善用既有能力以創造新事業；

❷ Tyco 國際公司 (Tyco International) 是美國著名的廠商，其營運範圍非常廣泛，包括醫療用品、防火及安全器材、流量控制設備及電子元件等。近十年來，它購併了 200 多家企業，每年的盈餘成長率是 25%。其董事長 Dennis Kozlowski 宣稱到 2006 年，公司的營業額會達到 1,000 億美元。

- 資源分享。分享資源以實現規模經濟；
- 多點競爭。利用多角化作為管理一個或以上產業競爭者的工具。

能力移轉　能力移轉 (transfer of competence) 是指將在某一產業內所發展的獨特能力轉移到另外一個產業。例如，公司在原產業以產品發展、行銷及品牌定位見長，在購併了新產業的企業之後，便可將一些行銷專才調到新公司就職，而這些專才就將在原產業所習得的行銷知識及技術充分的發揮到新事業上，如圖 9–2 所示。雅虎是全球最大的入口網站，奇摩站則是國內重要的入口網站。2000 年 11 月雅虎併購奇摩網站之後，便將在網路上的行銷及銷售技術移轉到新事業上，並採取 Yahoo-Kimo 雙品牌❸。

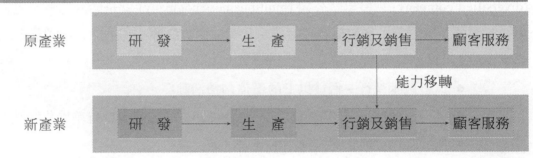

資料來源：Charles W. L. Hill and Gareth R. Jones, *Strategic Management Theory: An Integrated Approach*, 6th ed. (Boston, MA: Houghton Mifflin Company, 2004), p. 333.

圖 9–2　能力移轉

　　值得注意的是，所移轉的能力對於新事業而言要有策略重要性。原產業所具有的品牌定位、廣告及產品發展技術正是新產業大量行銷策略所需要的重要技術。換句話說，這些能力可使新事業降低創造價值的成本及創造差異化。

能力槓桿　能力槓桿 (competence leverage) 是指利用某一事業單位所獲得的能力在不同的產業創造新事業。顯然這種策略的前提是：在某一產業所獲得的能力能夠在新事業產生低成本、差異化的競爭優勢。例如，我們在能力產業矩陣中

❸　雅虎發行 225 萬普通股，以換取奇摩網站所有股權和股票選擇權。這項交易價值 1.5 億美元，約合新臺幣 48 億元。

所說明的求新求變策略即可滿足這個前提。

　　能力移轉與能力槓桿的不同點，在於能力移轉是在既有的事業或購併而得的事業移轉，而能力槓桿是利用能力創造新事業。採取能力槓桿的公司必然是重視研發的技術導向公司，而採取能力移轉策略的公司比較會善用購併策略。

　　資源分享　資源分享 (resource sharing) 是指在兩個或以上事業單位分享資源（如製造設備、配銷通路、廣告活動或研發），以獲得範圍經濟。範圍經濟 (economies of scope) 是在各事業單位間由於資源共享所造成的成本節省。為什麼資源分享可造成成本節省？第一，能夠在各事業單位間分享資源的公司，其投資在此資源的成本在比例上必低於不能夠做到的公司。例如，IBM 在購併蓮花公司之後，在研發上共同合作，以達到相輔相成的效果。同樣的，由於這些系統軟體及應用軟體都是針對同樣的目標市場，所以 IBM 可以利用同樣的銷售人員，如圖 9-3 所示。相形之下，如果無法共享行銷人員以及分擔研發成本，就不能獲得範圍經濟。在其他條件不變之下，IBM 公司會比不能獲得範圍經濟的企業有更廉價的費用，以及更高的資本投資報酬率。

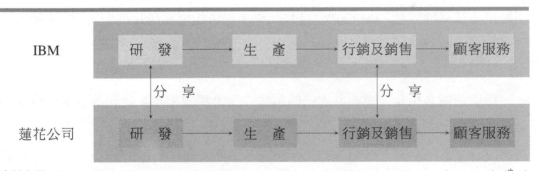

資料來源：Charles W. L. Hill and Gareth R. Jones, *Strategic Management Theory: An Integrated Approach*, 6th ed. (Boston, MA: Houghton Mifflin Company, 2004), p. 336.

◀ 圖 9-3 資源分享

　　第二，事業單位間的資源分享可使公司更密集的使用共享資源，進而獲得規模經濟之利。規模經濟 (economies of scale) 是指大規模（如大量生產產品）所造成在成本節省上的經濟效益。當生產量倍增時，單位成本可降低 20～30% ❹。台

積電購併德基與世大積體電路之後，便獲得了規模經濟。購併及合併可使公司更能善加利用既有的資源，因此可獲得規模經濟之利。由於規模經濟可減低一個或以上事業單位的成本，因此其淨效果是提高多角化公司的獲利性。

在多角化的實施中要獲得範圍經濟的話，必須滿足一個重要的前提：原有事業與新事業在價值創造的活動上要有共通性。策略管理者也應注意，獲得範圍經濟的過程中所衍生的官僚成本通常會超過範圍經濟所帶來的效益。因此，只有當資源分享能夠使一個或以上事業單位獲得極為顯著的競爭優勢時，才要考慮範圍經濟的策略運用。

❽ 相關或不相關多角化

多角化有兩種類型：相關多角化與不相關多角化。相關多角化 (related diversification) 是指跨入一個新的產業，而在此新產業內的公司價值鏈活動（如製造、行銷或研發）與既有產業的公司價值鏈活動是有共通性的。Philip Morris 購併米勒釀酒公司就是相關多角化的例子，因為在菸草業與釀酒業都有「行銷」這個共同的活動，也就是說這兩個行業都是以大量的消費者市場為目標市場，而且競爭地位都是決定於品牌定位。3M 公司也是長年以來採取相關多角化的公司。它所跨入的新行業與既有行業的共通性是核心技術，換言之，它將核心技術運用到其他行業上。

採取相關多角化策略的益處已如前述。但是採取相關多角化的企業常會遇到多點競爭的情況。相形之下，不相關多角化 (unrelated diversification) 則是進入一個與既有產業毫無共通性的產業。在跨入一個不相關的行業時，企業無法做到能力移轉，也無法獲得範圍經濟。大多數採取不相關多角化的企業，其獲利的來源主要是一般組織能力（見第 3 章）。1990 年代，Tyco 國際公司的多角化就是屬於不相關多角化。它所跨入的行業（如塑膠業、安全控制業、通訊業等）在價值鏈活動方面毫無關連性，它的獲利來源主要是有效的組織結構及控制制度。

----

❹ 這是學習效果使然。詳細資料可參考：R. D. Buzzell and B. T. Gale, *The PIMS Principle* (New York: The Free Press, 1987), pp. 8–10.

採取相關多角化的原因

公司所面臨的重要問題之一,就是要決定採取相關多角化還是不相關多角化。由於採取相關多角化的獲利方式比不相關多角化還來得多,所以許多人自然會認為相關多角化應是企業優先採取的策略。此外,也有許多人認為採取相關多角化的風險較小,因為高級主管對於相關的新事業通常會有相當程度的了解。由於以上的原因,大多數公司都會比較偏好相關多角化。

廣泛的多角化

然而,有關研究發現,採取相關多角化的企業其財務績效僅稍高於採取不相關多角化的企業❺。同時也有研究發現,廣泛的多角化會傷害而不是改善公司的獲利性。例如,麥可波特 (Michael Porter) 針對美國 33 家大型公司三十五年來的財務績效與其多角化策略所進行的相關研究顯示,大多數公司對於其所購併的事業進行撤資的數目遠超過其保留的數目。他結論道:大多數公司採取廣泛多角化的結果,會侵蝕而不是創造公司價值❻。

官僚成本

為什麼相關多角化的獲利僅略高於不相關多角化?為什麼廣泛多角化會侵蝕而不是創造公司價值?為什麼有許多實例顯示採取相關多角化策略的公司會獲得更好的財務績效?關鍵點在於多角化後是否衍生官僚成本。

水能載舟,亦能覆舟,多角化亦然。多角化可以創造公司價值,也可以造成公司損失,端看多角化後所創造的價值是否高於其所衍生的官僚成本。如前所述(第 8 章),官僚成本是在大型組織中由於管理無效率所產生的成本。多角化公司內的官僚成本可以從三方面來了解:

- 公司組合。公司組合中事業單位的數目;
- 協調程度。採取多角化策略後為了創造價值而必須在各事業單位間進行協調的程度;

❺　H. K. Ramanujam and P. Varadarajan, "Research on Corporate Diversification: A Synthesis," *Strategic Management Journal*, No. 2, 1989, pp. 523–551.

❻　M. E. Porter, "From Competitive Advantage to Corporate Strategy," *Harvard Business Review*, May–June 1987, pp. 43–59.

● 責任歸屬。

公司組合　公司組合 (company portfolio) 是指公司擁有多少個事業單位。公司組合愈多，則公司層次的管理者愈難掌握每個事業單位的複雜資訊。策略管理者要處理每個事業單位在擬定其策略計畫時的複雜資訊可以說是分身乏術。1970年代奇異公司的高級主管就曾經歷過這個現象。

在廣泛採取多角化策略的公司內，其公司層次管理者在資訊超載的情況下，只得以目前各事業單位的競爭地位這個表面上的標準來做資源分配決策。結果會造成有些事業單位嚴重缺乏所需資金，而有些事業單位會有過多的資金。此外，公司層次管理者可能會因為對於事業單位的作業不熟悉而遭到矇騙。例如，某事業單位主管將其業績不良歸咎於環境的不利，而不是本身的管理不善，而以不實資訊矇騙高級主管。資訊失真會使公司的管理失能，進而削弱了價值的創造。管理失能 (management dysfunction) 包括公司現金資源的不當分配、賞罰不公，而賞罰不公會打擊積極追求利潤的事業單位士氣。

由於資訊超載所產生的無效率現象可被視為是官僚成本的一部分，公司如能縮小其多角化範圍，則官僚成本便可大幅降低。例如，奇異公司的董事長傑克威爾許 (Jack Welsh) 在上任之後，大刀闊斧的將原來的四十個事業單位減少到十六個，這種作為使得成本節省大為改觀。

協調程度　事業單位在實現能力移轉、資源分享及範圍經濟的過程中，就必須進行許多協調，而無效的協調就會衍生官僚成本。

責任歸屬　公司如果不能確認各事業單位的實質貢獻，或者做了不當的責任歸屬進而實施不公平的賞罰，必然會衍生相當大的官僚成本。假設一個公司有兩個事業單位，一個製造家庭用品 (例如液體肥皂、洗碗精)，另一個製造包裝食品，這些產品都是透過超級市場來銷售。為了減少創造價值的成本，公司總部就將這兩個事業單位的行銷人員集結成立了一個新的行銷及銷售事業單位。

雖然這種安排會創造價值，但是也會產生嚴重的控制問題。例如，假如家庭用品事業單位的業績下滑，要確認是誰的責任 (家庭用品事業單位還是行銷及銷售事業單位) 是相當棘手的問題。這兩個事業單位都會認為是對方的責任。公司層次的高級主管如果缺乏有效的稽核制度，就無法做出公平的判斷。

從以上的說明，我們可以做出這個結論：決定是否要多角化要看多角化之後所創造的價值以及其所衍生的官僚成本。如果價值超過成本，才有多角化的必要。

多點競爭

有時候公司採取多角化策略的動機是阻止產業中虎視眈眈的競爭者的蠢蠢欲動（千方百計的想要進入本公司所處的產業）。如果在其他產業的競爭者無所不用其極的企圖進入本產業（本公司所處的產業），並企圖以低價侵蝕本公司的市場佔有率，則本公司可以跨入競爭者的產業，並同樣的以低價競爭來報復。這就是多點競爭現象。多點競爭 (multipoint competition) 是指廠商互相在其所屬的產業中競爭，也就是「一報還一報」的意思。如果多點競爭能夠對競爭者產生嚇阻作用，則會產生相互容忍效果 (mutual forbearance effect)，同時也降低了競爭密度。低的競爭密度表示公司的獲利性會相對提高。

1990 年代微軟公司警覺到新力公司將會成為頑強的競爭對手。雖然新力公司的老本行是在消費者電子產品業，但微軟察覺到新力的 PlayStation 事實上就是特殊的電腦系統。而更具威脅性的是，PlayStation 並不需要在微軟的視窗作業系統下運作，而且又有網路瀏覽的潛力。為了遏阻新力的強大威脅，微軟決定多角化到電玩業，因此旋踵之間它就推出了 X-Box。在產業間，多點競爭的例子有很多，例如，佳能與柯達互相在影印機業、數位相機業競爭，聯合利華 (Unilever) 與寶鹼公司互相在洗衣粉、個人保養產品業競爭等。

9.3　內部發展

內部發展 (internal development)，又稱為內部創業 (internal new venturint)，是指公司利用既有的獨特能力，或將這些能力加以組合以進入一個新的事業領域。例如，某一高科技公司利用本身在研發及創新方面的科技能力，在相關行業創造市場機會。採取相關多角化的公司通常是以內部發展的方式。例如，本田公司的多角化之路就是以內部發展的方式。長久以來，本田在機車的產銷上佔有一席之地。本田在製造具有燃料效率、高度可靠性的引擎方面，可以說已到達了「爐火

純青」的地步。本田將這個優勢發揮到新事業上——在日本國內市場產銷具有燃料效率的小型房車。在 1960 年代末期，本田汽車首度外銷美國，市場反應相當好。這個成功鼓舞了本田再製造性能更佳的大型房車。數年來，本田陸續的推出了一系列的高品質車種，其中以豪華車種 Acura 最為叫好。除了多角化到房車市場之外，本田還將其製造引擎的獨特能力應用到越野車、手提式發電機、除草機的製造上。本田藉著其早年在製造引擎上的卓越技術，多角化到許多新事業上。又如杜邦公司以其尼龍、鐵弗龍所創造的新市場都是源自於企業內部的創新。同樣的，惠普也是利用內部發展的方式進入電腦及周邊設備事業。

由於在萌芽階段的產業中沒有競爭者存在，因此公司就不可能以購併的方式來進入此產業，此時唯有靠內部發展的方式，即使在彼時公司還沒有獨特能力。例如，3M 公司在企業內部所培養的企業家精神，有助於其日後擴張其事業版圖；IBM 的電子材料處在個人電腦發展上的成果，也足以說明內部發展是相當有效的策略。以內部發展的方式進入新行業是基於「領先競爭者」及「如果不做，遲早會被競爭者搶先一步」的理由。

◐ 陷　阱

雖然內部發展方式具有上述的優點，但是公司在內部發展的道路上可以說是荊棘滿布、困難重重。根據研究統計，以內部發展方式進入新行業的產品中，有 33～60% 是失敗的 [7]。失敗的原因有：

- 進入規模；
- 產品的商業化；
- 內部發展過程的管理。

進入規模　大規模的進入新產業是內部發展方式成功的先決條件。雖然在短期，大規模進入會衍生大量的成本，使獲利率成為負數，但在長期（通常是 5～10 年，視產業不同而異），獲利率會高於小規模進入，如圖 9-4 所示。原因在於大規模進入會有規模經濟之利，而且可以建立品牌忠誠，先佔配銷通路。如果想要進

[7]　E. Mansfield, "How Economists See R&D," *Harvard Business Review*, November/December 1981, pp. 98–106.

入的產業中既有的競爭者已經具有規模經濟，並已建立品牌忠誠及獲得配銷通路的便利性，那麼大規模進入會變得更為重要。

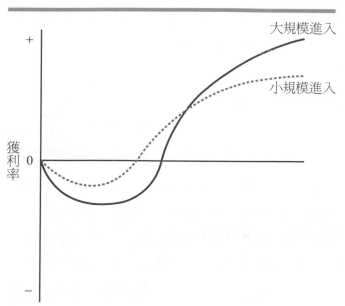

資料來源：Charles W. L. Hill and Gareth R. Jones, *Strategic Management Theory: An Integrated Approach*, 6th ed. (Boston, MA: Houghton Mifflin Company, 2004), p. 347.

圖 9-4　進入規模與獲利率

產品的商業化　產品商業化失敗的主要原因，在於忽略顧客需求或對市場反應做過於樂觀的估計。例如，NeXT 電腦之所以失敗的原因，是因為在推出時忽略了市場的真正需要；消費者並不需要其所設計的高級音響，或者不願意為這個高級音響付出更高的費用。值得注意的是，在正式的商業化之前，新產品必須經過試銷。試銷是在事先所選定的區域試行推展，以觀察在此選擇性市場中產品的表現，以及評估在大市場中成功的機率。在試銷時，策略管理者應了解，在真實世界中潛在消費者對產品的反應如何。綜合而言，試銷有三個目的：確認消費者對產品接受的程度；減低市場風險；以試銷過程所獲得的資料，作為日後擬定行銷策略的依據。例如，先鋒電子公司 (Pioneer) 於 1980 年推出其影碟機時，便是先在

四個城市做試銷，然後每隔 60～90 天，再增加四個市場。這個方法使得企業可將新產品推出的成本做較長時期的分攤，同時可藉著先前的表現，不斷的強化或修正其行銷策略。

內部發展過程的管理　內部發展的過程會產生許多組織問題。例如，高級主管缺乏承諾、策略性目標不夠清楚、時間及成本的不當預期（通常是低估了所衍生的成本、所耗費的時間）。

成功準則

為了避免上述的陷阱，公司發展過程必須要有系統性的管理方式。內部發展開始於探索式研究 (exploratory research)，也就是基礎科學及技術的探索，然後才是商業化應用 (commercialization)，也就是利用基礎科技產生符合市場需要的產品。內部發展要能成功，必須兼顧探索式研究及商業化應用。

探索式研究　要做好探索式研究，首先公司的策略管理者必須擬定公司主要的策略目標，並讓研發人員清楚的了解此策略目標。例如，微軟公司的最大研究專案多年以來一直是自然語言的辨識系統，因為公司的策略目標是「創造易於使用的電腦系統」，研發人員認為，要使電腦易於使用，必須要以語音輸入來代替鍵盤輸入。研發目標必須與公司目標相配合，才不會造成資源的錯置與浪費。

同時，公司可以和大學及研究機構合作，並讓研發人員具有充裕的經費及工作上的彈性。例如，Monsanto 公司與明尼蘇達大學簽訂研發合作計畫，而且該公司也允許其研究人員可利用 15% 的時間來研究他們自選的專案。

商業化應用　商業化是大規模生產之後並銷售給目標顧客。值得注意的是，新產品的導入時機對產品成功的影響很大。要使商業化應用成功，研發人員必須與行銷人員溝通，以了解市場的需求。同時，研發人員也必須與製造人員溝通，以了解實際製造產品的成本。許多公司會集結各企業功能領域的專門人員成立專案小組，以監督及協助新產品發展。例如，惠普在個人電腦方面的成功，要歸因於其專案小組的貢獻。成立專案小組的另一個好處是可以同步進行各作業，以縮短新產品發展時間。例如，當研發人員進行設計時，生產人員就可以做設備的安排，而行銷人員也可以同時擬定行銷計畫。康柏（已被惠普購併）在當年之所以

能夠在短短的六個月時間從構想產生到最後手提式電腦的上市，主要就是因為同步作業所產生的效果。

要確保產品商業化的成功，公司必須慎選專案。所選擇的基礎當然是獲利性。但是如何判定某專案會有未來的獲利性？這實在是相當不容易的事情，因為新產品本身就有未來的不確定性。研究顯示，由於新產品的不確定性程度高，所以只有在新產品推出的四至五年才能夠合理的估計其獲利性❽。在新產品推出之後的四至五年內，衡量績效的標準應是市場佔有率，而不是現金流量或獲利性。能獲得長期成功的產品應是能夠迅速獲得市場佔有率的產品，因為市場佔有率高才能獲得規模經濟及學習效果，然後才會獲得利潤。公司必須明訂市場佔有率目標，以便在新產品推出後做出明智的進退決策。

9.4　購　併

如第 8 章所述，購併是水平整合的一種策略，同時也是垂直整合、多角化的重要策略運用。由於企業購併的現象非常普遍，例如，Tyco 國際公司❾利用購併使公司在十年內成長了 10 倍，英特爾在 1997～2001 年間共完成了總值達 80 億美元的 18 筆購併案，所以有必要再詳加說明。

吸引力

購併可使公司進入一個本身缺乏主要資源及能力的新事業領域，進而擴大公司的營運範圍。公司藉著購併進入一個新事業的原因之一，在於它覺得必須拔得頭籌、掌握商機。如果以內部發展的方式進入新事業，不僅會耗費很大的成本，

---

❽ G. Beardsley and E. Mansfield, "A Note on the Accuracy of Industrial Forecasts of the Profitability of New Products and Processes," *Journal of Business*, No. 23, 1978, pp. 127–130.

❾ Tyco（泰科）是一家業務範圍廣泛的知名全球公司，主要提供五個業務領域的重要產品和服務：消防安保、電子元件、醫療保健、工程產品與服務，及塑膠與膠粘劑。2004 年泰科國際總營業額達 400 億美元，在世界各地擁有約 26 萬名員工（詳細資料可上網：www.tyco.com）。

承擔很大的風險，而且最關鍵的問題是會失去時效。相形之下，以購併的方式就能使公司很快的出現在市場上。換言之，公司可以在一夜之間買下具有競爭地位的市場領導者，而不需要經年累月的透過內部發展來獲得市場領導地位。因此，當速度是決勝的關鍵因素時，購併是一個很有效的市場進入策略。

多數企業也常認為購併的風險會比內部發展小，因為購併比較不具有不確定性。就以內部發展的本質而言，某專案的未來獲利性、現金流量都是不確定的。相形之下，當公司購併一家企業時，它對這個購併對象的獲利性、市場佔有率已是非常清楚，因此不確定性會相對小很多。

當想要進入的新行業已經非常穩定，而在該產業內的既有廠商又不會受到新進入者的威脅時，購併既有廠商也是一個有效的進入策略。進入障礙是因為產品差異化所產生的品牌忠誠、絕對的成本優勢以及規模經濟所造成的。當進入障礙高時，以內部發展的方式進入此產業便會有相當大的困難，因為要以內部發展方式進入的話，公司必須建立有效率的製造工廠，從事大量的廣告活動以打破既有的品牌忠誠，並以快速有效的方式建立配銷通路——這些活動在實現上會有困難，更不用說會耗費大量的成本。相較之下，購併既有廠商，公司就可以不必有上述的麻煩，並很容易的克服進入障礙。尤其是如果公司購併的廠商是已經具有顧客忠誠、已經獲得規模經濟的領導性廠商，則公司馬上就可以成為市場領導者。從以上的說明，我們可以了解，當進入障礙愈大時，購併策略就愈顯得有效。當然，策略管理者不能忽略一個重要的前提，那就是購併成本要低於內部發展成本。

陷　阱

雖然購併有以上的吸引力，但在實務上有很多證據顯示，許多購併的結果不僅不會增加購併者的價值，反而會侵蝕了它的價值。購併者與被購併者之間的組織結構重組問題、組織文化融合問題等都會侵蝕企業的價值。如果企業對於被購併企業所處的產業在技術上、市場上不甚熟悉的話，購併反而得不償失，例如，杜邦公司從爽身粉進入油漆塗料的失敗例子，就是因為缺乏生產技術所致[10]。

許多學術研究也發現，許多購併並沒有達到預期的利潤，甚至購併後的獲利

[10]　Alfred D. Chandler, *Strategy and Structure* (Cambridge, MA: MIT Press, 1962), p. 38.

率及市場佔有率反而降低，許多購併者到最後不得不出售所購併的公司。原因何在？主要的原因是：

- 整合問題，
- 預期過高，
- 成本昂貴，
- 未慎選購併對象。

整合問題 在購併後購併者必須將被購併者的事業整合到公司的組織結構內。整合 (integration) 表示在管理制度、財務管理系統等的整頓及結合。哪些活動和功能應該保留，哪些活動和功能應該捨棄，哪些活動和功能應該合併等，都需要經過詳細的規劃。這些硬體因素倒是還好解決，比較棘手的是如組織文化這樣的軟性因素。購併之後，員工的離職率會很高，原因是被購併者的員工無法適應新的組織文化。隨著人員的離職，許多寶貴的管理才華及專業技術也相繼消失。這個現象稱為組織記憶的喪失 (the loss of organizational memory)。

預期過高 公司通常會因為對於購併後的潛在價值創造及策略優勢的估計過於理想化，而付出更高的代價（實際付出的價格比應該付的價格還高）來購買新事業。為什麼過高的預期通常是策略管理者的傾向？換句話說，為什麼做保守預估的管理者為數不多？因為管理者總希望在他的任期之內要有建樹，而藉著購併來擴大組織營運規模是最顯而易見的功績。

成本昂貴 購併一家股票上市公司是相當昂貴的。原因之一是除非購併者願意付出比股票市價更高的價格（通常是高出 30～50%），否則被購併公司的管理當局及股東不會輕易出讓。這表示如果股票的市價能夠真正反映未來的獲利潛力的話，購併者至少要付出這個代價。

成本的高昂也是競標所造成的。如果兩家或以上公司競相標購某個企業，則自然會哄抬價格。在 1996～2000 年間，通訊業者如 JDS Uniphase、Cisco Systems、Nortel、Corning 以及 Lucent 等公司因為預見通訊業的燦爛遠景，競相標購一些小型的通訊器材供應商，得標者自然必須付出更為昂貴的代價。

與購併的高昂成本息息相關的是利用舉債的方式來獲得購併所需的資金。1990 年代，大部分的購併者都是利用舉債的方式，例如，Tyco 國際公司藉著發行

債券所獲得的資金來購買某造紙公司，購併的總值是 170 億美元，其中 120 億美元是靠舉債而來。2002 年早期，由於經濟疲軟、紙價下降，許多分析師都懷疑 Tyco 要依靠什麼來還債。

未慎選購併對象　對於購併對象沒有在事前進行仔細的成本效益分析，也是購併失敗的主要原因。許多公司在完成購併作業之後，才發現所購併的是一個問題重重的企業。

🌀 成功購併的準則

為了避免上述的陷阱，進而做到成功的購併，公司必須遵守以下的原則：

- 篩選與確認購併對象；
- 善用標購策略；
- 有效的整合；
- 從經驗中學習。

篩選與確認購併對象　購併前進行篩選的好處是：

- 增加公司對購併對象的深入了解；
- 評估購併後的問題，例如將新事業整合到公司既有的體制上所發生的問題；
- 降低購買到一個問題重重企業的風險。

在篩選購併對象時，公司必須先確認篩選的標準，這些標準包括：競爭環境、財務地位、產品市場地位、管理者能力及組織文化。建立這些標準的好處是可使公司確認：

- 購併對象的強處及弱點；
- 在既有企業與被購併企業之間的潛在規模經濟程度；
- 在既有企業與被購併企業之間的組織文化融合程度。

在做初步篩選之後，公司要對剩下來的購併對象做進一步的評估。此時可以求助於第三廠商，如投資銀行。第三廠商以其客觀、知識及公平立場，必能做出專業的判斷。在做最後購併行動之前，可派會計專業人員到購併對象公司進行內部的財務會計稽核（當然這要是友善的購併，同時也要得到被購併公司的同意才行）。

善用標購策略　運用標購策略 (bidding strategy) 的目的，在於壓低購併價格。也許最有效的標購策略就是友善的購併。如果是敵意的購併，得標者至少必須付出比市價高出 30～50% 的價格。如果在標購的過程中，有願意出更高價的廠商（俗稱程咬金）的出現，則高出的比例會更高。

另外一個有效的標購策略是掌握時效。公司應不時的檢視產業環境，看看有沒有體制健全但一時財務周轉不靈的公司（這些財務問題可能是由於產業景氣循環所致）。這些公司的股票價值在資本市場通常會有較低的評價，因此公司可以較低價格購買。

有效的整合　如果只有好的篩選及標購，但缺乏整合的話，還是徒勞無功。整合就是將被購併者納入購併者的體制之中。公司在整合時，必須將焦點放在如何發揮潛在的策略優勢上，例如，如何共享行銷、製造、採購、研發、財務、管理者能力等資源，來相輔相成、創造優勢。公司也必須按部就班的剔除重複的作業、設備及功能。一般而言，愈具有關連性的活動，愈需要整合。

從經驗中學習。大多數公司在實施購併作業之後並沒有創造價值，但是有些購併老手（例如 Tyco 國際公司、奇異公司、組合國際公司等）卻能夠從購併中獲益。原因何在？主要是因為它們能從經驗中學習，發揮累積學習效果。例如，Tyco 國際公司根據其購併經驗，編撰了一份經驗手冊。這個手冊的內容包括：

- 不要進行敵意的購併；
- 對購併對象要進行詳細的會計稽核；
- 購併對象要能使公司獲得關鍵的目標顧客；
- 購併後要迅速的做到成本的節省；
- 要鼓勵管理者有效的領導新進同仁；
- 對被購併的單位要實施以利潤為基礎的報酬制度，以作為激勵的誘因。

9.5　聯合投資

雖然企業在建立新事業的方式上，聯合投資並不如購併或內部發展來得普遍，

但是在某些情況下，企業還是偏好聯合投資的方式。聯合投資 (joint venture) 涉及到企業（商業伙伴）間共同創造一個新的商業實體，而此商業實體代表著二個或以上企業（商業伙伴）的利益與資本。這些商業伙伴會向這個商業實體貢獻某一比例的資本、獨特技術、管理方式、報告系統等。可以想見，聯合投資企業（由聯合投資所產生的新企業）必然會產生許多複雜的協調問題。

◑ 原　因

一般而言，公司進行聯合投資有四個主要的理由：

- 獲得某種程度的垂直整合；
- 向商業伙伴學習技術；
- 提升及改善基礎技術；
- 創造新產業。

獲得某種程度的垂直整合　公司為了獲得垂直整合的好處，但又不願自行負擔垂直整合的固定成本及風險，是許多公司進行聯合投資的主要原因。垂直整合可擴大公司在某一產業的營運範圍，但是對於許多公司而言，擴大其價值鏈活動不僅所費不貲，而且曠日費時。對於處於變化快速產業的公司而言，採取完全整合是相當冒險的事情。聯合投資可使公司對於主要的供應商有某種程度的掌控，尤其是當公司由於資金缺乏而無法進行垂直整合時。

在全球汽車業、石油業、化學業，聯合投資的現象非常普遍。在汽車業，廠商會將其主要組件的製造交給聯合投資企業來做，以降低成本、獲得規模經濟。例如，通用汽車與五十鈴 (Isuzu)、豐田進行聯合投資以生產多種小型汽車，如 Chevrolet Cavalier。戴姆勒克萊斯勒 (DaimlerChrysler) 的美國廠與三菱 (Mitsubishi) 進行聯合投資，生產小型跑車，如 Dodge、Plymouth。日本汽車製造商向來以精湛的製造技術、卓越的品管著名於世，故可向美國的商業伙伴提供物美價廉的汽車，同時在與美國公司合作之後，就可利用美國的配銷通路。所以聯合投資可使這兩國的商業伙伴同蒙其利。

向商業伙伴學習技術　公司進行聯合投資的原因之一，就是想學習對方在價值鏈中某價值活動的技術。在高科技行業，企業要獲得某些專有技術及製程的話，

必須花上許多年的時間，但透過聯合投資，企業就可以在不必花費大量的成本之下，獲得商業伙伴的技術。例如，IBM 希望學習東芝液晶顯示器的製造技術，以便用在其手提式電腦上，在與東芝進行聯合投資之後，就獲得了這項技術。

提升及改善基礎技術　聯合投資可以幫助具有類似技術的企業提升技術能力。雖然聯合投資的商業伙伴也可能在同一產業競爭，但是它們共同發展的基礎技術會使它們同蒙其利。例如，IBM 與 Infineon Technology 雖然在半導體市場是激烈的競爭者，但是它們還是共同投資製造 256M 位元的記憶體晶片，在這個聯合投資的過程中，雙方均貢獻其工程及製造技術。在技術愈來愈複雜，環境愈來愈不確定的高科技行業，這種方式的聯合投資，愈來愈顯得重要。

創造新產業　採取聯合投資的企業在共同發展新科技並加以商業化之後，很可能對於產業未來的發展方向產生重大的影響。例如，在 1990 年代，AT&T 與增你智電子公司 (Zenith Electronics) 進行聯合投資共同設計及製造數位化高解析度電視 (HDTV)，其後又與 General Instrument、RCA、Philips、NBC 共同加以商業化，奠定了今日 HDTV 這個新行業的標準。

複習題

1. 公司只在單一行業發展的原因是什麼？
2. 能力產業矩陣可幫助策略管理者同時思考能力與產業，以決定有無多角化機會。試繪圖說明能力產業矩陣。
3. 公司在跨入新行業之後，必須對新事業的經營建立商業模式。公司有哪三種做法？
4. 試解釋多角化策略與多角化公司。
5. 多角化公司在提高獲利性方面的四種做法是什麼？
6. 多角化有兩種類型：相關多角化與不相關多角化。試加以說明。
7. 採取相關多角化的原因是什麼？
8. 何謂廣泛的多角化？
9. 何謂官僚成本？多角化公司內的官僚成本可以從哪三方面來了解？
10. 何謂多點競爭？
11. 試說明內部發展。

12. 內部發展失敗的原因有哪些？

13. 試繪圖說明進入規模與獲利率的關係。

14. 為了避免可能的陷阱，公司發展過程必須要有系統性的管理方式。試加以說明。

15. 購併有何吸引力？

16. 許多學術研究也發現，許多購併並沒有達到預期的利潤，甚至購併後的獲利率及市場佔有率反而降低，許多購併者到最後不得不出售所購併的公司。原因何在？

17. 為了避免可能的陷阱，進而做到成功的購併，公司必須遵守哪些原則？

18. Tyco 國際公司根據其購併經驗，編撰了一份經驗手冊。這個手冊的內容包括哪些？

19. 何謂聯合投資？一般而言，公司進行聯合投資有哪些主要的理由？

練習題

就第 1 章所選定的公司，做以下的練習：

※ 說明此公司的能力產業矩陣。

※ 說明此公司對新事業的經營建立的商業模式。

※ 說明此公司在提高獲利性方面的做法。

※ 說明此公司的相關多角化與不相關多角化。

※ 說明此公司採取相關多角化的原因。

※ 說明此公司的廣泛多角化。

※ 說明此公司的官僚成本。

※ 說明此公司的多點競爭。

※ 說明此公司的內部發展情形。

※ 試繪圖說明此公司的進入規模與獲利率的關係。

※ 說明此公司的購併情形。

※ 利用 Tyco 國際公司的購併經驗手冊，說明此公司的購併策略。

※ 說明此公司的聯合投資以及進行聯合投資的主要理由。

第10章　全球擴張策略

本章目的

本章的目的在於說明：

1. 全球環境

2. 加速全球化的環境因素

3. 全球擴張策略

今日，一切的情況都改變了。全球化 (globalization) 的浪潮使得公司必須重新思考其經營方式。為了要獲得規模經濟以達到低成本目標，進而獲得競爭優勢，企業必須考慮到全球市場。例如，耐吉、銳跑在亞洲若干國家進行運動鞋的製造作業，然後再行銷全球各國。許多大型公司不再是只設一個國際事業部來處理所有海外營運的事務，而是建立矩陣式組織結構，使產品別與國家別交疊在一起。被指派從事國際行銷的人被認為是向高層主管之路邁進一大步。

由於國際化是沛然莫之能禦的趨勢，策略管理變成檢視全球環境、獲得全球競爭優勢不可或缺的利器。例如，Maytag 公司購併 Hoover 公司的主要理由，並不在於想要從事吸塵器事業，而是要打入歐洲的洗衣、烹飪、冰箱市場。同樣的，基於全球化的考慮，許多企業紛紛建立商業伙伴的關係，例如，英國航空公司與美國航空公司的策略聯盟，以及賓士與克萊斯勒的合併等。

10.1　全球環境

每個國家的總體環境都不相同。事實上，我們可以用總體環境因素來比較各國不同的環境。例如，即使韓國、中國及其他太平洋邊緣地區國家在文化價值上蠻類似的，但是在「企業應扮演什麼角色」的觀點上，卻是大相逕庭。一般而言，

韓國、中國、日本（在某種程度上）認為企業的基本角色是在貢獻國家的發展，但在香港、臺灣、泰國（以及在某種程度上的菲律賓、印尼、新加坡、馬來西亞）認為企業的角色是替股東謀取最大的利潤。這些國家間的差異性會進而造成貿易管制、盈餘匯出（repatriation，將經營利潤從外國轉回國內）這些規定上的不同。

公司在海外經營，不論是以外銷、當地設立分公司，或是當地設廠的方式，都必須面對與本國截然不同的總體環境。由於國際間各國環境的差異很大，所以公司的策略管理過程必須要有相當的彈性。企業面臨的國際總體環境因素，詳如表 10–1 所示。

表 10–1 國際總體環境中各力量的變數

環境類別	重要變數
經濟環境	經濟發展、個人所得、氣候、GDP 趨勢、貨幣與財政政策、失業率、貨幣兌換、工資水平、競爭的本質、地區性經濟協會
技術環境	技術轉移的管制、能源供應與成本、自然資源的可利用性、運輸網路、勞工的技術水平、專利權與商標的保護、網際網路的可利用性、通訊的基礎建設
政治法律環境	政府的形式、政治的意識型態、稅法、政府的穩定性、政府對外國公司的態度、對外國公司擁有資產的管制、反對黨的力量、對貿易的管制、保護主義者的情懷、外交政策、恐怖活動、法律制度
社會文化環境	風俗、規範、價值觀、語言、人口統計變數、對生命的期待、社會機構、地位象徵、生活型態、宗教信仰、對外國人的態度、識字率、人權、環境

資料來源：Thomas L. Wheelen and J. David Hunger, *Concepts in Strategic Management and Business Policy*, 9th ed. (Upper Saddle River, N.Y.: Prentice-Hall, 2004), p. 57.

經濟、技術、政治法律、社會文化變數

企業所要重視的因素隨著其目的及所要進入的國家而定。例如，想要在外國進行投資的企業，所應重視的因素是貨幣兌換。如果不能兌換，則在俄羅斯投資的企業便不能將其所賺得的盧布轉換成美元。

在社會文化變數方面，許多亞洲國家對於人權極不重視，其程度遠遜於歐洲

及北美各國。有些亞洲人士認為美國企業將其西方的人權價值強行加諸亞洲企業的目的，不外乎企圖使亞洲企業背負更高的成本，進而降低亞洲產品的競爭力。

在針對某一特定國家進行策略規劃時，企業必須對此國家進行環境偵察，以檢視其機會與威脅，並檢視企業本身的強處及弱點。例如，如果要在全球產業 (如汽車、輪胎、電子、手錶) 上立足的話，企業必須在三巨頭 (Triad) 所涵蓋的國家地區中爭得一席之地。三巨頭是日本管理大師大前研一 (Kenichi Ohmae) 所創的名詞，它是指日本、北美及西歐所涵蓋的廣大市場。由於有共同的需要，這三巨頭儼然形成一個同質的大市場。根據大前的說法，致力於全球產業的多國公司，專注於三巨頭市場是很重要的，因為 90% 的高附加價值、高科技產品都是在日本、北美及西歐所製造及消費的。在理想上，全球公司應同時能夠在以上的每個地區發展、製造及行銷其產品。

全球公司不應僅僅專注於已開發國家市場，事實上，許多開發中國家，甚至未開發國家有很大的市場潛力。在競爭者尚未察覺之前，進入具有潛力的國家市場，是相當有利可圖的。尤其重要的是，全球公司要能夠確認「驅動點」。

驅動點 (trigger point) 是指一國具有足夠的消費人口及購買力的時間點。如何明確的知道驅動點？利用購買力平價就可以清楚的研判。

購買力平價 (purchasing power parity, PPP) 可估計一國的物質財富 (material wealth)，而每人 GDP 只能衡量一國所創造的貨幣或財務財富 (financial wealth)，因此以購買力平價為基礎來比較各國的購買力會比較清楚。例如，在紐約市擦鞋的費用是 5～10 美元，但在墨西哥市只要 50 美分。因此，和紐約市民相較，墨西哥市民只要花 5～10% 的費用，就可以享受到同樣的生活水平 (以擦鞋為例)。如果去年墨西哥擦鞋數是 1 百萬，則其 GDP 可增加 5～10 百萬美元。以購買力平價的標準來看，中國是繼美國之後的第二大經濟強國，而巴西、墨西哥、印度會超越加拿大成為世界前十大市場國家。

驅動點可以說明在一國內對某特定產品的需要何時會急遽成長。這對於何時進入開發中國家市場的決定是相當有幫助的。值得注意的是，驅動點會隨著產品的不同而異。例如，長途電話服務的驅動點是當每人 GDP 達 7,500 美元時 (也就是當每人 GDP 達 7,500 美元時，對於長途電話服務的需要會急遽成長)，壽險的

驅動點是當每人 GDP 達 8,000 美元時，此時壽險的需要是未達驅動點國家的 2～3
倍。值得一提的是，一國的需求會有上限，例如，當每人 GDP 超過 15,000 美元
時，對於長途電話服務的需要就會遞減❶。

國際產業分類

國際產業連續帶 (continuum of international industries) 包括了最左邊的多國內
企業與最右邊的全球產業，如圖 10–1 所示。多國內產業 (multidomestic industry) 是
某國或某些國的特定產業。這種類型的國際產業是許多國內產業的綜合，例如，
零售業、保險業。在多國內產業的情況下，一個多國公司在某地主國的分公司活
動基本上與在另外一個地主國的分公司活動是互相獨立的（也就是各自運作）。在
每個地主國內，此多國公司會有製造設備以製造產品供給該地主國。因此，此多
國公司能夠做到依據某特定國家（或總體環境相類似的某些國家）的特定需求來
提供產品與服務。

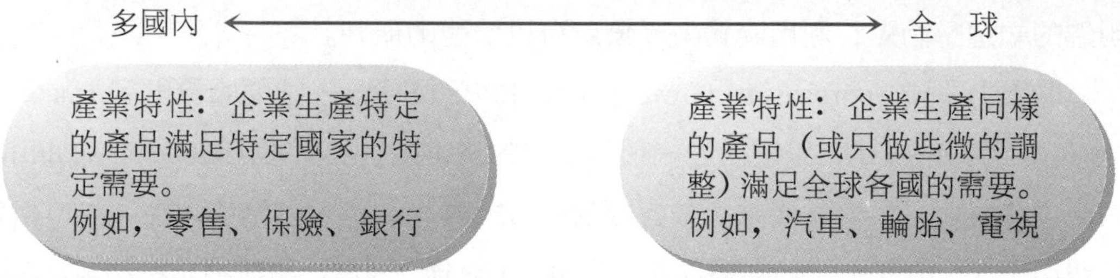

多國內 ←——————————————→ 全　球

產業特性：企業生產特定
的產品滿足特定國家的特
定需要。
例如，零售、保險、銀行

產業特性：企業生產同樣
的產品（或只做些微的調
整）滿足全球各國的需要。
例如，汽車、輪胎、電視

資料來源：Thomas L. Wheelen and J. David Hunger, *Concepts in Strategic Management and Business Policy*, 9th
ed. (Upper Saddle River, N.Y.: Prentice-Hall, 2004), p. 65.

圖 10–1　國際產業連續帶

相形之下，全球產業 (global industry) 是指營運於全球的產業。多國公司在全
球營運時，會在全球各地製造產品並行銷於全球各國，只對某個（或某些）國家
的特定狀況做小幅度的策略調整即可。在全球產業的情況下，多國公司在某一地

❶ D. Fraser and M. Raynor, "The Power of Parity," *Forecast*, May/June 1996, pp. 8–12.

主國的營運會受到它在其他地主國營運的影響。全球產業的例子有：商用客機、電視、半導體、影印機、汽車、輪胎、手錶。

如何分辨哪一個產業是多國內產業，哪一個產業是全球產業？以下是簡易的方式：

- 在該產業營運時，多國公司必須要在各地主國做協調嗎？亦即協調壓力有多大？
- 在某特定國家營運時，當地反應性 (local responsiveness) 有多大？亦即因應當地特殊需求的壓力有多大？

如果多國公司在全球某一產業營運時必須做高度的協調，而當地反應性低，則此產業比較偏向於全球產業。反之，如果多國公司在全球某一產業營運時不必做高度的協調，而當地反應性高，則此產業比較偏向於多國內產業。在這兩個極端之間，有許多產業既像多國內產業，又像全球產業。

🌐 國際風險評估

有些企業，如美國製罐公司 (American Can Company)、二菱貿易公司 (Mitsubishi Trading Company)，都曾發展周密的資訊網路及電腦化系統來評估及排序投資風險。小型企業由於資金及人力不足，可以聘請顧問公司來協助進行國際風險評估。在國際政治風險評估方面，赫赫有名的顧問公司有：芝加哥國際顧問公司 (Chicago Associated Consultants International) 或波士頓的 Arthur D. Little 顧問公司。

在評估國際政治及經濟風險中，比較有名的系統包括：

- 政治制度穩定指數 (Political System Stability Index)。
- 商業環境風險指數 (Business Environment Risk Index)。
- 國際商業評估服務 (Business International's Country Assessment Service)。
- 佛司特與沙立文全球政治風險預測 (Frost and Sullivan's World Political Risk Forecasts)。

國際商業評估服務會不斷的向訂戶提供六十三國的即時資訊。位於波士頓的

國際策略公司 (International Strategies) 會提供熱線服務，將資訊以傳真遞送，費用就是電話費。可上網 www.exporthotline.com 加入會員。不論這些來源如何，企業必須發展屬於自己的風險評估方法，必須確認最關鍵的風險因素，並適當的給予權數。

10.2　加速全球化的環境因素

過去二十年來，在半導體業、消費者電子業、汽車業、電腦業、工具業、醫療器材業、航空業的廠商，絡繹於國際化、全球化的道路上。在產業內及產業間，加速全球化腳步的重要環境因素有：全球各地市場間需求特性的一致性、高昂的研發成本、獲得更大規模經濟的壓力、政府的產業政策、在許多市場內低的人力及能源成本、新型配銷通路的出現，以及低的運輸、溝通及儲運成本。

全球各地市場間需求特性的一致性　影響快速全球化的重要因素之一，就是全球各地區的所得增加，以及對新產品及服務的認知增加。自從 1970 年以來，在巴西、智利、中國、南韓、臺灣、新加坡、南非、沙烏地阿拉伯、希臘、土耳其等國家的國民所得都大幅提高，對於新產品及服務的購買力也相對增加。此外，許多成熟市場，如歐洲、北美及日本的所得也呈現穩定成長，雖然成長幅度不如上述國家快。雖然各國的經濟發展速度不同，但是在許多曾經是未開發國家內由於新中產階級的興起，使得像新力的 Walkman、李維牛仔褲、麥當勞、可口可樂、摩托羅拉、諾基亞手機及呼叫器都獲得了無限的行銷契機。中國的崛起產生了廣大的中產階級（其人數約等於美國總人口的 1/3），這些消費人口對於上述產品的消費量可以說是高得驚人（試想每人每週喝一瓶可口可樂的總消費量）。原本是先進國家（如美國、西歐各國）富有人士所享受的產品及服務（如金融理財、豪華轎車、商業銀行服務、高爾夫球具、網球、手機），現在全球各地區的消費者只要負擔得起都可以享用。在 21 世紀，由於拉丁美洲的經濟穩定、東歐的市場開放、中國的崛起、印度及東南亞各國中產階級的興起，大幅增加了對各種產品及服務的需求，進而增加了全球市場機會。

全球需求的增加對許多產業的競爭本質產生了直接而特定的影響。在許多產

業內，全球需求有同質性的傾向。需求同質性 (homogeneity of demand) 是指不論在何處的消費者對於具有類似特性的產品及服務都會有相同的需求。換句話說，某些產業的消費者在偏好、品味、消費習慣上的漸趨一致，會造成一個全球同質性的大市場。在某一地區消費者的需求特性會與另外一個地區類似（即使不是完全相同）。例如，全球消費者對於美國的摩托羅拉手機、日本的富士、芬蘭的諾基亞手機在外觀及功能上的需求並不會有明顯的差異。不論紐約、倫敦、臺北、上海的消費者對於新力 Walkman 的消費行為都是一樣的。需求同質性也未必侷限在產品上。好萊塢製片場所發行的影片及電視劇不同樣也受到全球觀眾的喜愛？

在生產零組件的產業其全球的需求同質性很高，因為全球各國的廠商在生產產品時都必須使用這些零組件。例如，全球各國的電子廠商都需要用到目的及功能相同的半導體、通訊器材及其他電子裝置，不因製造商的所在地不同而異。

我們可將在全球市場具有需求同質性的產品整理一下：通訊器材、手機、新力的 Walkman、李維牛仔褲、商業銀行服務、金融理財、彩色電視、DVD、半導體、機具、電腦、藥品、建材、商用客機、好萊塢電影、電視劇、資料及電腦網路。

高昂的研發成本　在某些產業由於研發成本高漲，使得廠商必須擴大其營業範圍，向全球客戶銷售其產品，以獲得的利潤來抵銷研發費用。例如，近年來波音及空中巴士在研發商業客機的成本高達 100 億美元，如果只在本國市場行銷必然入不敷出，因此這兩家公司就會積極的向海外市場推銷其產品。同時，由於研發及製造成本實在昂貴，所以這些公司在接到顧客訂單、做出購買承諾之後，才開始製造。

在半導體業、生化業、醫療業、軟體業、通訊系統業、電子業、高級影像處理業、醫療器材業、光纖業，廠商的研發成本也是高得驚人。以半導體業為例，在 2001 年雖然半導體業面臨不景氣，但是英特爾還是毅然決然的在研發及資本設備上進行投資，費用高達 75 億美元。英特爾認為它必須成為晶片市場的全球領導者。

獲得更大規模經濟的壓力　許多產業（如汽車引擎、彩色電視映像管、半導體、辦公室設備、光纖、通訊、航空、化學）目前正面臨著在製造上規模經濟提

高的問題。在製鋼業，還有「最低規模效率」提高的問題。最低規模效率 (minimum efficiency scale, MES) 是指工廠要獲得完全效率所必須生產的數量。最低規模效率的提高，意味著工廠必須比以前生產更多的數量才能夠獲得和以前一樣的效率。同樣的，規模經濟的提高表示，工廠必須比以前生產更多的數量才能夠獲得和以前一樣的經濟效果。

全球規模經濟也會使製造商獲得相關的經驗曲線效果，進而降低成本。從累積生產量及學習效果中所獲得的成本降低，更會促使廠商進行全球化作業。當成本下降時，廠商就可以低價滲透全球各地區的市場。此外，快速的獲得經驗曲線效果會使廠商獲得長期的競爭優勢。在資訊導向的產業中，規模經濟更是扮演著關鍵性角色，因為一旦達到損益兩平點之後，任何銷售都會產生利潤。日本汽車製造商（如豐田、本田、日產）所獲得的規模經濟及累積經驗效果，就是它們能夠席捲美國及歐洲市場的主要原因。

政府的產業政策　政府政策也會加速某些產業的全球化腳步。例如，在 1960、1970 年代，日本製鋼業者所以能在全球市場佔有一席之地，要歸功於日本政府在減稅及其他方面的協助。日本政府對於其製鋼業者（如 Nippon Kokan、Nippon Steel、Sumimota Metal 等）不僅在技術創新上提供指導，更在最低規模效率的達成上給予許多協助。結果旋踵之間，日本製鋼業者已成功的滲透美國市場。彼時的美國製鋼業者，如美國製鋼公司、伯利恆製鋼公司、Jones and Laughlin、National Steel 因為沒有政府的奧援，而且仍在使用老舊的技術，所以當日本大舉入侵之際，毫無招架餘地。

政府政策中的其他工具，如津貼、優惠稅率以及對某些重點產業的特殊補助，都會加快廠商的全球化作業腳步。在遠東及拉丁美洲國家，政府常頒布實施所謂的「產業政策」(industrial policy)，其實說穿了就是政府對於它所選定的重點產業（或策略性產業）進行某些方面、某種程度的干預（協助）。例如，南韓政府對其電子及半導體公司（如三星等）給予大量的補助或間接貸款，以使它們能夠投資建立新工廠、購買新設備，為打入全球市場奠定了雄厚的實力。

歐洲國家的政府常與半導體業、航空業的廠商進行合作計畫，以形成泛歐洲的強勁實力，在許多產業上構成美國與日本廠商的重大威脅。我們可以整理一下，

各國政府對其產業的奧援：美國（半導體）、日本（製鋼、電腦、汽車、人工智慧、高級材料、航太）、歐洲（半導體、航太、汽車、高級雷射、光學、國防）。

　　相對的，政府政策也會阻礙某些產業的全球化。政府對於弱勢的國內廠商給予津貼補助，並採取保護本國產業的措施（如關稅、配額及其他進口限制），雖可延緩本國某些產業的衰退，但是卻阻礙了全球化進程，使得外國競爭者不容易將其市場範圍擴大到本國。例如，許多國家政府對於其農業、紡織業、鋼鐵業給予許多保護，以免與強勁的外國競爭者競爭。

　　但是，水能載舟，亦能覆舟。有時候政府的產業政策會產生意想不到的後果。例如，南韓政府對其半導體廠商的慷慨奧援，造成了 1990 年代記憶體晶片的生產過剩，這個結果不僅傷害到全球的半導體廠商，也傷害到自己。其電子大廠 Hyundai（現在稱為 Hynix）曾一再要求債權人延期還款，並不斷的要求政府紓困。日本政府一向津津樂道的產業升級政策，也因為遭遇到經濟不景氣而一敗塗地。尤其是那些接受政府奧援的外銷廠商，在碰到幣值波動、產能過剩的衝擊時更是欲振乏力。事實上，許多日本廠商，如日立、NEC、Toshiba、Fujitsu，在過去兩年被迫裁員，這個現象對於一向標榜終身雇用的日本廠商而言，真是情何以堪。

　　在許多市場內低的人力及能源成本　加速某些產業全球化腳步的另外一個重要因素，就是在世界某些地區的低價勞工與能源。低價勞工會吸引國外公司到此國營運以降低產品成本。在 1960、1970 年代，許多美國公司，如奇異、德州儀器、通用汽車，均紛紛的在遠東及拉丁美洲國家設廠，以利用其低勞工成本來製造消費者電子產品及汽車組件。許多紡織、小型家電、家庭用品及玩具製造商也因為海外的便宜勞工而在海外設廠。

　　在 1990 年代，中國、印度、印尼及其他東南亞國家的廉價技術勞工吸引了許多日本廠商在這些地區設廠，因為在日本勞工已經成為昂貴且稀少的資源。事實上，有許多經濟分析家認為，日本在整個東南亞的產能比整個法國還大。許多日本知名品牌，如新力的電視、國際的冷氣機等，都是在中國、新加坡、泰國等地製造的。

　　低價能源及其他資源也會加速全球化腳步。鋁、銅、生鐵及其他資源是金屬製造的主要資源，因此佔有相當大的成本比例。便宜的資源會吸引許多國外金屬

製造商前來投資開採。許多美國廠商在決定到哪個國家設廠時，其主要的考量條件是：是否有豐富的高技術人力資源。臺灣、印度及以色列都是重要的軟體工程及軟體應用系統的發展中心。例如，德州儀器在印度設立軟體發展中心，主要的目的就是利用當地的高級技術人才。事實上，印度的高級軟體人才濟濟，許多歐美的電腦及通訊公司均在印度設計營運據點。由於印度有重視教育的傳統，再加上其激烈的升學競爭，已經成為高級軟體人才庫。為了充分利用當地豐富的高級人才，許多公司會發展及利用企業內網路 (intranet) 並透過網際網路與各地的子公司聯繫，以形成整體的、即時的全球化資訊系統。網際網路式的資訊傳遞，不僅使公司在發展新技術方面獲得開創者優勢，而且也可以即時了解當地的市場情況。摩托羅拉、英特爾及許多美國半導體廠商在以色列建立研發中心，並透過網際網路與當地技術人員聯繫，以加速新產品的設計及測試。

新型配銷通路的出現　新型配銷通路的興起也加速了產品的全球化。例如，在德國及歐洲其他各國中特超級市場 (hypermarket，超大型的超級市場) 的興起，大幅增加了美國產品的出口數量。取代或輔助現有的昂貴通路的新型通路，也會刺激新產品的需求。例如，在日本玩具反斗城的連鎖店，不僅降低了產品價格，而且也吸引了美國及遠東國家玩具廠商的進口。百貨商店連鎖店（如在巴西及墨西哥的席爾斯及 PCPenny）、折扣店（如在加拿大的沃爾瑪）以及特殊的、低成本的零售店（如在日本的玩具反斗城、在智利的 Home Depot）的興起，使得新的全球產品的需求更趨於一致。

低的運輸、溝通及儲運成本　低成本運輸工具的快速發展刺激了許多產業的全球化。例如，拜運輸工具之賜，鮮花及鬱金香球莖已成為全球產業，南美（如厄瓜多、秘魯）及荷蘭所種植的大量鮮花，透過便捷的運輸工具在一夕之間就可運往全球各地。低成本、便捷的運輸工具也不是侷限在特殊品方面，例如，美國建築及採礦設備的領導性廠商 Caterpillar 公司，可在 48 小時之內向全球各地的經銷商定期的提供維修零件。

通訊成本也是逐年下降。近年來，促進全球化及需求同質性的最重要因素就是連結全球各角落的網際網路。網際網路、大型伺服器、光纖網路、個人電腦的普及，使通訊變得無遠弗屆。新型的衛星、電子郵件及寬頻視訊的技術發展，使

整個世界正緊密的結合在一起。

近年來由於 Internet（網際網路）的普及以及其專屬的特性，使得 Internet 已儼然成為一個重要的傳輸工具。以 Internet 為基礎，透過人造衛星、數據機及電話線，生產者可快速的、成本低廉的將數位化產品傳送給消費者。軟體公司、媒體公司、音樂公司及教育機構都可利用 Internet 來傳送電子化產品。

傳遞聲音、影像及數據的光纖電纜以及無線技術的發展，使得通訊成本大幅降低。通訊科技的發達促使 IBM 著力設計及發展聲音辨識器，透過傳統的電話線就可以翻譯各種語言（不必借助翻譯器）。網際網路上的搜尋引擎（如 Yahoo!、Google）可讓消費者很方便、很快速的從全球各網站中找到所需資訊。

隨著運輸、通訊成本的下降，近年來儲運成本也有下降的趨勢。存貨控制的改善（如剛好及時的生產及排程）、運輸方式的多元化及創新、有效的供應鏈，大大的降低了儲運成本。運輸工具可以搭配使用，以獲得成本及時間上的效率。將產品由某國運往他國很少是使用單一運輸工具的。使用運輸工具的搭配 (inter-modal transportation) 的方式有：

- 豬背 (piggyback)。使用火車與卡車；
- 船背 (fishback)。使用輪船與卡車；
- 火車輪船 (trainship)。使用輪船與火車；
- 飛機卡車 (airtruck)。使用飛機與卡車。

使用不同工具的搭配當然比單一工具更具有優勢，例如，豬背比卡車更能提供彈性與方便性。在美國，貨運商可將小箱貨櫃直接掛在卡車後面，或者以平臺型運貨車（美國無頂篷或無邊板的鐵路運貨車）來運輸，減低運輸成本。產品儲運效率的提升也是促進全球化的功臣。丹麥的 Maersk、日本的 NYK 及 K-Line、美國的 Sea-Land、德國的 Hapaq-Lloyd 這些海運公司和各國的陸運公司合作，以使得當貨櫃到岸時，就可馬上裝貨在卡車或火車上，以繼續進行快速遞送。這些運輸公司還裝有全球定位系統 (global positioning system, GPS)，以方便全球客戶追蹤其貨品的所在地。同時，利用全球定位系統可減少貨櫃閒置在港口的時間，使得運輸效率大幅增加。

10.3　全球擴張策略

如第 1 章所述，在思考如何擬定有效的全球策略之前，企業必須先考慮兩個問題：

● 如何將既有的優勢延伸到國外市場？

● 在全球競爭時，如何隱藏弱點，掌握機會？

第一個問題涉及到如何將一個市場的關鍵資源、獨特能力及競爭優勢發揮到另外一個市場上。例如，可口可樂的全球競爭策略是將競爭優勢的基礎加以有效延伸。

全球擴張與公司總部的擴張（向各產業發展）在本質上並無不同。在擬定公司層次策略時，管理者要思考的是跨入新事業領域或產業以擴大營運範圍，是否能夠強化或拓展公司的獨特能力？同樣的，在思考全球擴張策略時，管理者所要思考的是延伸到全球各地區市場，是否能夠強化或拓展公司的獨特能力？簡言之，全球擴張策略的本質就是將公司的獨特能力、產品線與全球目標市場相配合。

第二個問題所針對的角度不同，其重點是建立及管理全球營運來重挫競爭者的行動。由於全球競爭者在本質上涉及到全球各市場的策略及行動，因此全球擴張策略涉及到針對每一個特定市場對競爭者給予迎頭痛擊。

全球擴張策略涉及到建立及經營海外業務。全球擴張有兩個主要策略：全球策略與多國內策略。管理者要考慮的基本問題就是要以全球為基礎或以多國內為基礎來競爭。全球策略 (global strategy) 是指全球一致性的營運，以高度標準化的方式來針對全球市場。全球公司 (global corporation) 則是將全球（或者它所營運的地區）視為一個單一整體。全球公司以同樣的方式銷售同樣的產品到各地主國。像新力這樣的全球公司，在全球各地均銷售其標準化的隨身聽（此隨身聽的組件可能是在各不同的國家所設計或製造）。多國內策略 (multidomestic strategy) 就是針對每一個國家或市場的不同來調整產品及營運。大體而言，這兩個策略的運用會受到產業經濟狀況及產品本身的影響。

全球策略

　　過去十年來，全球策略相當風行，因為市場已漸成為標準化的緣故。許多日本廠商為了支配每一個競爭市場均紛紛採取全球策略。藍色巨人 IBM 也在全球各地發展及製造電腦產品。在實務上，本章 10.2 節所說明的加速全球化因素都是企業採取全球策略的原因。

　　全球策略所強調的是以相對低的成本向全球市場進行一致的、標準化的營運。採取全球策略的廠商會將其子公司視為「高度依賴、相互支援」的經營實體，以達成內部融合及一致性。採取全球策略的關鍵因素在於以整體觀點來建立及延伸競爭優勢的基礎，並且連結公司所有的作業來建立整合式的價值遞送系統。採取全球策略的公司會將每個競爭市場看成是學習新技術的平臺，並將習得的技術應用到其他市場上。採取全球策略的公司在某一市場所採取的行動及結果會直接影響到其他市場。這種作法會使全球公司獲得全球規模經濟、新產品技術密集及需求一致性的好處。此外，全球策略可使公司延伸其獨特能力並在這市場中獲得延伸效果。圖 10-2 顯示了具有互賴性（虛線表示）、整體觀點（實線表示）的全球策略。採取全球策略的公司應採取下列行動以獲得跨市場延伸效果：

- 產品標準化；
- 將工廠設在可以獲得全球競爭優勢極大化的地點；
- 在許多地區市場獲得延伸效果；
- 全球協調行銷及銷售活動；
- 利用交叉支援來打擊全球競爭者。

　　產品標準化　全球公司應盡可能的將產品及設計加以標準化。產品標準化不僅可使全球公司積極的向全球市場進行行銷活動，而且可使公司獲得製造上低成本規模經濟的好處。此外，標準化產品也傳遞出卓越設計、全球接受、世界級品質的形象。例如，新力的 Trinitron 彩視、Minidiscman、Walkman、星辰錶、精工錶、摩托羅拉及諾基亞手機、惠普雷射印表機、豐田及福特汽車，以及 Caterpillar、Komatsu 的重型建築設備。公司在產品設計上追求標準化的原因，在於獲得低成本量產的優勢。此外，精美的標準化設計也會增加公司的行銷形象。好的形

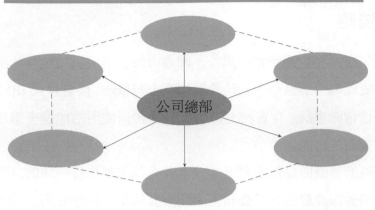

公司總部

資料來源：Robert A. Pitts and David Lei, *Strategic Management: Building and Sustaining Competitive Advantage*, 3rd ed. (Canada: South-Western, Thomson Learning, 2003), p. 277.

圖 10-2　全球策略

象會使公司在日後以另外一個產品打入此市場時變得更為容易。

　　將工廠設在可以獲得全球競爭優勢極大化的地點　　全球策略的另一個主要議題就是在各地區市場間將整體競爭優勢加以極大化。全球公司必須投資於最新的生產技術，並從向各地市場的服務中獲得規模經濟之利。為了實現這點，全球公司必須將其工廠、實驗室、設計及其他基本建設設置在能使它獲得全球延伸效果及規模經濟的地點。換句話說，建廠決策不僅要考慮到服務當地市場的經濟性，還需考慮跨子公司、跨市場的競爭優勢及規模經濟極大化的問題。例如，全球公司可能將它的某些工廠設在勞工便宜的國家（例如，紡織業、消費者電子業的廠商），也可以將最高級的工廠（技術最為複雜的工廠）設在最接近重要市場的地方（如手機業、建築設備及汽車業的廠商），或者也可以設立一、二個大規模的世界級工廠向全球市場服務（如製鋼業、半導體業的廠商）。

　　例如，福特汽車公司將許多標準化的引擎及組件集中在美國本土生產，但離合器及其他零件則在成本較為低廉的巴西、墨西哥生產，其新式的多閥式引擎則是在技術水平較高的日本及美國本土生產。針對美國本土銷售的汽車是在美國廠進行裝配作業，而以歐洲市場為主的汽車則在英國、德國裝配。因此，福特在製

造地點上的決定，是考慮如何才能夠在製造汽車各組件中，成為最具全球競爭力的低成本領導性廠商。

　　IBM 在電腦、網路、諮詢服務及半導體方面也是採取全球策略。IBM 的許多大型電腦是在美國本土製造，但是它的最新款的膝上型電腦、手提式電腦則是在 IBM 日本廠製造，因為日本廠在製造平板螢幕顯示器上的技術非常高超。另外，IBM 個人電腦產品線則是在技術一流、人才濟濟的日本、韓國、臺灣製造。同時在這些地區製造個人電腦的核心元件（如顯示器、硬碟等）的成本相對便宜許多。此外，IBM 也向主要的個人電腦製造商提供重要組件（如半導體、硬碟、顯示器及供電系統），因此它在這些組件方面都獲得規模經濟之利。過去幾年來，這些組件帶給 IBM 的利潤比個人電腦還要高。IBM 在決定要成為個人電腦組件供應商，還是個人電腦製造商，常常陷入兩難的局面。

　　在許多地區市場獲得延伸效果　新產品在科技密度上的增加，使得全球公司在發展及商業化產品的成本比以往高出許多。這些產品的高研發成本，必須要依賴高的全球化生產數量才能夠抵銷。換句話說，在發展新產品方面，因為研發需要耗費大量的時間及金錢，所以在固定成本中佔有很高的比例，只有以全球為目標市場，才能夠抵銷研發成本。基於以上原因，具有專屬的技術或者獨特的、難以模仿的技術的廠商，無不卯足全力進行全球行銷。

　　例如，由於本田汽車在小型內燃引擎的設計及製造上具有獨特的技術能力，所以它可以設計及行銷用在汽船、發電機、除草機、鏟雪機以及在美國及日本銷售成績非常亮麗的汽車引擎。卓越的技術能力使本田能夠採取全方位的全球策略，而在商譽的建立、市場佔有率的增加及全球展現上，本田無不佔盡優勢。

　　全球協調行銷及銷售活動　許多行銷活動在本質上應該針對個別市場來進行，因為行銷需要與顧客做密切的接觸，以滿足他們的需要。但是有些行銷卻可以支援全球策略。最明顯的例子就是集中式的全球行銷團隊，而此團隊成員專精於複雜的、昂貴的、客戶不會經常購買的產品。在某些產業，如飛機、發電機設備及通訊業，同一個銷售團隊會周遊列國，向客戶解說有關產品規格、成本及功能的資訊。例如，在發電機設備產業，奇異、ABB、西門子 (Siemens)、東芝、三菱等公司，均利用其全球銷售團隊爭取大型核子電廠、渦輪引擎廠的生意。銷售

任務通常是勞心勞力的，因為必須長時間的和客戶討論有關規格的事情。而且，在一般公司內具有專業技術的人才並不多。這就是為什麼奇異公司、ABB 公司會依靠同一個銷售團隊進行全球行銷的原因。

　　利用交叉支援來打擊全球競爭者　採取全球策略的公司通常會採取交叉支援的政策。交叉支援 (cross-subsidization) 是指利用在一個市場中獲得的財務資源及技術來抗衡另外一個市場的競爭者。這種做法可使公司在採取全球策略時，獲得市場的延伸效果，也就是將資金、技術、低成本製造優勢、行銷從一個市場移轉到另一個市場。例如，日本廠商利用在本國市場所獲得的財務資源來支援在美國及歐洲市場的促銷活動。同樣的，它們也會將在某國外市場中所獲得的行銷技術運用到另外一個國外市場。

　　交叉支援可使全球公司應付我們在全球擴展時所提出的第二個問題：如何隱藏弱點，掌握機會，重挫競爭者？交叉支援涉及到在共同市場中對於虎視眈眈的競爭者予以迎頭痛擊。例如，新力公司利用其在歐洲市場電視的銷售利潤，製造物美價廉的電視，滲透美國市場，不僅對美國本土廠商造成嚴重威脅，也對於覬覦此市場的其他競爭者（如東芝、三洋、聲寶、三星等）予以當頭棒喝。

◎ 多國內策略

　　當各地區市場的消費者在品味、偏好上有所不同，而競爭情況又有不同時，多國內策略是一個有效的策略。地區或國家市場間的差別愈大，就愈應採取多國內策略。多國內策略就是各國或各地區策略的集大成，而且每個地區都有其獨特的加值活動或價值鏈活動。採取多國內策略比較著名的公司有：麥斯威爾咖啡、雀巢咖啡、漢茲番茄醬 (Heinz)、寶鹼公司、聯合利華 (Unilever)、麥當勞、百事可樂、菲利普莫里斯 (Philip Morris) 等。

　　採取多國內策略的公司會考慮當地的市場情況，調整其產品及實務以滿足每個市場的需求。多國內策略與全球策略最大的不同點，就是它將每個市場視為獨立的、各不相關的，作業活動的控制是交由各子公司去做，然後再向公司總部報告，如圖 10-3 所示。多國內策略成功的關鍵在於在每個地區市場盡可能的做到產品差異化，以減低當地廠商及其他競爭者的優勢。

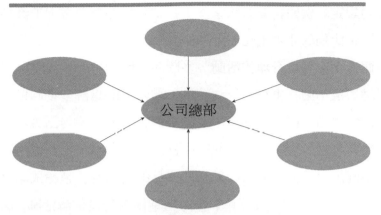

公司總部

資料來源: Robert A. Pitts and David Lei, *Strategic Management: Building and Sustaining Competitive Advantage*, 3rd ed. (Canada: South-Western, Thomson Learning, 2003), p. 282.

圖 10-3　多國內策略

　　雖然採取多國內策略的公司可將從某一市場習得的技術移轉到另一個市場，但是這種效果並不會太大，因為每個市場的價值鏈活動都不會相同。採取多國內策略的公司必須注意以下實務運用，才能夠在當地市場獲得競爭優勢：

- 經常調整產品；
- 在每一個當地市場執行加值活動；
- 依每一個個別市場的配銷通路特性來發展行銷策略；
- 將品牌名稱或商譽加以全球延伸以建立好的形象。

　　經常調整產品　有效的多國內策略就是要經常調整產品以滿足個別市場消費者的品味及偏好。像食品、飲料、銀行服務、衣服這樣的消費品、工業品或其他供應品的卓越品質並不是建立在標準化上（在全球策略中，標準化與品質之間可劃上等號），而是在產品與目標市場的契合度上。例如，行銷全球的麥當勞，會因為地區性消費者行為的不同而調整其策略，在德國的麥當勞供應啤酒，因為德國人將啤酒視為一般飲料，而日本麥當勞所供應的魚香堡也與美國不同。在個人保養及化妝業，Estée Lauder、寶鹼、露華濃 (Revlon) 及蘭蔻 (Lancôme) 均依照各地區市場的需求，提供不同的客製化產品。有時候，產品調整是為了符合當地政府

的法律及管制規定。例如，有些國家為了扶植其重點產業或促進經濟發展，規定產品中要有一定比例的「本土化」(local content)。

在每一個當地市場執行加值活動　多國內策略的另一個重點就是在各地區執行有關的關鍵加值活動。事實上，純粹的多國內策略是許多不同價值鏈活動的集合，而每個價值鏈活動都是為當地市場需要而設計的。換句話說，每個市場都有其獨特的研發、製造及行銷功能來執行在當地競爭所需要的加值活動。影響在每個市場採取不同加值活動的經濟因素有：產品的易腐性、運輸成本（從母國運輸到當地國市場的成本）。我們應了解，在每個地區執行價值鏈活動，必然不容易獲得規模經濟。

依每一個個別市場的配銷通路特性來發展行銷策略　在多國內產業競爭的公司必須對各種不同的通路有所了解及掌握。每個國家都有獨特的配銷方式。例如，在德國，大宗貨品是透過特超級市場 (hypermarket) 來銷售；在義大利，其配銷活動非常複雜，許多小型零售商（大部分是家族式企業）支配著整個通路，即使在米蘭、佛羅倫斯這樣的大城市也不例外；在法國與英國，配銷商則是比較屬於地區性的，也就是說在某一地區，通路幾乎被幾個大的配銷商所主宰。

採取多國內策略的公司必須針對各個不同的配銷通路、及它的獨特地區特性，擬定其策略。例如，寶鹼公司透過其高級的電腦化倉儲系統，有效的將大量的物品（如汰漬洗衣粉）運送給德國的配銷商，並透過許多中間商將貨品配銷給義大利的小型零售商。值得一提的是，雀巢公司（寶鹼公司的最大競爭對手）被其所採取的泛歐洲策略搞得灰頭土臉，因為如上述在歐洲各國的配銷制度有極大的不同。

將品牌名稱或商譽加以全球延伸以建立好的形象　多國內策略在本質上是針對每個市場設計及執行其關鍵價值活動。但是採取多國內策略的公司還是可以在某些方面發揮各地區市場的延伸效果及競爭優勢。最具有延伸效果的就是產品的高品質形象。例如採取多國內策略相當成功的寶鹼公司利用其公司形象打入新市場。事實上，在每個地區所建立的高品質形象，會使公司獲得全球性的品牌資產。品牌資產 (brand equity) 這個術語是由財務專業人員所發展出來的，所指的是品牌拿到資金市場銷售的價格。品牌資產是一種超越製造、商品及所有有形資產以外

的價值，因此它可被視為是產品冠上品牌之後，所產生的額外效益（例如顧客忠誠度的增加、顧客人數的增加等）。品牌資產已經成為企業的無形資產，是股權增值的一種型態。

可口可樂公司是將品牌形象加以全球化的領導性廠商。全世界的消費者只要一看到可口可樂的商標就會聯想到高品質，同時這個商標也會激發消費者深層的情緒感受，如歡笑、愉快，甚至自覺。為了在全球建立這個形象，可口可樂公司也相當細心的做了許多安排，例如慎選當地願意對可口可樂公司奉獻的人員，並充分授權給他們，讓他們根據當地的市場情況、消費者行為擬定適當的策略。此外，可口可樂公司也在各地區投入慈善事業，慷慨贊助健康、道德活動，不斷的強化其形象。

複習題

1. 試說明全球化 (globalization) 的浪潮使得公司必須重新思考其經營方式。
2. 試列表說明國際總體環境中各力量的變數。
3. 試說明驅動點 (trigger point)。
4. 了解購買力平價 (purchasing power parity, PPP) 對全球行銷者而言有何重要性。
5. 試繪圖說明國際產業連續帶 (continuum of international industries)。
6. 在評估國際政治及經濟風險中，比較有名的系統包括哪些？
7. 在產業內及產業間，加速全球化腳步的重要環境因素有哪些？
8. 何謂需求同質性 (homogeneity of demand)？
9. 試解釋最低規模效率 (minimum efficiency scale, MES)。
10. 在遠東及拉丁美洲國家，政府常頒布實施所謂的「產業政策」(industrial policy)，其實說穿了就是政府對於它所選定的重點產業（或策略性產業）進行某些方面、某種程度的干預（協助）。試舉例說明。
11. 運輸工具的搭配 (intermodal transportation) 的方式有哪些？
12. 在思考如何擬定有效的全球策略之前，企業必須先考慮哪兩個關鍵問題？
13. 試比較全球策略 (global strategy) 與多國內策略 (multidomestic strategy)。
14. 採取全球策略的公司應採取哪些行動以獲得跨市場延伸效果？

15. 採取多國內策略的公司必須注意哪些實務運用才能夠在當地市場獲得競爭優勢?

16. 何謂品牌資產 (brand equity)? 試舉例說明。

 練習題

就第 1 章所選定的公司,做以下的練習:

※ 說明此公司面臨全球化的浪潮所必須重新思考的經營方式。

※ 說明此公司所面臨國際總體環境中各力量的變數。

※ 試說明此公司的驅動點。

※ 試繪圖說明此公司的國際產業連續帶。

※ 說明此公司在產業內及產業間,加速全球化腳步的重要環境因素。

※ 說明此公司的需求同質性及最低規模效率。

※ 說明政府對此公司的干預情形。

※ 說明此公司運輸工具的搭配 (intermodal transportation) 方式。

※ 說明此公司是採取全球策略或多國內策略。如果採取全球策略,此公司應採取哪些行動以獲得跨市場延伸效果? 如果採取多國內策略,此公司必須注意哪些實務運用才能夠在當地市場獲得競爭優勢?

※ 說明此公司的品牌資產。

第肆篇
策略執行

第 11 章　公司治理與企業倫理

第 12 章　策略實施──結構、文化與控制

第11章　公司治理與企業倫理

本章目的

本章的目的在於說明：

1. 公司治理——董事會的責任
2. 公司治理——高級主管的角色
3. 倫理決策
4. 網際網路對公司治理及社會責任的影響

11.1　公司治理——董事會的責任

　　公司 (corporation) 是一個機制，而透過此機制不同的參與者能夠貢獻資本、技術及勞力以獲得共同利益。投資者／股東在分享公司利潤的同時，無需對公司的經營肩負責任。而負責經營企業的管理者也無需負責提供資金。法律在保護投資者利益（有限償債責任）的同時，也限制了他們對於公司營運的參與程度。這些「參與」包括了選擇董事的權利。董事長 (chairman of the board) 具有保護股東利益的法律責任。董事 (director) 是股東的代表，並具有職權來制定公司的政策以及確信公司能確實執行這些政策。

　　董事會 (board of directors) 有義務審核影響企業長期績效的決策。這也表示，公司是在股東同意之下，由監督高級主管的董事會所治理。公司治理 (corporate governance) 這個術語是表示在決定公司的營運方向及績效方面，這三個群體（董事會、高級主管、股東）間的關係。

　　在過去數十年來，股東及各利益團體對於董事會的角色有很多嚴厲的質疑。

他們認為，董事會成員會利用職務之便圖利自己，而董事會以外的人士又缺乏足夠的知識、投入及熱誠來監督高級主管、提供適當的引導。在 Enron、Global Crossing、WorldCom、Tyco、Qwest 公司內所發生的貪瀆事件、提供不實資訊的案例，只是冰山一角，類似事件似乎是層出不窮。這說明了股東及各利益團體對於董事會大加撻伐是其來有自的。Tyco 公司的董事會似乎只在意其總經理 Kozlowski 是否高興，至於股東的利益則毫不關心。這就是造成 Kozlowski 早日下臺的原因（當然不明不白的金融交易也是主要的原因）❶。

一般大眾不僅越來越了解董事會的作為，而且對他們的不負責任也有越來越多的嚴厲批評。他們甚至要求政府出面干預。結果，曾經是作為總經理的「橡皮圖章」的董事會或是作為董事長「御用大臣」的董事會就會被積極的、專業的董事會所取代。

🎯 董事的責任

董事的責任是由法律所界定，而這種界定隨著國家的不同而異。例如，在加拿大安大略的董事會成員必須受到一百個省級及國家級法律的約束。在美國，並沒有明確的國家標準或聯邦法律，對於董事的約束是由各州政府自行設定。至於董事的主要責任是什麼，世界各國越來越有共識。一項針對八國（加拿大、法國、德國、芬蘭、瑞士、荷蘭、英國及委內瑞拉）200 位董事所進行的研究顯示，受測者認為董事會責任 (board of directors responsibility) 依照重要性排列包括下列各項：

- 設定公司策略、整體方向、使命或願景；
- 聘雇或辭退 CEO 及高級主管；
- 控制、監督高級主管；
- 檢視、評估及批准資源的使用；
- 關心股東的利益❷。

---

❶ W. Symonds, "Tyco: The Vise Grows Ever-Tighter," *Business Week*, October 7, 2002, pp. 48–49.

❷ A. Demb and E. E. Neubauer, "The Corporate Board: Confronting the Paradoxes," *Long*

　　美國的董事除了必須履行上述的義務之外，還必須確信公司的營運能夠符合州政府及法律的規定。他們必須確信管理當局能夠遵守法律及管制，例如，證券發行、內線交易、利益衝突等。他們也必須了解各利益關係者的需求，以便於在確保公司能夠持續正常營運之餘，還能在各利益關係者的不同需求之間取得適當的平衡。

　　以法律觀點而言，董事會的任務是指揮公司的營運，而不是從事管理實務。董事會必須依法來表達適度的關切。如果董事或董事會由於疏忽而未善盡適度關切之責，而使公司蒙受損失或傷害，則這些失職的董事必須負起責任。

董事會角色——策略管理觀點

　　董事會如何履行上述的責任？在策略管理中，董事會所扮演的角色是必須實現以下的三個任務：

　　監督者 (monitor)　透過委員會的運作，董事會可以掌握公司內外的發展情況，並適時的提醒管理當局其可能忽略的問題。董事會至少要能履行監督者的任務。

　　評估及影響 (evaluate and influence)　董事會應審核管理當局的提議、決策及行動，並且要：

- 做出同意與否的決定；
- 提出意見與建議；
- 描述其他的可行方案。

積極的董事會除了扮演監督者的角色之外，還必須執行評估及影響的任務。

　　驅動及決定 (initiate and determine)　董事會應向管理當局勾勒出使命、明確的策略選擇。特別積極的董事會除了上述二項任務外，還會履行這項任務。

董事會連續帶

　　董事會參與策略管理的程度隨著它執行上述的監督者、評估及影響、驅動及決定這些任務的程度而定。如表 11-1 所示，董事會連續帶 (board of directors continuum) 顯示了董事會在策略管理中參與的程度，越下面越低，上面的最高。就以類型而言，董事會可以是毫不參與的幽靈董事會 (phantom boards) 到高度參與的催化委員會 (catalyst boards)。研究顯示，在策略管理的過程中，董事會的積極參與和公司的財務績效呈正相關 ❸。

表 11-1　董事會連續帶

參與程度	類　型	說　明
高	催化劑 (catalyst)	在使命、目標、策略及政策的擬定及調整上，扮演著領導性的角色。具有強勢的策略委員會
	積極參與 (active participation)	對於使命、策略、政策及目標加以質疑、批准，並做最後決策。具有積極的委員會，會執行年度及管理稽核
	名義參與 (nominal participation)	對管理當局所選擇的主要決策或方案，有限度的加以審核、進行績效評估
	名義審核 (nominal review)	對管理者強調要注意的提議，正式的、有選擇性的進行審核
	橡皮圖章 (rubber stamp)	允許管理當局做任何決策。無異議通過管理當局的任何策略行動
低	幽　靈 (phantom)	從不知該做什麼（如果有事情做的話）；毫無參與

資料來源：T. L. Wheelen and J. D. Hunger, "Board of Directors Continuum," Copyright© 1994, by Wheelen and Hunger Associates.

高度參與的董事會是非常積極的。他們會非常認真的去執行監督者、評估及影響、驅動及決定的任務，在有必要時，會提供意見，讓管理當局保持警覺。如表 11-1 所示，他們在策略管理過程中積極的參與，使他們能夠適當的扮演催化劑的角色。由 Korn/Ferry 國際公司針對美國公司董事會所進行的調查，發現 60% 的董事認為他們會積極參與策略決定的過程。在同樣的調查中發現，54% 的受測者表示他們在年度檢討會或特別安排的規劃研討會上，會參與討論公司的策略問題。然而，真正參與策略制定的只有 32%。67% 的董事在管理當局擬定了策略之後才

❸ W. Q. Judge et al., "Institutional and Strategic Choice Perspectives on Board Involvement in the Strategic Choice Process," *Academy of Management Journal*, October 1992, pp. 766–794.

進行評估的工作。另外的 1% 則從未參與策略制定的過程❹。

以上的研究以及其他的研究發現，大多數公營機構的董事會所扮演的角色是在名義參與 (nominal participation) 及積極參與 (active participation) 之間。具有積極參與董事會的公司包括：Mead、Rolm and Hass、Whirlpool（惠而普）、3M、Apria Healthcare、General Electric（奇異）、Pfizer（輝瑞）、Texas Instrument（德州儀器）。

參與度最低的是幽靈委員會，其次是橡皮圖章委員會 (rubber stamp board)。除非公司發生了極為嚴重的危機，否則這些委員會不會驅動或決策策略。在這類委員會的公司，總經理也就是董事長，他會親自提名董事，並掌控他們。（在英文中，這稱為「蘑菇待遇」(mushroom treatment)，也就是施以肥料，讓它們在遮陽處生長，以董事而言，就是將他們矇在鼓裡）。

一般而言，公司的規模越小，董事會的積極程度就越低。例如，在創投事業 (entrepreneurial venture) 中，私人企業的股權是由創辦人百分之百擁有，當然他也百分之百的掌管公司的經營。在這種情況下，不需要有積極的董事會來保護股東（也就是擁有者／管理者）的利益。如果公司為了成長而發行股票，則董事會就有必要。股東大戶希望佔有董事席位以監督公司的投資。雖然股東大戶擁有多數股票，但是創辦人還是能掌控董事會，朋友、家人、大戶通常會成為董事會的董事，但是董事會的主要角色還是像橡皮圖章一樣，無異議通過由擁有者／管理者所提出的任何議案。當公司公開發行股票，或者股票的擁有者變得更為分散時，董事會與管理者之間的「舒適」關係便會改變。創辦人雖然仍是管理者，但其決策可能常會與其他股東相衝突，特別是如果此創辦人所擁有的普通股低於 50% 的情況。在這種情況下，如果董事會不能扮演更為積極的角色、肩負起責任的話，問題將層出不窮。

◉ 董事會成員

大多數公開發行股票的公司的董事會，都是由內部董事、外部董事所構成。內部董事 (inside directors)，有時稱為管理者董事 (management directors)，一般是由公司所聘雇的高級主管所擔任。外部董事 (outside directors)，有時稱為非管理者

❹　*26th Annual Board of Directors Study*, Korn/Ferry International, 1999, p. 7.

董事 (nonmanagement directors)，通常是由其他公司的高級主管所擔任。雖然沒有足夠的研究證據顯示外部董事的比例越高，則公司的績效越佳，但是美國企業的外部董事人數有越來越多的趨勢。典型的美國大企業的 11 位董事中，平均有 2 位來自企業外部。董事會中外部董事佔高比例的好處是：外部董事比較不會偏袒，對於管理者的績效考評會比較客觀。這就是為什麼紐約證管會要求上市公司必須要設立由外部董事所組成的稽查委員會 (audit committee) 的原因。以上所說明的就是代理理論的重要觀念。代理理論 (agency theory) 認為，公司經營之所以會問題叢生，是因為其代理人（高級主管）不願意承擔決策責任，除非他們擁有大量的公司股票。此理論認為大多數董事應由外界聘雇，如此董事會才能對高級主管的行為（如假公濟私、圖利自己、罔顧股東權益）有所監視、約束及糾正。

相形之下，支持董事會中內部董事應佔大多數席位的人士認為：

- 外部董事比較不會有同舟共濟的感覺；
- 外部董事比較不了解公司歷史；
- 人才難求；
- 外部董事通常擔任幾家公司的董事，分身乏術的結果可能無法兼顧本公司的利益。

事實上，「外部」這個字用得太過單純，稱呼有些人士為外部董事也不夠客觀，因為有些外部董事比內部董事更「內部」。參考以下的三種情形：

- 聯屬董事 (affiliate directors)。這些人士雖然不是正式的受雇於公司，但是常被請來處理有關法律、保險及稅務問題，或者這些人士是公司的主要供應商。這些人士不免會有利益衝突，因此很難保持客觀；
- 退休董事 (retired directors)。這些人士過去曾經在公司服務過，如前任總經理。他們目前還部分參與公司策略的擬定。許多大型企業會將退休的總經理安置在董事會一、二年，作為表達對他們曾立下汗馬功勞的禮遇和尊敬。顯然，這些人士不會客觀的評估公司的績效。根據 Korn/Ferry 國際調查公司的發現，有 29% 的董事希望該公司的總經理在退休後不要再擔任董事一職[5]；

[5] *26th Annual Board of Directors Study*, Korn/Ferry International, 1999, p. 8.

● 家族成員董事 (family directors)。這些人士是創辦人的後代，並擁有大量的公司股份。他們在公司能否實現個人目標，要看和現任總經理的關係而定，或者要看他們的鬥爭能力而定。Schlitz 啤酒公司為什麼被出售？因為支持大肆改革（不主張出售變現）、做困獸之鬥的非家族成員總經理寡不敵眾的結果。

大多數的外部董事都是其他公司的退休高級主管 (retired CEO) 或是高級營運主管 (chief operating officers, COO) 來擔任。少部分的外部董事是由主要的投資者／股東（大戶）、學界人士、律師、顧問、卸任的政府官員、銀行家來擔任。由於英美大企業中有 60% 的發行股是由機構投資者（institutional investors，如信託公司、共同基金、退休金計畫）所擁有，因此這些投資者在公司的董事會中扮演著越來越積極的角色。在德國，銀行家幾乎在每家公司的董事會中都佔有一席之地，因為他們擁有這些公司的大量股票。在丹麥、瑞典、比利時及義大利，投資公司在許多公司的董事會中，佔有舉足輕重的地位。一項針對美國大型企業所進行的研究顯示，73% 的董事會中至少有一位女性擔任董事；25% 的董事會中至少有二位女性擔任董事；而董事會中至少有一位少數民族的比例從 1973 年的 9% 增加到今天的 60%（其中非裔佔 39%，西裔佔 12%，亞裔佔 9%）❻。

企業的全球化對董事會也產生了很大的影響。依據董事會公司 (Conference Board) 的全球公司治理研究中心 (Global Corporate Governance Research Center) 的研究顯示，直至 1998 年，10% 的公司董事是由非本國人士擔任，在三年前只有 6%。歐洲是全世界最「全球化」的地區，其 71% 的公司聘雇了一位或以上的非本國籍人士擔任董事，在北美地區這個比例是 60%。亞洲及拉丁美洲公司的董事仍然是由本國籍人士擔任❼。

大多數的內部董事是由總經理、高級營運主管、事業單位主管或功能部門主管來擔任。內部董事在擔任這個額外的職務時，很少獲得額外的報酬。內部董事很少由基層主管擔任。

---

❻ *26th Annual Board of Directors Study*, Korn/Ferry International, 1999, pp. 11–12.

❼ *Globalizing the Board of Directors: Trends and Strategies* (New York: The Conference Board, 1999).

✦ 共治：員工是否應擔任董事

共治 (codetermination) 就是將公司員工納入董事會中。美國的若干大型企業，如克萊斯勒、西北航空、美國航空等，最近紛紛採取共治的做法。共治是透過工會所協議的員工持股計畫 (employee stock ownership plan, ESOP) 來實現的。例如，美國航空公司的員工在協議之下，願意以減薪 15% 來交換 55% 的持股，以及 12 席董事中的 3 席。在這種情況下，在董事會上的員工代表儼然具有董事身分（而不是員工身分）。在克萊斯勒公司，其聯合汽車工人工會 (United Auto Workers Union) 在協議之下，獲得臨時董事席位，但同意改變工作規定及犧牲員工福利。當這些董事代表內部的利益關係者 (internal stakeholders) 時，不免會發生利益衝突、圖利自己的情事。在董事會的工會代表會繼續為員工的福利而喉舌嗎？雖然在美國將員工納為董事的做法並沒有明顯增加的趨勢（但是員工持股的現象卻漸增），但在歐洲此現象卻是越來越普遍。

在德國，早在 1950 年代，就已經採取雙層共治 (two-tiered system) 的做法。第一層是監督董事會 (supervisory board)，其成員是由股東及員工所選出來的。他們的任務是批准或決定公司的策略。第二層是管理董事會 (management board)，其成員主要是由監督委員會所任用的高級主管所組成。他們的任務是管理公司的營運活動。大部分歐洲國家採取以下二種方法的其中一種：

- 依據所通過的相關的共治法律條款，如瑞典、丹麥、挪威、奧地利；
- 成立員工委員會並與管理當局合作，如比利時、盧森堡、法國、義大利、愛爾蘭、荷蘭。

◎ 董事連結

總經理常會提名其他公司的高級主管及董事擔任該公司的董事以形成董事連結 (interlocking directorates)。當甲乙兩公司共享一個董事或者甲公司的高級主管成為乙公司的董事時，這種情況就是直接董事連結 (direct interlocking directorates)。當甲乙兩公司的董事同時也是丙公司的董事時，這種情況就是間接董事連結 (indirect interlocking directorates)。美國大型企業的外部、內部董事平均擁有三個董事席位。

雖然美國的克來登法案 (Clayton Act) 及銀行法 (Banking Act) 明令禁止在同一產業競爭的企業形成董事連結，但是董事連結的現象比比皆是，尤其是在大型企業之間。董事連結形成的原因，在於大型企業之間彼此的影響非常大，不論是輸入因素（原料供應）或市場。例如，在美國、日本、德國的大多數大型企業都紛紛與金融機構進行直接或間接的董事連結。董事連結也可讓企業獲得許多內部情報（尤其是有關不確定的環境情報），以及對其潛在策略及戰術的客觀評價。例如，高科技創投公司不僅佔有其被投資公司的董事席位，而且也要其各個被投資公司互相交換董事席位，以便充分掌握各行業的市場情報。

相較於公開發行股票、股東非常分散（亦即無大股東）的企業而言，家族企業比較不會有董事連結的情況。究其原因，也許是因為不希望由於局外人佔有董事席位，而稀釋了家族成員對公司經營權的控制。研究證據顯示，良好的董事連結可使企業在競爭激烈的環境中更具有生存力 [8]。

董事的提名與任用

傳統上，總經理會決定及任用董事人選，然後在年度代理人通知書中要求股東同意。所有的被提名人通常都會被任用。這種讓總經理有這麼大的提名權的作法，會有相當大的風險。總經理也許只任用一些「乖乖牌」（一些對公司政策及營運從來沒有意見的人）。平均而言，美國的董事任期是每期四年、可任五期。這些「乖乖牌」在長期坐領乾薪之餘，實際上對企業造成了許多間接的傷害。根據對董事所進行的調查顯示，92% 的董事表示他們的董事任期並沒有時間限制。被總經理所任用的董事認為，他們必須同意由總經理所提出的任何提案。為了避免這個缺點，許多公司會成立提名委員會 (nominating committee)，先提名若干位外部董事，然後再由股東來選。在美國，約有 76% 的大型企業利用提名委員會來遴選潛在的董事 [9]。

針對美國企業所進行的研究顯示，好的董事具有以下的條件 [10]：

[8]　J. A. C. Baum and C. Oliver, "Institutional Linkages and Organizational Mortality," *Administrative Science Quarterly*, June 1991, pp. 187–218.

[9]　*26th Annual Board of Directors Study*, Korn/Ferry International, 1999, pp. 7–13.

- 有必要時願意挑戰管理當局 (95%)；
- 具有對於公司特別重要的特殊技能 (67%)；
- 在開外部會議時，能夠適時的向管理當局提供卓見 (57%)；
- 具有處理國際事務的能力 (41%)；
- 了解公司的主要技術及商業程序 (39%)；
- 可以帶來對公司有潛在價值的外部契約 (33%)；
- 對於公司所處的產業瞭若指掌 (31%)；
- 在其領域具有相當高的知名度 (31%)；
- 代表公司向股東協商時，具有顯著的成果 (18%)。

公司法

我國對於董事會的運作等均以公司法中相當的法規加以規定。詳細資料可上網 (http://law.moj.gov.tw) 查詢。

公司治理的趨勢

在策略管理中董事會所扮演的角色在未來會越來越積極。雖然董事會的組成、董事的領導結構，均與公司的財務績效無直接的關連性，但是麥肯錫顧問公司發現了一個有趣的現象：如果公司的治理做得很好，則股東願意多付 16% 的股價來購買此公司的股票。這些股東認為願意高付的原因是：

- 好的治理會有好的長期績效；
- 好的治理可以減少公司陷入麻煩的風險；
- 公司治理是主要的策略議題 [11]。

公司治理的趨勢如下 (對於美英兩國的企業這些趨勢尤其明顯)：

- 董事會的涉入會越來越深，不僅在策略的審查及評估方面，而且也在策略的形成方面；

---

[10] *26th Annual Board of Directors Study*, Korn/Ferry International, 1999, p. 30.

[11] D. R. Dalton, et al., "Meta-Analytic Reviews of Board Composition, Leadership Structure, and Financial Performance," *Strategic Management Journal*, March 1999, pp. 269–290.

- 機構投資者（如退休金、共同基金、保險公司）在公司治理上所扮演的角色將越來越積極，並且對於高級主管的業績會施予更大的壓力。例如，美國最大的退休金系統公司加州公務人員退休系統公司 (California Public Employees' Retirement System) 每年會刊登績效不彰的公司，希望能使高級主管心生警惕，或為了保住顏面而竭力改善公司的績效；

- 股東要求董事及高級主管擁有實質的股票（不要領乾股）。股票越來越被視為是報酬中的一部分；

- 在上市公司中，總經理對於董事會的掌控力越來越式微，而非聯屬性的外部董事（非管理董事）的人數會越來越多，權力也越來越大；

- 董事會會變得越來越小。部分原因是內部董事的減少，以及對於新董事的要求條件不再是具有一般經驗的人（通才），而是具有專業知識的技術人才（專才）；

- 董事會持續的更加以掌控董事會的運作，其方法是將董事長／總經理分別設置兩個職位（分別由不同的人擔任）；

- 由於公司進行全球化的腳步越來越快，所以具有國際實務經驗的人士擔任董事的機會越來越大；

- 社會上的許多利益團體，越來越希望董事會能在獲利的經濟目標與滿足社會需求之間保持適當的平衡。如何尊重工作團體的差異性、如何保護少數民族的利益，以及如何重視環保議題都已經進入公司治理的層次。

11.2　公司治理──高級主管的角色

　　高級主管 (top management) 的功能通常是由公司的高級主管、高級營運主管、執行副總經理、事業單位主管、功能部門主管所共同合作執行的。雖然策略管理涉及到組織內的每一個人，但是高級主管要為公司的策略管理肩負責任，而董事會也會要求他們做到這點。

高級主管的責任

高級主管的責任 (top management responsibility)，尤其是總經理，涉及到如何透過他人的努力或與他人共同合作以竟事功，以實現公司的目標。因此，高級主管的工作是多構面的，並以全公司的福祉為導向的。

高級主管的特定工作通常隨著公司的不同而異，但都離不開界定公司使命、目標、擬定策略及主要活動。通常，這些工作是由高級主管群的各人士共同分擔。研究顯示，高級主管群中如果功能及教育背景差異很大，以及就職期間的差異很大（有資深的、有資淺的），則對公司的市場佔有率及獲利率的改善有著顯著的影響❶❷。總經理，在其他高級主管群的支持之下，必須履行下列二項基本責任才能夠實現有效的策略管理：

- 提供高級主管式的領導及策略願景；
- 策略規劃過程的有效管理。

提供高級主管式的領導及策略願景

漢高祖劉邦有一段名言：「夫運籌帷幄之中，決勝千里之外，吾不如子房。鎮國家，撫百姓，給餉饋，不絕糧道，吾不如蕭何。連百姓之眾，戰必勝，攻必取，吾不如韓信。三者，皆人傑也，吾能用之，此吾所以取天下者也。」他道出了做高級主管的精髓。高級主管式的領導 (executive leadership)，簡稱高級領導，就是指揮各活動以達成公司目標的領導。高級領導是相當重要的，因為它替公司定了基調。策略願景 (strategic vision) 是描述一個公司竭盡其所能才可望達到的狀態，通常在使命陳述 (mission statement) 加以表述。公司的整體成員都希望有使命感，但是只有擔任高級主管這個職位的人，才能夠將此策略願景向全體員工加以表明及詳述。高級主管對公司的熱誠（或缺乏熱誠）是具有感染性的。創業家對其公司會有高度的熱誠，並且有能力將此熱誠感染到其他成員身上。

在高級主管的重要性方面，奇異公司的總經理傑克威爾許 (Jack Welsh) 認為：

---

❶❷ D. C. Hambrick, et al., "The Influence of Top Management Team Heterogeneity on Firms' Competitive Moves," *Administrative Science Quarterly*, December 1996, pp. 659–684.

「好的領導者會創造願景，清晰的表達此願景，熱誠的擁抱這個願景，並為求其實現，赴湯蹈火，在所不惜❸。」高級主管的領導是整個企業經營的典範，而且對整個企業的策略方向有著重大的影響❹。

具有清晰的策略願景的高級主管通常被視為是動態的、具有魅力的領導者。例如，許多有名的產業領導者，如通用汽車的史隆 (A. Sloan)、網景公司 (Netscape) 的巴斯迪爾 (J. Barksdale)、英特爾公司 (Intel) 的葛洛夫 (A. Grove)、微軟公司 (Microsoft) 的蓋茲 (B. Gates)、施樂百公司 (Sears and Roebuck) 的伍得 (R. Wood)、麥當勞公司 (McDonald's) 的克拉克 (R. Kroc) 以及克萊斯勒 (Chrysler) 的艾科卡 (L. Iacocca)、CNN 的透納 (Ted Turner)、西南航空公司的凱樂 (Herb Kellher) 所表現的卓越領導，替他們的企業注入了無窮的生機與活力。他們之所以能夠影響策略的形成及執行，主要是因為具有以下三種特性：

高級主管清楚的表達出策略願景　他們所看到的不是公司的目前，而是公司的未來。高級主管在願景上的新看法會促使員工的思維更加敏銳，眼界更為寬廣。員工不再只是看到眼前的工作，也不再會「見樹不見林」。在一項針對二十個國家的 1,500 位資深高級主管所做的調查中，當被問到：「高級主管最重要的特徵是什麼?」時，有 98% 的受測者回答：「高級主管必須具備強烈的願景」❺。高級主管就是因為具有放眼天下的宏觀，才會使得組織成員日新又新，勇於突破，不致坐井觀天、目光如豆，並且對於每日的工作賦予新的意義。總之，高級主管的工作並不是以組織的現狀來經營企業，而是以「企業在未來應該變成什麼」的眼光來經營。日產汽車的總經理 Ishihara 說道：「我現在做的事，就是去想二十到三十年後會發生的事」❻。

---

❸　N. Tichy and R. Charan, "Speed, Simplicity, Self-Confidence: An Interview with Jack Welsh," *Harvard Business Review*, September/October 1989, p. 113.

❹　R. P. Beatly and F. J. Zajac, "CEO Change and Firm Performance in Large Corporations: Succession Effects and Manager Effects," *Strategic Management Journal*, August 1987, p. 315.

❺　M. Lipton, "Demystifying the Development of an Organizational Vision," *Sloan Management Review*, Summer 1996, p. 84.

❻　M. Trevor, "Japanese Decision-Making and Global Strategy," *Strategic Management Re-*

高級主管必須是角色模範，使員工得以認同及模仿 詳言之，高級主管在行為舉止及服裝衣著上都要成為員工學習的榜樣。高級主管對於公司的目標及活動所保持的價值觀及態度都要非常執著，而且也要不時的以語言及行為來表達。員工要知道他們所期待的是什麼，而且對於高級主管要有十足的信任。研究顯示，得到員工信任的高級主管，其公司的銷售及利潤都比較高（相對於高級主管得不到員工信任的公司）⑰。

高級主管會傳遞什麼是「高績效標準」的訊息，並且對部屬達成這個目標的能力，表現出無比的信心 如果領導者所設定的目標毫無挑戰性，讓部屬輕易的就可達成，則絕不可能改善績效。高級主管必須要能指揮部屬，以竟事功。2000 年榮膺「最佳 CEO」的思科公司 (Cisco Systems) 的總經理約翰錢伯斯 (John Chambers) 就能設定挑戰目標，並充分的發揮其領導能力。據他的部屬所描述的：「約翰對待我們如同同事一般……他會詢問我們的意見。他賦予我們權力及資源，同時他會設定一個令人無法想像的高銷售目標。這使我們覺得非常有挑戰性。他是我們同心協力共同打拼的向心力⑱。」

策略規劃過程的有效管理

當公司越來越具備學習型組織的特色之後，策略規劃的過程就可以從公司的任何地方（或從任何個人）啟動。一項針對美國 90 家全球性企業所做的調查顯示，有 90% 的企業其策略是先由分公司所提議，然後再呈到總公司批准⑲。在實務上，除非高級主管鼓勵及支持整個策略規劃的過程，否則策略管理不可能產生。在大

....

    search: A European Perspective, edited by J. McGee and H. Thomas (Chichster, U.K.: John Wiley and Sons, 1986), p. 301.

⑰ J. H. David, et al., "The Trusted General Manager and Business Unit Performance: Empirical Evidence of a Competitive Advantage," *Strategic Management Journal*, May 2000, pp. 563–576.

⑱ R. X. Cringely, "The Best CEOs," *Worth*, May 2000, p. 128.

⑲ M. S. Chae and J. S. Hill, "The Hazards of Strategic Planning for Global Markets," *Long Range Planning*, December 1996, pp. 880–891.

多數公司內，高級主管必須先啟動及管理策略規劃過程。

策略規劃可分兩種方式：由下而上策略規劃以及由上而下策略規劃。由下而上策略規劃方式 (bottom-up strategic planning) 是這樣的：高級主管可以先要求事業單位或功能部門主管，先擬定其本身的策略計畫。由上而下的規劃方式 (top-down strategic planning) 是這樣的：高級主管先草擬公司的整體計畫，然後各事業單位再據此擬定其計畫。研究顯示，由下而上策略規劃方式適用於具有多個事業單位、在相對穩定環境下運作的公司，而由上而下策略規劃方式比較適合於在動盪環境下運作的公司[20]。許多企業所採取的是同時進行的策略規劃 (concurrent strategic planning)，也就是在高級主管決定了公司的整體使命及目標之後，各組織單位就擬定其本身的計畫。

不論是採取何種方式，典型的董事會會期待高級主管掌管整體規劃過程，以使得各事業單位、各功能部門的計畫可以與公司的整體計畫加以整合。高級主管的工作因此就變成評估各事業單位的計畫並提供回饋的意見。為了做到這點，高級主管必會要求各事業單位說明在既有的資源下，如何以所提議的目標、策略及方案來達成組織的整體目標。

許多大型企業都設有策略規劃幕僚 (strategic planning staff) 的職位。他們主要的任務就是在策略規劃過程中協助高級主管以及事業單位主管。通常策略規劃幕僚的人數少於 10 人，並由資深副總經理、公司規劃主任來管理。策略規劃幕僚的責任是：

- 確認及分析公司整體的策略議題，並向高級主管提供各種可行的公司策略；
- 向事業單位扮演促成者 (facilitator) 的角色，引導他們有效完成策略規劃過程。

---

[20]　T. R. Eisenmann and J. L. Bower, "The Entrepreneurial M-Form: Strategic Integration in Global Media Firms," *Organization Science*, May/June 2000, pp. 348–355.

11.3　倫理決策

　　有人戲稱沒有所謂「企業倫理」這件事情，他們認為企業倫理是「矛盾修辭」(oxymoron)，也就是包含著相反的、互相衝突的論述，如做壞事的好公司。然而，不幸的是，這個具有諷刺意味的說詞還多少具有真實性。例如，由倫理資源中心 (Ethics Resource Center) 針對 747 家美國企業的 1,324 名員工所進行的調查顯示，48% 的受測者承認在去年曾從事至少一件違背倫理、違法的事情。其中最受詬病的活動包括偷工減料 (16%)、掩蓋事實真相 (14%)、濫用或謊報生病請假 (11%)、欺騙或詐騙顧客 (9%)。有 50% 的受測者認為在壓力之下曾做出了違背倫理、違法的事情[21]。

何以會有違背倫理的行為

　　為什麼有這麼多的企業做出違背倫理的事情？有些企業人士甚至還不知道他們的行為已經明顯的違背倫理。對於企業人士而言，並沒有放諸四海皆準的行為典範。在國家與國家之間，甚至在同一國家的不同地區，在文化規範及價值觀方面都會有很大的不同。例如，有些國家認為向海關人員施予小惠以求快速通關，是天經地義的事情。但是在有些國家會認為這種行為已經明顯違法（更不用說違背倫理）。在墨西哥，回扣是和「小費」(propina) 同義的。回扣的給予及收取在許多國家是違法的行為，但在許多國家則是「可做，不可說」的行為。

　　被視為違背倫理的另外一個理由，是企業人士及大股東的價值觀不同。有些企業人士認為「利潤極大化」是企業的主要目標，然而利益團體卻有他們自己的優先次序，例如，雇用少數民族、女性員工、重視社會安全。

道德相對論

　　有些人為了他們似乎是違背倫理的行為辯稱道，並沒有所謂的倫理規範，而

[21] "Nearly Half of Workers Take Unethical Actions—Survey," *Des Moines Register*, April 7, 1997, p. 188.

道德是相對的。簡言之，道德相對論 (moral relativism) 認為，以個人、社會、文化標準而言，道德是相對的，沒有任何方法可以判定某一個決策會比另一個更合乎道德。

道德相對論的擁護者有以下的主張：

- 所有的道德決策基本上是相當個人化的；
- 每個人都有決定如何過生活的權力；
- 每個人都應被允許以自己的方式解析情況，並以他（她）自己的道德價值觀來行事；
- 個人在社會上所扮演的某種角色，其應盡的義務僅限於此角色所規範的義務。例如部門主管應將個人信念擱置一旁，而做到此角色所要求的，也就是以部門的最大利益為唯一的考量；
- 如果某決策是共同的實務，則此決策就是合法的。例如，大家都這麼做，如法炮製則不至於涉及到道德問題；
- 道德本身會因為特定文化、社會、社區的不同而異。因此，人們要了解他國的實務，但不可妄加批評。如果某國人民具有某些規範和風俗，他國人民有什麼權力去評斷他們？

提倡倫理行為

如果企業人士的行為違背倫理的規範，則政府必須立法來匡正他們的行為。但這麼一來，必然會衍生許多成本。為了自我利益，管理者在做決策時，必須遵守倫理原則。如何提倡倫理行為？首先企業要建立倫理教條，其次要遵守倫理行為方針。

倫理教條

倫理教條 (codes of ethics) 闡明了組織對員工工作行為的期待。建立倫理教條可以鼓勵倫理行為的展現。美國約有一半企業採用倫理教條。根據企業圓桌 (Business Roundtable，由美國 200 家企業的高級主管所組成的協會) 的報導，倫理教條如此重要是因為：

- 它在各種情況下，闡明公司對員工行為的期待；
- 它闡明了公司所期待員工能體認其決策與行動上的倫理構面。

許多研究顯示，有越來越多的公司都建立倫理教條，並在員工訓練工作坊、專題研討會上讓員工充分了解倫理教條。但是也有研究指出，當員工碰到問題時，常把倫理教條擱置一旁，用自己的方式解決問題[22]。為了解決這個問題，企業要了解「貴在實踐」的道理，也就是說，企業不僅要擬定倫理教條，而且也要將倫理教條告知每位員工，要將倫理教條的實踐納入到績效考評制度之中，要將倫理教條變成政策及程序，而且管理者要以身作則。

為了貫徹倫理教條，將倫理教條發揚光大，企業也可要求商業伙伴遵守倫理教條。例如，銳跑國際公司 (Reebok International) 要求其印尼供應商改善員工健康及安全問題，否則拒絕商業往來。

倫理行為方針

倫理 (ethics) 是指對個人在任職某職業、某專業職位及從事某項商業交易行為時所應具有的行為標準，而這些標準是大眾所共識的、所共同接受的。道德 (morality) 是宗教或哲學對個人行為的約束。法律 (law) 是允許或禁止某特定行為的正式準則或法則。法律可能，也不可能強化倫理或道德。了解了這些定義之後，在特定職業、專業職位或商業交易中，我們應如何做合乎道德規範的倫理決策？以下是可以依據的方針：

功利 (utilitarian) 功利主義主張行為及計畫必須以其結果來做評斷。人們的行為必須要能產生最大的社會福祉、最小的傷害或最低成本。然而如何衡量某種決策所能產生的最大社會福祉、最小傷害或最低成本？這往往是相當主觀的。研究顯示，在高級主管眼中最重視的對象是股東，因此他們常以股東的福祉為優先考量。股東具有最大的權力（可影響公司營運、可要求公司立即採取某項行動）、合法性（可合法的或以道德訴求來要求公司如何利用資源）[23]。

---

[22] G. F. Kohut and S. E. Corriher, "The Relationship of Age, Gender, Experience and Awareness of Written Ethics Policies to Business Decision Making," *SAM Advanced Management Journal*, Winter 1994, pp. 32–39.

個人權利 (individual rights)　個人權利主義認為人們具有基本權利，因此在所有決策中都應受到尊重。應禁止任何會傷害他人權利的決策或行為。但是，如何界定「個人權利」？美國憲法中所保障的個人權利未必能為他國人民所接受。如果將某人的需求及慾望界定為他的基本權利，就等於鼓勵他的自私行為。

正義 (justice)　正義主義主張在將福祉及成本分配到個人及群體時，決策者應保持公平、公正的原則。正義有四個原則：

- 分配正義 (distribution justice)。具有類似的、相關的構面（如工作年資）的員工都應得到相同的對待；
- 公平 (fairness)。所有的人都必須有相同的自由；
- 懲罰正義 (retributive justice)。懲罰必須與「犯罪」程度呈正比；
- 補償正義 (compensation justice)。補償必須與「被冒犯」程度呈正比。

加瓦納 (G. E. Cavanagh) 認為，我們可以利用以下三個標準來判定某種行動或決策是否合乎倫理。這三個標準是：

效用 (utility)　此行動或決策是否能滿足所有的股東？

權利 (rights)　此行動或決策是否能尊重所涉及的每一個人？

正義 (justice)　此行動或決策是否能合乎正義原則？

例如，虛報差旅費是合乎倫理的嗎？以效用標準來看，這個行為會增加公司成本，因此不能使股東或顧客的福祉達到最大化。以權利標準來看，此人並沒有使用這些金錢的權利（否則就不是虛報）。以正義標準而言，薪資是正常的報酬，差旅費是支付出差的費用，因此除非真正出差，否則不應申報。

解決道德兩難的另外一個方法，就是運用哲學家康德 (Immanuel Kant) 的邏輯。康德提出了稱為「無上命令」的原則。所謂「無上命令」(categorical imperatives) 是指良心至上的道德律，它具有兩個原則：

- 在同樣的情況下，如果你願意別人也做出同樣的行為，則你的行為是合乎倫理的。這就是「己所不欲，勿施於人」的黃金法則。例如，如

㉓　B. R. Agle, et al., "Who Matters Most to CEOs? An Investigation of Stakeholder Attributes and Salience, Corporate Performance, and CEO Values," *Academy of Management Journal*, October 1999, pp. 607–525.

果你是老闆，你願意你的員工虛報差旅費嗎？你應該不會。所以員工虛報差旅費是不合乎道德的；

● 你永遠不應該將他人視為手段，而應將他人視為目的。換句話說，如果你將他人視為達成私利的工具，則是不合乎道德的。要合乎道德的話，你不應該干預他人的行為（如強迫他人成為你的工具），或讓他人處於不利的地位。

11.4　網際網路對公司治理及社會責任的影響

電子商務固然帶來了無窮的益處，但也引發了有關社會責任及利益關係者的議題。到目前為止，一般而言網際網路並沒有受到政府的管制。我們看到了網際網路所產生的負面現象，認為政府終將出面干預及管制。各國對於「負面現象」的看法不同，例如，歐洲人認為隱私權被侵犯是最嚴重的負面現象，而中東人則認為是網路色腥羶的問題，美國人認為是網路詐欺的問題。

在俄羅斯，政府最近以法律允許聯邦安全局 (Federal Security Bureau, FSB) 掌控所有的網際網路、手機及呼叫通訊。俄羅斯法律規定境內的所有網路服務業者 (ISP) 要安裝 FSB 監視軟體，並透過高速光纖網路與 FSB 總部伺服器連結[24]。

在對網際網路的管制方面，有些問題會使管制相當棘手。這些問題包括：

網路蟑螂　網路蟑螂（internet cockroach 或 cybersquatting）意指利用知名企業名稱，申請成為網站後，在網路上以高價販售網域名稱圖利的行為。何以會出現「網路蟑螂」？據刑事局分析，因網址採「先申請先使用」原則，「網路蟑螂」就搶先申請多個網址，待價而沽，再以高價賣出網址大撈一筆。國際間發生的首宗「網路蟑螂」案例，發生在「麥當勞」企業身上。當時一位報社記者先行登記了以「麥當勞」為名的網址，後來麥當勞企業意識到此一網址對該公司的重要性，開始爭取使用權，最後雙方達成協議，由麥當勞捐出 3,600 美元更新一所小學電腦系統設備，才順利取得「麥當勞」網址的使用權。最近國外不少網址買賣，動

---

[24]　M. Coker, "Russia's Stealth Monitoring of Web Traffic," *The Daily Tribune*, September 11, 2000, p. C8.

不動就是數百萬美元。Busi-ness.com 網域名稱以新臺幣 2.2 億餘元（750 萬美元）的天價成交，Wall Street.com、Bingo.com、Year2000.com 等知名網域名稱，也都以極高價格成交，引起有心人覬覦知名企業名稱，打算申請作為網域名稱，再伺機出售。

詐欺 (fraud)　在網路上的詐欺行為有各種不同的形式。有的是假裝合法的企業，有的是成立一個虛有的企業向顧客詐騙（本身只是空殼子，但卻接受訂貨及付款）。數位簽章 (digital signature) 可確認寄貨者及收貨者，因此可減少詐欺的行為。個人辨識卡可對個別的使用者加以認證；而網站辨識卡可對企業加以認證。

偷窺 (eavesdropping)　隨著線上交易設計的日益複雜，以及電腦間傳遞資料的迂迴，偷窺問題對使用者及網路伺服器都造成了莫大的影響。在訊息傳遞路徑上的任何環節都可能發生偷窺：在網路服務公司的伺服器上、連結區域網路的電腦上，以及在網路伺服器上等等。網路駭客會利用分封探測器 (packet sniffers) 這樣的裝置來攔截網路上的通訊，讀取透過通訊協定（如 Telnet）所傳送的文字內容，包括密碼等。分封探測器是一些小的電腦程式，它可以安裝在網路上的任何一處，來監視「有趣的」資訊（如密碼、信用卡號等），並傳回給網路竊賊。加密技術可防止這種竊取行為。

稅務 (taxation)　就像任何傳統的型錄公司一樣，美國的線上行銷者有繳納聯邦稅、州稅的義務（每州的納稅規定不同）。國際銷售也是一樣。稅務問題（包括加值稅）隨著國家的不同而異。就因如此，即使外銷一個最單純的產品，在實務上也變得相當複雜。稅的計算更是令人頭疼的問題。到目前為止，還沒有一個「包羅萬象」的資訊中心，使我們對各國的稅務一網打盡。因此，電子商務公司必須針對行銷國家自行做研究，徹底了解該國的稅務。

大眾利益 (public interest)　大多數的社會對於兒童上色情網站都有某種程度及形式的限制。色情網站應該被禁止嗎？如果應該，應該由誰禁止？我們常期待政府能保護我們不受到投資詐騙、不實醫術及藥效的影響，那麼我們應如何期待政府可保護我們不受色情的污染？同時，政府應明令規定以下的貿易限制，以保護大眾利益：在網路行銷於他國的金融公司，必須在該國設有貿易辦事處，以便於該國的投資者能「登門」前問、質詢、討教或抗議。

　　此外，網際網路可以很快的向全世界有關人士傳布公司的錯誤、違背倫理、違法的行為。網際網路的這種「無遠弗屆」、「超越時空」的特性多少可以抑止或約束公司的不法企圖。或許是基於正義及熱誠，或許是想展現自己的高超技術，許多積極分子會將公司的忽視環保、虐待勞工、詐騙員工的行為公諸於世。例如，由 Corporate Watch 公司所經營的 www.corporatewatch.com 網站，就曾刊登有關植物基因重組的風險，並針對幾家領導性的生物科技公司做個案研究。

　　越來越多的公司網站上也讓利益關係者充分表達他們所關心的事情。為了因應「綠色和平股東反對新式剝削」(Greenpeaces' Shareholding Against New Exploitation, GSANE) 這個組織的責難，BP Amoco 石油公司 (www.bp.com) 特別在網頁上加上了超連結，以使民眾在點選之後能夠進入「環保資訊」網頁，並可觀看其動畫形式的太陽能研究。

複習題

1. 試替公司、董事、董事長、公司治理分別下定義。

2. 試說明董事的責任。

3. 董事會如何履行上述的責任？在策略管理中，董事會所扮演的角色是必須實現哪些任務？

4. 何謂董事會連續帶？

5. 大多數公開發行股票公司的董事會，都是由內部董事、外部董事所構成。試分辨內部董事與外部董事。

6. 支持董事會中外部董事、內部董事應佔大多數席位的人士各持有怎樣的看法？

7. 員工是否應擔任董事？試提出說明。

8. 試說明董事連結，並比較直接董事連結與間接董事連結。

9. 試扼要說明董事的提名與任用。

10. 針對美國企業所進行的研究顯示，好的董事具有哪些條件？

11. 我國對於董事會的運作等均以公司法中相當的法規加以規定。試上網 (http://law.moj.gov.tw) 查詢有關資料。

12. 在策略管理中董事會所扮演的角色在未來會越來越積極。雖然董事會的組成、董事

的領導結構，均與公司的財務績效無直接的關連性，但是麥肯錫顧問公司發現了一個有趣的現象：如果公司的治理做得很好，則股東願意多付 16% 的股價來購買此公司的股票。這些股東認為願意高付的原因是什麼？

13. 試扼要說明公司治理的趨勢。

14. 何謂高級主管 (top management)？高級主管有哪些重要的責任？

15. 何謂高級主管式的領導及策略願景？

16. 高級主管之所以能夠影響策略的形成及執行，主要是因為具有哪三種特性？

17. 試扼要說明策略規劃過程的有效管理。

18. 許多大型企業都設有策略規劃幕僚 (strategic planning staff) 的職位。他們主要的任務有哪些？

19. 試說明倫理決策。

20. 何以會有違背倫理的行為？

21. 何謂道德相對論？道德相對論的擁護者有哪些主張？

22. 如何提倡倫理行為？

23. 何謂倫理教條？倫理教條如此重要的原因是什麼？

24. 試比較倫理、道德與法律。

25. 在特定職業、專業職位或商業交易中，我們應如何做合乎道德規範的倫理決策？

26. 試說明康德所提出的「無上命令」，並說明它有哪兩個原則。

27. 試扼要說明網際網路對公司治理及社會責任的影響。

練習題

就第 1 章所選定的公司，做以下的練習：

※ 說明該公司董事的責任。

※ 說明該公司在策略管理中，董事會所扮演的角色、所必須實現的任務。

※ 描繪該公司的董事會連續帶。

※ 說明該公司的內部董事與外部董事。

※ 說明該公司的員工是否擔任董事。

※ 說明該公司董事連結的情形。

※ 說明該公司董事的提名與任用。

※ 說明該公司的董事是否具備好的董事所應具備的條件。

※ 說明該公司高級主管的重要責任。

※ 說明該公司策略規劃過程的有效管理。

※ 說明該公司策略規劃幕僚的任務。

※ 說明該公司的倫理決策。

※ 說明網際網路對該公司治理的影響。

第 *12* 章　策略實施──結構、文化與控制

本章目的

本章的目的在於說明：

1. 策略實施的基本要素

2. 組織結構的基礎

3. 組織結構的類型

4. 組織文化

5. 策略控制系統

12.1　策略實施的基本要素

策略實施 (strategy implementation) 涉及到公司如何創造、利用及整合組織結構、組織文化及組織控制制度來實現策略。有效的策略實施可以讓具有競爭優勢及卓越績效的策略得以實現。組織結構 (organizational structure) 是指如何將人員指派到特定的價值創造活動及角色，並確認這些活動及角色能夠做有意義的連結，以鞏固競爭優勢的基礎（也就是效率、品質、創新及顧客反應）。建立組織結構的目的，在於協調及整合各層次（公司、事業單位及功能層次）的活動，以及跨越企業功能、事業單位的活動，以使公司能夠實現其商業模式中的策略。

組織文化 (organizational culture) 包括了組織成員所共有的特定價值觀、信念、規範、態度與行為。這些因素會影響成員間的互動方式，以及組織與其利益關係者的互動方式。

組織結構本身並不能提供誘因，因此也就無法透過誘因產生激勵作用。因此，

公司必須建立控制制度。建立控制制度 (control system) 的目的在於:

- 提供各種誘因,激勵員工努力工作,以增加效率、品質、創新及顧客反應;
- 提供特定的回饋,以了解組織及其成員表現得如何,以便採取適當行動來強化公司的商業模式。

如果比喻成人類的話,組織結構好像一個人的骨架,而控制制度就是肌肉、筋骨、神經及感官。

圖 12-1 顯示了策略實施的基本要素,也就是組織結構、組織文化及控制制度。透過這三個要素,組織就可以做好協調,並對員工產生激勵作用,進而獲得卓越的績效。組織成員為什麼在做決策時優柔寡斷?為什麼產銷不能協調?為什麼員工故步自封,不知求新求變?這些問題都可以歸咎於以上三個因素的設計不良。組織結構、組織文化及組織控制制度塑造了員工的價值觀、信念、規範、態度與行為,並決定了這些員工如何落實組織的商業模式及策略。高級主管可以重組或改變組織結構,重新塑造組織文化,以及調整控制制度,來強化協調,產生激勵作用。如此才有希望獲得競爭優勢以及高於產業平均水準的獲利率。

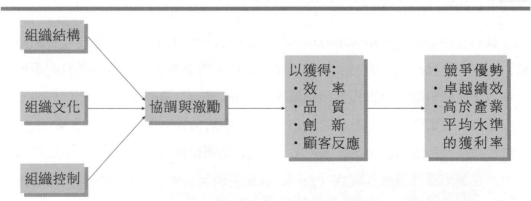

資料來源: 修正自 Charles W. L. Hill and Gareth R. Jones, *Strategic Management Theory: An Integrated Approach*, 6th ed. (Boston, MA: Houghton Mifflin Company, 2004), p. 405.

圖 12-1 策略的實施

12.2　組織結構的基礎

在擬定公司的商業模式（第 5 章）及策略（第 5～10 章）之後，管理者就必須設計組織結構。除非組織能做到有效的結構設計，並將組織成員適當的指派到各種工作上，並且有效的將這些工作連結起來，否則要奢談價值創造無異緣木求魚。在進行組織結構設計時，管理者必須對於集結、權責及整合做明確的決定：

集結 (grouping)　將各個工作（任務）集結成某個企業功能（如行銷、財務），以及將這些功能集結成事業單位，以創造獨特能力、實現某特定策略的最佳方式是什麼？

權責 (authority and responsibility)　如何將職權與責任分派到這些功能及事業單位？

整合 (integration)　當組織結構變得愈複雜時，如何在各功能間、事業單位間進行協調？如何整合它們的活動？

集結任務、功能與事業單位

一般而言，公司會先將人員及任務集結成功能（如行銷、財務），然後再將功能集結成事業單位。

功能 (function) 是指在組織中相同的任務類型或類似技能的集合。例如，某公司的資訊管理功能包括了系統分析與設計、程式撰寫、系統測試及維護。資訊管理功能得到充分的發揮時，就可以滿足公司內外的資訊需求，進而創造公司的價值。

當組織逐漸成長並製造多種產品時，員工間、功能間的互動及活動的移轉（handoffs of activity，例如，某一部門在完成一個活動之後交與下個部門）就會愈來愈複雜，因此便容易發生溝通問題、績效衡量問題等，這些問題都會增加交易成本（這裡所謂的交易，並不是商業的買賣交易，而是活動的轉換）。以上的情況對於價值鏈活動的價值創造都會有不良影響。

此時，公司必須將各功能集結成事業單位 (division or business unit) 來減低交

易成本。例如，生產多種產品的戴爾電腦公司建立了許多事業單位，而每一個事業單位集結了若干功能，透過這些功能的實施，公司就可以製造及配銷產品給最終顧客。在設計組織結構時，公司必須考慮到如何以功能別、事業單位別來集結組織活動，以有效的達成組織目標。

分派職權與責任

當組織逐漸成長並製造許多產品、提供許多服務時，其功能及事業單位規模也會跟著擴大。員工之間的縱向交流也會增加，為了減低交易成本，並且有效的協調在員工、功能、事業單位之間的活動，管理者必須發展出清楚的職權層次。所謂職權層次 (hierarchy of authority) 是指指揮鏈，也就是從高級主管到中階主管到基層主管到作業人員的相對職權。控制幅度 (span of control) 是指向某位管理者報告的部屬數目。當管理者明確的了解其職權及責任所在，資訊扭曲的現象就會減到最低，而協調與溝通變得更為容易，活動的移轉也會變得更順遂。管理者不會逾越自己的權限，去干預他人、侵犯他人的專業領域，因此就可避免許多不必要的衝突。

高亢與平坦組織　公司在選擇層級數目時，主要是考慮到對策略的實施有多少助益。當組織規模擴大，作業複雜度增加時（作業複雜度是以員工數目、功能及事業單位數目來衡量），它的職權層次會自然加長，使組織結構變得更為高亢。在一定的組織規模下，層級數目愈多，組織結構就愈高亢；層級數目愈少，組織結構就愈平坦。在高亢的組織結構之下，組織會變得僵固（無彈性），管理者對環境變化的反應也愈遲緩。同時，高亢式組織結構也會產生溝通問題。組織的層級數目愈多，高級主管的命令依層次下達基層員工時，常會發生資訊扭曲的現象。資訊扭曲 (information distortion) 是指由於管理者的專業背景不同或者自我利益作祟，對資訊加以改變、剔除或做過度解釋的現象。高亢式組織結構也會因為管理者的人數過多，而使得薪資、福利、辦公室、秘書費用也跟著上漲。大型企業如IBM、通用汽車公司每年的薪資支出高達數 10 億美元。2002 年，許多中階管理者被解僱的原因是許多達康公司（網路公司）的泡沫化，以及高科技公司的組織瘦身活動 (downsizing)。

指揮鏈最小原則　為了避免高亢式組織結構所產生的問題，高級主管必須遵守指揮鏈最小原則。指揮鏈最小原則 (principle of minimum chain of command) 是指組織必須將指揮鏈的數目減到最低，以便有效能、有效率的利用資源。

有效的管理者會不時的檢視組織層級數目，並設法減少層級數目。減少一個層級之後，就可將此層級的管理責任交由上一層級的管理者，而對此一層級的員工加以賦能。西南航空公司在大幅的縮減中階管理者之後，鼓勵員工不斷學習，培養能力，並肩負自行解決問題的責任。

集權與分權　集權 (centralization) 是指公司的高級管理者把持著做重要決策的職權。當職權下授給較低階層的事業單位或功能部門的管理者時，這個現象稱為分權 (decentralization)。在分權的情況下，組織可降低官僚成本，避免溝通及協調問題。分權有三個明顯的好處：

- 當策略管理者將職權下授給中階、基層管理者之後，他們就可以減少資訊超載（information overload，指資訊過多、過於雜亂，以至於超過了個人對資訊認知、分辨及解析的能力），進而利用寶貴的時間及精力來擬定公司策略及競爭策略；
- 當基層管理者有權力擬定決策時，不僅會增加策略的有效性，而且本身也有成就感，因此具有很大的激勵作用；
- 分權可增加策略彈性，因為基層管理者所擬定的策略可以因地制宜、因人（目標顧客）制宜。

既然分權有這些好處，為什麼不見所有的組織都採取分權制度呢？答案是因為集權也有它的優點。集權的優點是：

- 可使組織的策略一致、行動一致，如果各階層的管理者都要做決策，人多口雜的結果會使整個組織的決策很難一致，而且容易失焦；
- 可使決策能符合公司目標。集權可防止各公司或各分行的作業失控，並易於建立集中式的資訊系統以便於高級主管當局掌控各分行的作業；
- 在事態緊急、危機四伏的情況下，只有權力集中才能有效的、快速的、一致的解決當前危機。

整合與整合機制

在組織內的員工間、功能間、事業單位間會有許多協調活動。當組織結構變得複雜時，高級管理者就必須利用一些整合機制來增加功能間、事業單位間的溝通及協調。組織結構愈複雜，在員工間、功能間、事業單位間就愈需要協調。如此，才會使得組織結構能夠有效運作。

直接接觸　各功能部門主管的直接接觸，可以共同解決問題。同樣的，各事業單位主管的直接接觸，也可以一起解決問題。通常管理者會以自己的角度看問題，所以即使直接接觸也未必能真正的解決問題，此時只能訴諸上級管理者出面解決。事實上，訴請上級解決問題的次數愈多，愈表示組織結構的運作不良。

聯絡角色　管理者可在功能部門間設立聯絡角色、在事業單位間設立聯絡角色，來強化協調。當兩個部門的接觸次數增加時，可在每一部門設立一個專職的聯絡人職位，讓他扮演所有的協調角色。這些聯絡人之間會建立非正式關係（如友誼、情感），因而會大大降低部門間的摩擦與緊張氣氛。

工作團隊　當各部門間有共同問題時，或者各事業單位內有相同問題時，即使用直接接觸、聯絡角色也無濟於事。在這種情況下，建立工作團隊是一個有效的方式。每一個相關的功能部門指派一位專業經理來成立工作團隊，共同解決相同的問題。工作團隊有義務將問題解決方案回報給原單位。在組織各階層利用工作團隊來解決問題的現象愈來愈普遍。

12.3　組織結構的類型

組織結構的各種類型反映了設計組織結構時所應決定的三個要素（集結、權責與整合）。這些因素的不同組合或強調就可形成某一特定的組織類型。不論是何種類型的結構，其目的都是在配合策略的實施。所謂結構追隨策略 (structure follows strategy) 就是指結構應盯緊策略，當策略改變時，結構也要跟著調整❶。組

---

❶　哈佛大學商學史教授陳德樂 (Alfred Chandler) 在研究美國大型企業在 20 世紀初期所經歷的問題後，結論道：(1)在原則上，組織結構會追隨公司所追求的各種任務；(2)在一段

織結構有八種類型：功能結構、產品結構、市場結構、地理結構、矩陣結構、產品團隊結構、多事業部結構以及水平式組織結構。

功能結構

產品從原料的引進、製造、運輸，最後到消費者手中的這段過程是由許多功能共同達成的。功能結構 (functional structure) 就是以人員的共同技能及經驗，或者以他們所使用的共同資源為基礎，來加以集結的。例如，工程師們會集結在工程部門，因為他們執行相同的任務，以及使用相同的技術及設備。圖 12-2 顯示了典型的功能結構，圖中每一個長方形代表著不同的專業化功能，如研發、行銷及銷售、製造、物料管理、工程、人力資源，而每一個功能都是將焦點放在專業化任務上。

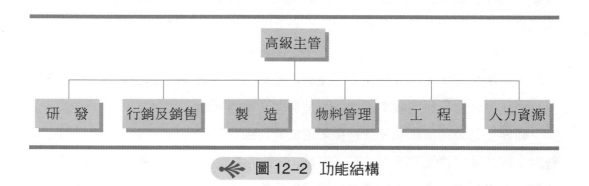

圖 12-2　功能結構

優　點

功能結構有一些優點。第一，執行類似工作的人集結在一起時，可以互相學習，進而增加彼此的專業技能及生產力。如此一來，每個功能都會逐漸培養出獨特能力。第二，功能部門內的人員可以互相勉勵、互相監督，以確保所有的工作都能有效的如期完成，而且沒有人會混水摸魚、規避責任。當每個功能部門都能做到這點時，工作流程就會變得有效率。第三，管理者在管理具有相同專業技能

時間內，結構會隨著策略的改變而做調整，而這種調整是可預期的。詳見：Alfred D. Chandler, *Strategy and Structure* (Cambridge, Mass.: MIT Press, 1962).

的人員會比較容易，如果管理具有不同專業背景的人員會有力不從心之感。

⚓官僚成本

為什麼功能結構到目前為止，還是大多數公司採取的組織結構？因為它有上述的優點。但是以功能結構來運作，會衍生許多官僚成本。這是採取功能結構的企業必須重視的問題。官僚成本是因為溝通、績效衡量、顧客、地區這些因素所引起的。

溝通　功能部門間的溝通問題常是因為目標導向不同所引起的。例如，製造部門通常是短期目標導向，在短期之內減低製造成本，而研發部門是長期導向的，他們計畫在數年之內研發出新產品。各部門在目標導向上的不同會造成他們對於策略議題的解讀不同。製造部門將策略議題看成是減低成本，銷售部門會將策略議題解讀成增加顧客滿意度，而研發部門會認為是創造新產品。對於策略議題的解讀不同就會衍生許多溝通成本，進而增加官僚成本。值得注意的是，這裡所謂的溝通是指人際間、部門間過多的、不必要的溝通，而不是指良性互動。

績效衡量　在功能結構下，公司很難衡量各功能對總獲利性的影響。例如，產品的市場佔有率增加進而使公司獲利，這是因為行銷策略運用得當，還是研發具有創新性，還是製造效率所造成？這個問題很難判斷。

顧客　當公司的產品及服務種類增加時，顧客種類也會增多。行銷部門必須針對不同的顧客群擬定不同的行銷策略，以滿足不同顧客的需要。在這種情況下，行銷部門必須與生產部門做更多的溝通與協調，而生產部門必須與研發部門做更多的溝通與協調。如上述，溝通與協調會增加官僚成本。

地區　地區因素也會阻礙功能結構有效發揮其功能。例如，某公司在若干個地區行銷其產品，功能結構必然不能因應各地不同的需要。行銷部門必然不能以一個行銷策略來滿足各地區的不同需要。例如，行銷經理榮大海必須向不同地區的客戶推銷本公司的數種產品，他有能力為不同地區發展不同策略嗎？他有能力了解所有的產品嗎？此外，在拜訪客戶時，所花費的時間及交通費用呢？以上都是地區這個因素所造成功能結構運作不良的原因。

以上各問題的綜合效應會使公司失去長期策略方向，因為管理者的精力及時間會被這些問題所消耗。公司一旦失去策略方向，便失去了競爭力，當然也無法

掌握市場的新機會。

產品結構

產品結構 (product structure) 是以產品別來分部門。產品結構最適合用在生產多種產品以滿足不同市場區隔需要的公司。產品結構可以避免上述功能結構所衍生的官僚成本。

在公司採取產品結構之前，必須考慮如何將整個產品線分成若干個產品群或產品類別，以使得每個產品群一方面可以最低成本發展、製造及配銷產品，另一方面又能夠產生創造價值的差異化。為了節省成本，價值鏈中的支援活動（如研發、行銷、會計等）會集中在公司總部，而各產品群可以分享這些活動。在公司總部的支援人員又可以依照產品類別來分工，例如，行銷人員可分為支援甲產品與支援乙產品的行銷人員。這些功能人員集合在一起，就可獲得功能結構的優點，如上述。

在產品結構下，公司所發展的策略控制系統也能夠公平的衡量每個產品群的績效，因此克服了功能結構的績效衡量問題。如果公司的績效衡量制度是以整個產品線為準（而不是個別產品類別），則會促使各產品群之間的良性互動，而互相分享知識及技能的結果，會相輔相成、同蒙其利。

產品結構通常用於食品加工廠、家具製造商、個人保健產品公司及大型電子公司。如圖 12-3 所示，柯達公司的產品線會利用公司總部的支援活動，而每個產品部門並沒有屬於自己的支援功能。如果產品之間的差異性很大，位於公司總部的支援人員會再以產品別來細分。一般而言，當公司進入新行業、開闢新市場，而產品之間的差異性很大又不相關時，公司才會將公司總部的支援人員再以產品別來細分。當這種情況發生時，公司應採取多事業部結構，如後述。

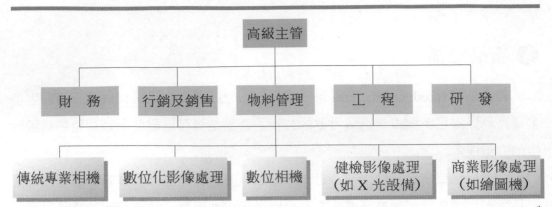

資料來源：參考自 Charles W. L. Hill and Gareth R. Jones, *Strategic Management: An Integrated Approach*, 6th ed. (Boston, MA: Houghton Mifflin Co., 2004), p. 433.

圖 12-3 柯達公司的產品結構

市場結構

當公司的競爭優勢來自於它對於各主要的不同的顧客群（如《財富》五百大企業）的需求滿足時，市場結構（或稱顧客結構）是最適當的。市場結構與產品結構非常類似，只是市場結構所針對的是不同的顧客群。

如果公司的策略目的是在增加顧客反應，那麼確認不同顧客群的本質及需要是非常重要的事情。在市場結構 (market structure) 下，人員及功能是以顧客群或市場區隔來集結，而負責每一個顧客群的管理者，必須針對這個目標市場發展客製化的產品以滿足他們的需要。典型的市場結構如圖 12-4 所示。

市場結構可使負責某顧客群的管理者及員工更接近該顧客群。這些人員可將顧客群的特殊需求、偏好改變等資訊反映給位於公司總部的支援人員，這些支援人員就可依照顧客需求來提供客製化產品及服務。就公司整體而言，設於公司總部的集中式支援活動可以減低成本。

地理結構

當公司向海外市場擴張，或者進行水平整合並透過與其他企業合併來擴展地

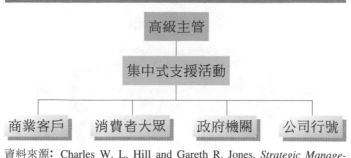

資料來源：Charles W. L. Hill and Gareth R. Jones, *Strategic Management: An Integrated Approach*, 6th ed. (Boston, MA: Houghton Mifflin Co., 2004), p. 434.

圖 12-4　市場結構

理營運範圍時，採取地理結構是相當適當的。在地理結構 (geographic structure) 下，地理區域就是集結各活動的基礎。地理結構可使公司因應各地區不同的需求，並可減少運輸成本、銷售人員的舟車之勞及成本。服務性組織（如連鎖店、銀行）會在各地區從事行銷及銷售活動以滿足當地需求。

　　對於一個以廣大的地理區域為目標的企業而言，以地理區域來建立組織結構是相當理想的，如圖 12-5 所示。在這個廣大的目標市場中，由於各地區的需求各有不同，所以應採取地理結構，向全國各地區提供不同的產品及服務。為了獲得規模經濟、降低成本的效果，資訊系統、採購、配銷、行銷均可集中於公司總部，並對各地區的營運提供必要的支援。

矩陣結構

　　當科技改變愈來愈快，產業界線變得愈來愈模糊時，公司內的溝通及績效衡量問題也會變得愈來愈棘手。此時公司如何動員其技術與資源，如何落實策略以因應環境的衝擊是一個相當關鍵的問題。為了解決上述問題，矩陣結構是相當有效的。矩陣結構 (matrix structure) 是以兩種方式來集結價值活動。首先，以垂直的方式將各活動以功能別來集結，如此就會產生像工程、行銷及銷售、研發等這樣的功能。然後，再以水平的方式將各功能集結成各產品或專案。各產品或專案內的成員是依照產品發展需要來加以集結的。結果就會形成跨越功能及專案的複雜

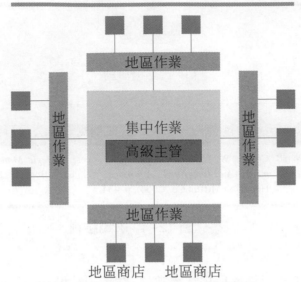

資料來源: Charles W. L. Hill, Gareth R. Jones and Peter Galvin, *Strategic Management: An Integrated Approach* (John Wiley & Sons Australia Ltd., 2004), p. 382.

圖 12-5　地理結構

報告關係網路，如圖 12-6 所示。

　　矩陣結構是平坦式的、分權式的。在矩陣結構內的員工會有兩個上司：功能上司 (functional boss)，也就是原功能部門主管，以及產品或專案上司 (product or project boss)，也就是負責此專案的主管。由於參與專案的員工必須就專案事務向專案主管負責，也必須就原功能性業務向原功能主管報告，因此就變成了雙頭員工 (two-boss employee)。雙頭員工必須在原功能與專案之間獲得適當的協調與溝通。

　　矩陣結構由於可以做到跨功能整合，故可加速產品的創新。矩陣結構最先落實在高科技產業，如航太業、電子業。對於在不確定的、競爭的環境下的高科技公司（如 TRW、休斯公司）而言，產品創新關係到公司的存亡。它們必須採取適當的組織結構才能夠支援或配合產品的快速創新。如果採取功能結構，則必然會因為太過僵固而無法應付在新產品發展過程中所牽涉到的許多複雜的角色、任務

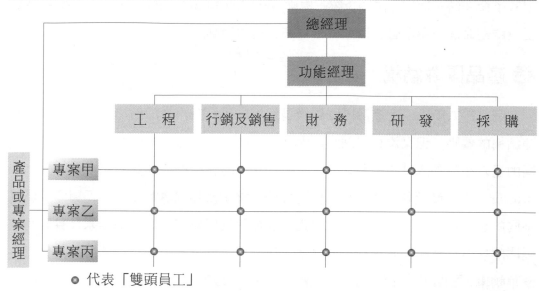

● 代表「雙頭員工」

資料來源：參考自 Charles W. L. Hill, Gareth R. Jones and Peter Galvin, *Strategic Management: An Integrated Approach* (John Wiley & Sons Australia Ltd., 2004), p. 378.

圖 12-6　矩陣結構

及互動。此外，高科技公司的專業人員喜歡在有自主性、彈性的環境下工作，因此矩陣結構再適合不過。

在矩陣結構下，專案小組內的專業人員不太需要主管的監控。他們會自我管理、自我激勵及互相學習。當專案進行到某一階段時，會需要不同的專業人員。例如，在某一個專案的第一階段，需要研發專家，到下一階段，會需要工程及行銷專員來進行成本預估、市場預測。公司可能同時進行若干個專案，當某個專案不需要某種專才時，這些專業人員就可投入其他專案或者歸建（回到原屬的功能部門）。因此，矩陣結構可使每個專業人員的技能發揮到極大。此外，由於專案小組的成員能夠做到自我管理，所以高級主管就可以不必為日常瑣事費神，而將寶貴的時間與精力放在重要的策略議題上。

基於以上的特性，矩陣結構會使公司有相當的彈性，以應付詭譎多變的環境。然而，由於各專案小組在不同的專案發展階段會有不同的專員組合，因此會衍生許多溝通成本及時間成本（重新適應一個新的專案所費的時間）。而且，雙頭員工

違背了命令統一原則。在命令統一原則 (principle of unity of command) 下，一個員工只能聽命於一個主管。以上就是矩陣結構的缺點。

產品團隊結構

圖 12-7 所顯示的產品團隊結構是近年來最具有創意的結構類型。它具有矩陣結構的優點，但又沒有其缺點，因此在實施上會節省很多成本。與矩陣結構不同的是，產品團隊結構的跨功能團隊是永久性的。在產品團隊結構 (product-team structure) 下，像矩陣結構一樣，任務被分為幾個產品或專案團隊。但與矩陣結構不同的是，功能人員並不是臨時被指派去參與某個專案，而是成為永久性跨功能團隊的一員。產品團隊結構內的專業人員會專注於某一特定產品的發展，例如，豪華轎車、電腦工作站等。在產品團隊結構下，跨專案、跨功能的協調會少很多。

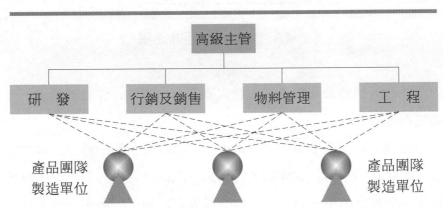

資料來源：Charles W. L. Hill, Gareth R. Jones and Peter Galvin, *Strategic Management: An Integrated Approach* (John Wiley & Sons Australia Ltd., 2004), p. 380.

圖 12-7　產品團隊結構

產品團隊結構是以產品別來建立團隊，在每一個產品團隊中，都有屬於他們自己的支援服務。這是與產品結構不同的地方。如前述，產品結構的資源集中於公司總部。產品團隊的角色是在維護及提升公司的差異化優勢，並與製造部門協調來降低成本。

多事業部結構

在多事業部結構 (multidivisional structure) 下，事業單位的每日營運由該單位主管負責，換句話說，事業單位主管具有作業責任 (operational responsibility)。由於每個事業單位都具有實踐其商業模式的價值鏈功能，因此這些事業單位被稱為自給自足事業部 (self-contained division)。例如，奇異公司跨足於一百五十個行業，在每個產業中，都有若干個自給自足的事業部，也就是這些事業部具有執行價值鏈活動的所有功能。有時候，同一個產業的兩個事業部會分享價值鏈活動以降低成本。例如，可口可樂公司在軟性飲料及速食業有兩個事業部，每一個都有研發及製造功能，這兩個事業部共用行銷及配銷功能以降低成本、獲得差異化利益。公司總部（包括高級主管及高級支援幕僚）則監督由各事業單位組成的多商業模式 (multi-business model) 的長期績效，並對跨事業單位的專案提供指導。這些高級主管及幕僚所肩負的是策略責任 (strategic responsibility)。自給自足的事業部與集權式公司總部的組合，使公司具有進入新事業所需的協調與控制。

在一個大型企業中，由於每個事業部所面臨的是不同的產業，所以它們必須發展適合自己的組織結構，例如，功能結構、市場結構或矩陣結構，如圖 12-8 所示。採取多事業部結構的最大優點是，每個事業部都可依照其產業環境及策略需要來建立最適當的結構。每個事業部都有價值鏈功能以實現其商業模式。公司總部將每個事業部視為利潤中心，並以同一標準（如投資報酬率）來評估每個事業部的績效。

在企業中的某事業單位，要實現低成本策略，利用功能結構來建立組織是相當適當的。如果某事業單位的策略目的或主要目標是在增加顧客反應，那麼採取市場結構是相當適當的。因為在此結構下，事業單位可確認不同顧客群的本質及需要，並可針對這個目標市場發展客製化的產品以滿足他們的需要。如果某事業單位的主要目標是快速的發展客製化的產品以滿足顧客不斷改變的需要，採取矩陣結構是相當適當的。

資料來源: 參考自 Charles W. L. Hill, Gareth R. Jones and Peter Galvin, *Strategic Management: An Integrated Approach* (John Wiley & Sons Australia Ltd., 2004), p. 374.

圖 12-8　多事業部結構

水平式組織結構

　　未來的組織會將組織內部團隊結構的優點發揮到顧客與供應商上。外部伙伴關係 (external partnership) 是指以虛擬組織的方式讓顧客與供應商更直接的涉入公司的價值鏈活動。伙伴關係的建立可能是正式的策略聯盟，或是更密切的、網際網路化的供應商與購買者關係。顧客與供應商會深度的參與公司在作業、產品發展及配銷上的決策。當供應商從事更多原本公司應從事的活動時，這種外部伙伴關係會隨著時間不斷的打破公司與供應商之間的界線。顧客與供應商的涉入會大幅減少原料閒置與浪費、周轉時間以及新產品發展時間。然而，這種關係也不免增加公司與供應商之間的協調成本。

　　在水平式組織結構 (horizontal organizational structure) 下，顧客與供應商會與公司的跨功能團隊密切合作，如圖 12-9 所示。隨著時間的變化，伙伴關係會變得更為密切，同時也變得更為複雜。有些供應商的伙伴關係最後演變成正式的策略聯盟。有些成為公司的控股公司 (holding company)。即使沒有正式的建立聯盟關係，公司與顧客與供應商之間也會建立企業間網路 (extranet)，透過網際網路共同發展產品、市場與技術。在有些情況下，供應商會派駐主要人員到公司來處理有關事宜；他們扮演著聯絡者的角色。有些供應商甚至會在客戶所在地設立分公司

以就近服務。例如，寶鹼公司就在其大客戶沃爾瑪公司總部附近設立分公司以協
助處理訂購及供應鏈作業，以確保沃爾瑪能得到最佳的供貨服務、存貨管理及帳
務服務。

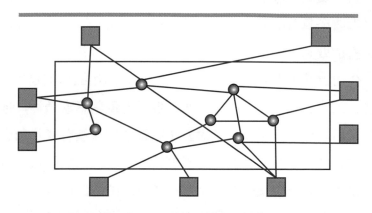

● 跨功能團隊
■ 伙伴、供應商或顧客

資料來源：Robert A. Pitts and David Lei, *Strategic Management: Building and Sustaining Competitive Advantage*, 3rd ed. (Canada: South-Western, Thomson Learning, 2003), p. 519.

◆ 圖 12-9　水平式組織結構

12.4　組織文化

　　要了解什麼是組織文化，我們不妨先從國家文化開始了解。當我們在比較各
國的不同文化時，我們首先會比較它們的實體面，例如，藝術館、歌劇院、捷運、
摩天大樓等。接著，我們會看各國人民的價值觀，例如，美國人民所重視的是民
主、勤奮以及個人主義。最後，我們會比較各國人民的行為，例如，英國人的耐
心、法國人對美食及藝術的享受。我們了解了如何比較各國文化之後，再來看看
如何比較組織文化。組織文化的實體面是指組織的明顯特徵，如辦公室布置、組
織結構服裝規定等。在行為方面，包括儀式、文書及口頭溝通、政治角力、團隊

合作等。實體面及行為是價值觀及信念的產物，價值觀是指你對於該不該做、什麼是重要的（或不重要的）的信念，包括誠實、節儉、顧客永遠是對的、不要官僚主義等。

組織文化對於策略實施的成效影響很大。組織文化 (organizational culture) 是組織內個人及群體所具有的特定價值觀及規範。組織價值觀 (organizational value) 就是組織成員對於要追求什麼目標，以及應採取什麼行為來達成這些目標的信念及看法。微軟公司總裁比爾蓋茲 (Bill Gates) 所認定的組織價值是：企業家精神、擁有權、創意、誠實、誠懇及開放式溝通。為了實現創業家精神，他刻意的將微軟塑造成一個求新求變、不滿於現狀的公司；為了重視擁有權及創意，他讓許多基層經理擁有很大的自主性，並鼓勵他們勇於冒險。他之所以鼓勵誠實、誠懇及開放式溝通，是因為他堅信良性的對話是企業成功的關鍵因素。

組織價值會決定組織的規範、準則及期望，進而影響員工行為。在微軟公司，員工受到組織價值觀的影響所展現出來的行為是：長時間工作（即使在例假日也不例外）、穿著舒適的服裝上班（絕不會穿西裝、打領帶）、吃垃圾食物（對吃的不講究），以及利用電子郵件或企業內網路 (intranet) 來進行溝通。由於策略管理者可以透過價值觀及規範來影響員工行為，所以組織文化也具有控制的功能。例如，比爾蓋茲精心塑造的企業家精神價值觀就是在「控制」員工，迫使他們要以創新的方式來工作，要勇於實驗新的東西，即使失敗也在所不惜。

其他的組織會用截然不同的方式來塑造文化。他們會告訴員工要戰戰兢兢、步步為營、如臨深淵、如履薄冰，遇到重大決策時要請示主管，不可擅自主張，凡事要留證據以保護自己及公司的權益。像化學、石油、金融、保險這樣的公司，由於必須特別戒慎恐懼的經營企業，所以公司會特別告誡員工要保守的、謹慎的做決策。例如，信託公司的基金操盤手必須謹慎的做投資分析與建議，以免造成客戶的血本無歸。從以上的說明，我們可以合理的推論：為了配合策略的實施、特定的組織結構、作業特性等因素，組織會刻意的塑造某種價值觀與規範。

❽ 組織社會化

組織社會化 (organizational socialization) 是指組織成員學習到組織文化的過

程。透過組織社會化，成員就會將組織價值觀及規範加以內化。所謂內化 (internalization) 是指組織成員的組織文化已根深蒂固的烙印在員工的心中，成為一切行為的準則。員工在採取某些行為時，會不假思索的以組織價值觀為最高指導原則。例如，天主教的神父已經將《聖經》教義內化在心中，成為行為的標竿。因此，我們不難想見，組織文化是多麼的具有控制力。組織文化通常是透過故事、迷思（就是對「過去的事件形式及其因果關係加以典型化」的認知）、語言、儀式、英雄事蹟、軼事、傳聞、謠言這些媒介來灌輸給它的成員。例如，沃爾瑪的創辦人華頓 (Sam Walton) 早年多麼刻苦耐勞、篳路藍縷的故事（如開著車齡二十年的小發財車、住著簡陋平實的房子）在公司傳開來之後，就會塑造勤儉的文化。我們不難發現，沃爾瑪的低成本策略與它的勤儉文化息息相關。

組織文化與策略領導者

組織文化是創辦人及高級主管這些策略領導者所創造出來的，而以創始人的影響最大。創始人會經年累月的將他的價值觀及領導風格烙印在組織上。例如，華德迪士尼 (Walt Disney) 的保守作風對其公司的影響，直到他過世之後仍然存在。管理者都不敢嘗試新的娛樂事業，因為「怕老華德會不高興」。直到新任總經理上任之後，才徹底的改變了保守作風，努力向新娛樂事業發展。

創始人的領導風格也會影響管理者。當公司成長時，它會吸引一些志同道合的新進人員。事實上，公司人員雇用的決策上，也會挑選理念一致的人員。因此，當理念一致的人員愈來愈多時，公司就塑造了獨特的文化。在這種文化下，成員之間的溝通與協調就變得非常容易。同時，當共有價值觀及規範被員工內化時，規章及制度便顯得相對不重要。

策略管理者也可以透過組織結構的設計來影響組織文化。例如，策略管理者可透過授權、組織扁平化來塑造自主性、協調，甚至高品質顧客服務（如戴爾電腦公司）的文化特色。如果公司以市場結構來設計組織，顯然它是在闡揚或實現其「以顧客為尊」的組織文化。總之，策略管理者在落實策略時，必須重視組織文化這個軟性因素。

適應式組織文化

在詭譎多變的企業環境下，組織唯有不斷的適應環境才能夠生存。反之，如果不能適應環境，必然會被競爭洪流所淹沒。然而，如何因應環境？方法之一就是建立適應式組織文化。適應式組織文化 (adaptive organizational culture) 的特色是鼓勵組織成員積極主動求新求變，勇於冒險，不故步自封，不緬懷過去的成就。在實務上，就是改變既有的思考方式、做事方式，揚棄不合時宜的策略及結構。具有適應式文化的組織，不僅最能夠在變化環境中生存，而且其績效也會高於惰性文化。

適應式組織文化有四個特徵：行動至上、顧客導向、強化組織設計、以人為本。在行動至上方面，適應式組織會強調坐而言不如起而行 (actions speak louder than words)。同時適應式組織文化會讓員工有很大的自主性，並培養員工的企業家精神，讓他們勇於冒險。管理者會身體力行，做部屬的表率，而不是唱著連自己都做不到的高調。在顧客導向方面，適應式組織會徹底落實顧客導向的文化，它們會將顧客導向的理念實施在商業模式的每一個環節上。對於與顧客導向無關的商業模式活動，即使有近利也不為所動。由於顧客偏好一直在改變，唯有顧客導向的商業模式才會使組織具有適應力。在強化組織設計方面，適應式組織會不斷的檢討及改進組織設計元素（結構、文化與控制），以便動態因應環境變化。在以人為本方面，適應式組織充分的了解到人力資源是公司寶貴的資產，唯有透過人員的培養、訓練、激勵及尊重，才會留才生根、使員工具有創意。在尊重員工方面，適應式組織會充分授權，並讓他們參與重要決策的制定。員工在得到授權及尊重之後，自然願意為組織的成長投注更多的努力、更願意冒險、嘗試新事物。這些都是適應環境變化的必要因素。

12.5 策略控制系統

策略控制系統 (strategic control system) 是指包括正式的目標設定、衡量及回饋的系統，其目的在協助管理者評估是否達成卓越的效率、品質、創新及顧客反

應目標，以及是否能成功的執行策略。有效的控制系統 (control system) 具有三個特性：

- 彈性 (flexibility)。它應該具有彈性，以便於管理者因應突發事件；
- 正確性 (accuracy)。它應該能夠正確的描述組織績效；
- 及時性 (timeliness)。它應該能夠及時的向管理者提供資訊，因為過時的資訊無濟於事。

設計有效的策略控制系統應有四個步驟：建立目標、建立衡量及監控系統、比較實際績效與預期目標、評估結果與採取必要行動，如圖 12-10 所示。

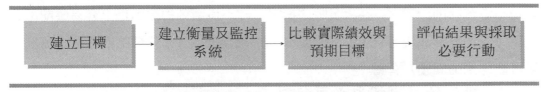

圖 12-10 有效控制的步驟

建立目標

公司所建立的目標就是要對實際績效加以比較的標準。一般的績效標準就是從獲得卓越績效、品質、創新及顧客反應所衍生的目標，而特定的績效標準就是從特定的策略所衍生的目標，例如，如果公司所追尋的是成本領導策略，那麼每年降低 5% 成本就是目標。如果是服務性質的公司，如臺灣銀行或麥當勞，則其標準會包括服務顧客的時間（或更明確的說，顧客排隊等待的時間）或者食物品質。

建立衡量及監控系統

在此步驟，公司必須建立一些程序來檢視在組織中的各階層是否達成工作目標。在某些情況下，衡量績效是非常簡單而直接的，例如，管理者只要計算收銀機的收據數目，就能夠非常容易的衡量所服務的顧客數目。但是，在有些情況下，績效衡量卻不如此簡單，因為公司所從事的活動非常複雜。例如，對於已進行七年的研發工作而言，管理者應該用什麼標準來判定研發成效？又當公司進入新市

場、服務新顧客時，如何判定這個市場進入策略是成功的？

比較實際績效與預期目標

在此階段，管理者會評估實際績效與預期目標是否有差距，如果有差距，偏離目標的程度是多少？如果實際績效比預期目標還高，管理者可能會認為這是因為目標訂得太低的結果，因此在下次會調高目標。但是，根據霍桑研究 (Hawthorne studies) 顯示，如果員工知道管理者會不斷調高目標，則在員工之間會自訂一個規範 (norm)，使產出不至於超出預期目標太多，但又不會低到受到管理者的責難❷。但如果實際績效低於預期目標，管理者就會決定是否要採取矯正行動。如果績效不良的原因是很容易確認的 (如高的勞工成本)，則對於是否要採取矯正行動的決定是相當容易的。然而，在大多數的情況下，不良績效的原因是不容易確認的，並且可能與外部環境因素 (如不景氣)、內部環境因素 (如研發部門低估了研究時所可能遇到的問題) 有關。

評估結果與採取必要行動

控制過程的最後階段就是採取矯正行動以使得公司能夠達成目標。矯正行動可能包括改變現行的策略或結構；例如，管理者可能投入更多的資源改善其研發策略，或將組織結構改成跨功能團隊結構。此步驟的主要目的是強化公司的競爭優勢。

控制的層次

策略控制系統的功能在於提升公司四個層次的績效。這四個層次是：公司層次、事業單位層次、功能部門層次及個人層次 (基層主管)。在各層次的管理者必須分別發展評估績效的標準，而這些標準都必須衍生自卓越效率、品質、創新與顧客反應這四個競爭優勢的基礎。值得注意的是，下一層次所用的標準不要與上一層次相衝突。此外，最重要的，每一層次的控制都要成為下一層次管理者選擇控制系統的基礎。這種依屬關係，如圖 12-11 所示。

---

❷ 有關霍桑研究的詳細說明，讀者可參考：榮泰生著，《管理學》(臺北：三民書局，2004 年)，第 2 章。

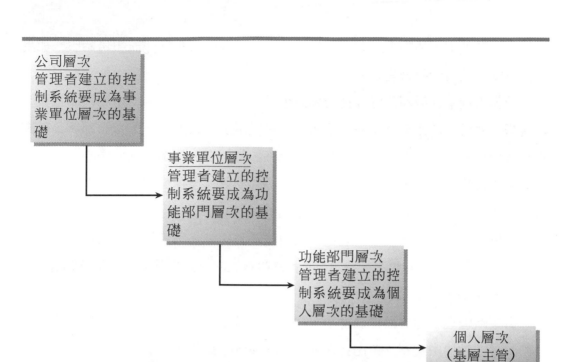

公司層次
管理者建立的控制系統要成為事業單位層次的基礎

事業單位層次
管理者建立的控制系統要成為功能部門層次的基礎

功能部門層次
管理者建立的控制系統要成為個人層次的基礎

個人層次
（基層主管）

圖 12-11　組織控制層次的依屬關係

策略控制的類型

策略控制有三種類型：財務控制、輸出控制與行為控制。

財務控制

財務控制是管理者及利益關係者最常用來檢視及評估公司績效的標準。財務控制 (financial control) 是指策略管理者選擇公司所要達成的財務目標（如成長、獲利性及股東報酬率）作為標準，然後再以這些標準來檢視公司是否達成這些目標。策略管理者、利益關係者（尤其是股東）也可與其他公司在股價、投資報酬率、市場佔有率，甚至現金流量上做比較。

例如，股價就是衡量公司績效的有用標準，因為股價是由購買及出售股票的人數（或股票數目）來決定的，因此股價可以表示投資者對公司績效的期望。股價的升降正可讓股東了解公司及管理者的績效。

當公司股價大幅下跌時，或者小幅下跌但持續了一段很長的時間時，高級主

管就會面臨著很大的壓力。有些高級主管或董事會成員會因此而引咎辭職。如果股價下跌，就表示投資者對公司的績效或策略動向心懷不滿所發出的信號。

投資報酬率（淨利除以投資資本）也是另外一個相當普遍的財務控制指標。投資報酬率可用於比較公司與競爭者，也可以用於比較本公司的事業部與其他事業部或競爭者的事業部。在多事業部結構下，每個事業部都是利潤中心，公司也可以用投資報酬率來衡量、比較各利潤中心的績效。全球公司，如全錄公司，也可用投資報酬率來比較本國與外國的營運情形。

如果股價、投資報酬率未達到預期目標，公司就必須採取矯正行動。有些公司會重組（重新建構組織）或清算、撤資某些事業部，或者重新更換策略領導者。

輸出控制

當策略管理者建立目標及衡量標準以評估效率、品質、創新及顧客反應時，他們就是在做輸出控制。輸出控制 (output control) 是指策略管理者替每個事業部部門、個人估計及預測適當的績效目標，然後以這些績效標準衡量他們的實際績效。公司常將報酬制度配合輸出控制，對輸出進行控制也會具有激勵作用。

為了有效實現輸出控制，許多公司會採用目標管理。目標管理 (management by objectives, MBO) 是以被評估者能夠達成組織特定目標、或達成特定績效標準或符合特定作業預算的能力來加以評估。目標管理的有效實施必須滿足三個條件：

- 在公司的每個層級建立特定的目標及標的；
- 以參與式來設定目標（被評估者要參與目標設定，不是由主管片面決定）；
- 定期的檢討目標達成的情形。

值得注意的是，如果輸出控制設計不當反而會造成事業部之間兄弟鬩牆的情形。例如，具有本位主義的事業部為了達成本身的投資報酬率，而罔顧公司的整體目標。此外，有些事業部會刻意操弄數據以使其輸出績效看起來更為亮麗。總之，輸出控制的設計必須著重於組織的長期獲利性。如果輸出控制能與行為控制配合實施，則會非常有助於績效的提升。

行為控制

策略實施的第一步驟就是設計適當的組織結構，為了要使這個結構有效運作，

員工必須展現所預期的適當行為。如果員工凡事都需要管理者的耳提面命，不僅毫無效率，而且徒增官僚成本。此時，最有效的方法就是行為控制。行為控制 (behavioral control) 就是利用作業預算、標準化作業、規則與程序來匡正員工的行為。

作業預算　作業預算 (operating budget) 是管理者如何運用組織資源以最有效的方式達成組織目標的藍圖。當每一個組織層次的管理者被賦予應達成的目標時，公司就會透過作業預算來規範他們的行為。在實務上，在某一層次的管理者會給予下一層次的管理者特定的資源及預算，以讓他們實現某些活動。次一層次被評估的標準就是是否在預算的限制內完成這些活動。

標準化作業　標準化作業 (standardization) 是指公司明訂決策應如何做成，以使得員工行為變得可以預測的程度。在實務上，公司可以對輸入因素、轉換活動及產出加以標準化。在輸入因素標準化 (standardization of inputs) 方面，公司可藉著對輸入因素的標準化來控制員工行為及資源。公司可以依照所建立的標準來篩選輸入因素，然後決定哪些因素是可以被接受的。以人員這個輸入因素為例，將人員加以標準化的做法就是以明訂的品質及技術來篩選，並錄用合格的人員。

在轉換活動標準化 (standardization of conversion activities) 方面，標準化作業的目標在於將活動加以定型化，以獲得轉換活動的一致性。標準化作業的主要目的，在於獲得可預測性。以規則及程序來進行行為控制就是獲得可預測性的方法。速食業者，如麥當勞、肯德基炸雞、必勝客等，均將所有的活動加以標準化以生產標準化產出。在輸出標準化 (standardization of output) 方面，標準化作業的目的在於明訂最終產品及服務的績效特性，例如，產品應有哪些屬性、產品的容錯度（錯誤容忍度）是多少等。為了確保產品的標準化，公司會實施品質管制制度，以及利用各種標準來衡量標準化程度，例如，利用像顧客退貨數、顧客抱怨率這樣的標準。在生產線上，定期的對產品做抽樣檢測可使管理者了解產品是否具有績效特性。

規則與程序　規則與程序 (rules and procedures) 可以約束員工行為，並導致標準化的、可預測的行為。在一般的公司內，新的規則與程序不斷出現，舊的規則與程序仍然保留，因此會使得組織變得非常官僚化、僵固與反應遲緩。這種現象對於在現今環境下的競爭是非常不利的。

　　規則與程序常會阻礙功能部門間的溝通，因此要做到它們之間的整合與協調無異緣木求魚。因此，管理者應盡可能的減少規則與程序。事實上，在這個員工賦能的時代，依賴傳統的規則與程序來進行控制已經過時，取而代之的應是承諾導向控制法。承諾導向控制法 (commitment-based control) 是讓員工自己希望要把事情做好，所強調的是自我控制。例如，豐田公司不遺餘力的灌輸員工該公司的經營理念及價值觀，諸如團隊、品質、尊重別人、承諾的重要，以期讓員工做到自我控制。又如沃爾瑪 (Wal-Mart) 強調勤誠溫儉這些共有價值觀，以讓員工有方向感及目的感，不論員工的工作地點有多遠，或不論公司有無控制手冊、監督人員，員工都能做好自我控制。

複習題

1. 何謂策略實施 (strategy implementation)？並繪圖加以說明。

2. 試扼要說明組織結構、組織文化與控制制度。

3. 在進行組織結構設計時，管理者必須對於集結、權責及整合做明確的決定。試扼要說明集結、權責及整合。

4. 試說明企業如何集結任務、功能與事業單位。

5. 試說明企業如何分派職權與責任。

6. 試說明整合與整合機制。

7. 何謂結構追隨策略 (structure follows strategy)？

8. 組織結構有八種類型：功能結構、產品結構、市場結構、地理結構、矩陣結構、產品團隊結構、多事業部結構以及水平式組織結構。試分別加以說明其特色與優劣點。

9. 何謂組織文化？何謂組織價值觀？

10. 何謂組織社會化？何謂內化？

11. 試說明組織文化與策略領導者的關係。

12. 試說明適應式組織文化。

13. 何謂策略控制系統 (strategic control system)？

14. 有效的控制系統 (control system) 具有哪三個特性？

15. 設計有效的策略控制系統應有哪四個步驟？

16. 試繪圖說明控制的層次。

17. 策略控制有哪三種類型？

18. 何謂財務控制？其目的是什麼？

19. 何謂輸出控制？何謂目標管理？

20. 何謂行為控制？試扼要加以說明。

練習題

就第 1 章所選定的公司，做以下的練習：

✖ 繪圖加以說明此公司的策略實施 (strategy implementation)。

✖ 評論此公司在結構追隨策略上的執行情形。

✖ 說明此公司所採取的組織結構是屬於哪一種類型，並說明其特色與優劣點。

✖ 說明此公司的組織文化及組織價值觀。

✖ 說明此公司組織文化與策略領導者的關係。

✖ 說明此公司的策略控制系統。

✖ 說明此公司的三種類型策略控制（財務控制、輸出控制與行為控制）。

第伍篇
策略評估

第 13 章　策略績效評估

第13章　策略績效評估

本章目的

本章的目的在於說明：

1. 何謂評估
2. 評估設計
3. 評估方法
4. 對策略評估結果的反應
5. 關鍵成功因素

❧13.1　何謂評估

　　策略管理的過程分成幾個重要的階段。此階段開始於使命界定以及公司策略目標的擬定。然後是檢視組織外部、內部環境，以發掘環境的機會與威脅、組織的強處及弱點，以便掌握環境機會、避免威脅。接著，策略管理者會確認一些可行策略 (strategy alternatives)，然後就要評估這些可行策略以決定它們是否適合達成組織使命及目標。公司顯然會選擇一個最能達成組織使命與目標的策略。然後就將所選擇的策略加以落實，在實施之後，公司就會評估策略的績效以決定它們是否已經達成公司的使命及目標。

　　在以上的說明中，「評估」出現了兩次。第一次是評估可行策略，以選擇最適當的策略。第二次是評估所選擇的策略的績效。第一種評估稱為可行策略評估 (alternatives evaluation)。管理者在進行可行策略評估時，所使用的標準是：

　　　● 一致性 (consistency)。也就是所選擇的策略是否能與公司其他策略配合；

- 相符性 (consonance)。也就是所選擇的策略是否能配合公司的外部動態環境；

- 優勢性 (advantage)。也就是所選擇的策略是否能使公司獲得競爭優勢；

- 可行性 (feasibility)。也就是所選擇的策略在實施時是否有充裕的資源做後盾。

本章所討論的是第二類型的評估，也就是評估策略實施的績效。詳言之，就是評估策略是否在達成目標的正確軌道上?策略實施所花的經費是否在預算之內?是否要改變策略方向? 換言之，策略評估 (strategy evaluation) 是「將實際績效與預期績效做比較，並將資訊回饋給管理者以便於其評估結果，並採取矯正行動（如有必要）」。策略評估著重於策略實施之後的績效評估。

評估 (evaluation) 是「對一個事件是否有價值的決定」。管理者可在策略實施之前，評估策略的價值（當管理者在評估各可行策略以做選擇時），也可以在策略實施之後，評估策略的價值（當管理者在評估策略實施的結果以了解是否達成目標時）。後者就是策略的績效評估，它發生在策略實施之後，但不會因此而結束，而是持續的在進行監控。持續的監控 (monitoring) 可以及早發現問題所在，及早採取矯正行動。

持續的監控某策略的背後假設尤其重要。策略是針對未來而設計的，所以在策略形成階段，管理者會對此策略做一些假設，例如，假設所得水平保持不變、消費者偏好保持不變、競爭者不會做激烈的反應等。但是，在實務上，他們對於未來的了解通常是不充分的、不正確的，因為環境不是靜態的。同時，管理者在對未來的市場做假設時常是依據他們本身的知識及經驗。例如，本田機車的高級主管認為美國的機車騎士與日本的機車族並無不同，因此對其本田機車絲毫不做調整就進軍美國市場，結果一敗塗地。美國的機車騎士不僅喜好飆車，而且會用它來長途跋涉，以這種使用行為來看，本田的機車根本不適合。管理者應明確的了解其策略背後的假設，並隨時監控這些假設有無改變，以適時的調整策略。

當策略實施成功時（例如，公司賺得豐厚的利潤、顧客都很滿意等），策略管理者傾向於不做策略評估。他們認為，策略評估的目的僅在發現錯誤，採取矯正

行動。但是，管理者也應對成功的策略進行評估，以了解成功的原因。策略成功可能是短暫的因素所造成，例如，競爭者的一時失策。在許多情況下，公司的成功不是因為有效策略實施的結果，而是一些不可抗力的突發因素所造成。這種成功是曇花一現的。要使策略持續成功，管理者必須了解其背後的原因，才能夠繼續發揚光大，否則當競爭者猛不提防的來個回馬槍時，公司可能會措手不及。

目　的

策略評估有三個主要的目的：了解、控制及公共關係。策略評估最明顯的目的是了解策略績效以檢討過去、策勵將來。如果控制不能增進了解，它至少還能控制執行策略的人。透過評估，公司也可以和外界人士保持良好的關係。

了　解

了解所強調的是策略的結果與過程。如果只看結果，不看過程，管理者就會見樹不見林，同時也不會了解為什麼有些策略會成功，有些策略會失敗。關於過程的資訊可以幫助管理者改善過程，當策略偏離正確方向時，可即時加以調整。

控　制

公司可利用從策略評估中所獲得的資訊來控制管理者的行為。公司可以對策略實施成功的管理者給予獎勵（如獎金、紅利、加薪、升遷），同時也可以對策略實施失敗的管理者給予處罰（如減薪、調職、解雇）。有關策略評估的資訊也可用來「匡正」管理者行為，將其導入到高級主管所希望的方向。值得注意的是，以策略績效作為賞罰依據在實務上並不容易，因為策略成功是群策群力的結果，如何評估每位管理者的貢獻？策略的成敗是因為策略本身還是外在因素造成的？

澳洲的 Telstra 通訊公司將管理者的報酬與股東利得連結在一起，其高級主管的報酬分為兩個部分：固定與變動。變動部分是根據一些財務及績效指標，例如，顧客服務績效、員工態度、替公司加值的能力，以及公司股價與標竿（澳洲的 All Ordinaries 指數）的比較。

公共關係

大多數企業都設有專門負責與企業外部大眾互動的公關部門。今日的企業不可能再像五十年前的企業一樣，關起門來獨善其身。各種環保團體、人權組織及

其他利益團體都會監視公司的一舉一動。例如，耐吉在印尼剝削童工的事件經媒體揭露之後，受到國際人權團體的大聲撻伐。畢竟紙包不住火，要使人不知，除非己莫為。但是有時候企業的行為往往會受到外界人士的誤解，此時如果公司能定期的評估其作業，必然可以透過公關部門向外界解釋，以客觀的數據來保衛自己，以免受到外界的責難（當然前提是自己要行得正）。如果公司不能從評估其策略績效中來獲得所需資訊，那麼對於外界的質疑或責難便毫無置喙餘地。

　　公司的策略評估小組可以委託外界的專業機構來評估策略，也可以自行評估策略，然後將評估結果公諸於世。公司也可以邀請其他公司、遊說團體共同進行評估作業，如此可借助局外人的角度來評估策略的合理性。評估小組可以舉辦或參加專業研討會。他們也可以撰寫文章刊登在專業的報章雜誌上，對公司的策略行動提出說明或辯護。

🌊 13.2　評估設計

　　為了要有效的評估策略，公司必須要對於其評估系統進行周密的設計。評估系統設計 (evaluation system design) 的目的，在於使公司能仔細思考評估策略的重要問題。例如，對策略評估的結果所設定的目標是什麼，評估策略的時間幅度應該多長，應該由誰來評估策略、由誰來評估策略結果，以及如何蒐集有關策略績效的資料等。

　　在設計評估系統時的主要挑戰，就是澄清策略的目標及標的。在澄清目標的同時，公司也要界定什麼叫做策略成功，什麼叫做策略失敗。公司也要決定策略偏離目標多遠才逾越了可接受範圍，換言之，可接受範圍設定在哪裡。管理者在澄清策略目標時，必然會遇到許多障礙，例如，高級主管刻意把策略目標訂得相當模糊，以避免容易受到非難（見第 1 章對策略管理者特性的說明）。從組織政治學的角度來看，組織是由各個政治聯盟團體（俗稱小圈圈）所組成的，高級主管將目標訂得籠統，可讓各聯盟團體以合乎本身利益的角度來各自表述，以避免你爭我奪，使組織運作淪為空轉，消耗了應有的戰鬥力。

　　管理者也必須確認達成目標所應採取的行動。行動與目標之間會有「手段─

目標層級」(means-ends hierarchy) 的關係。例如，行銷目標必須配合事業單位、總公司的目標。表 13-1 中假設總公司的目標是「五年內獲得 15% 的投資報酬率」，為了實現這個目標，事業單位必須設定「五年內增加銷售額 $10,000,000」的目標，而為了實現事業單位的目標，行銷部門必須在市場佔有率、廣告支出、新市場滲透、產品的重新設計、新產品的研究發展方面，分別設定目標。以上說明了，在組織內下一個層次的目標是達成上一個層次目標的手段。

表 13-1 企業內目標的配合

公司目標	事業單位目標	行銷部門目標
五年內獲得 15% 的投資報酬率	五年內增加銷售額 $10,000,000	市場佔有率、廣告支出、新市場滲透、產品的重新設計、新產品的研發

　　評估系統設計也需要管理者選擇適當的資料蒐集方法。他們可以用定性的方式來蒐集資料，例如，訪談、參與者觀察及個案研究法，他們也可用定量的方式，例如調查、次級資料的蒐集（如蒐集公司年報、財務報表）。管理者必須了解，不同的策略類型適合不同的資料蒐集方式。當管理者希望了解消費者對某產品的滿意度時，利用調查法是比較適當的方式。當管理者要了解公司的財務績效時，利用財務報表來評估是適當的方式。

　　評估系統的設計也要考慮到資料來源。正確的資料來源對於策略評估是相當重要的。參與策略形成及策略實施過程的管理者如果自行評估其策略，必然會有所偏袒，俗稱「老王賣瓜，自賣自誇」。如果要公正的評估策略成果，必須要找到與當事人無關的資料來源。與資料來源息息相關的問題是評估者的選擇。適當的作法是聘請公正客觀的外界顧問。

　　理想上，評估系統的設計應包括監控系統的建立。策略是長期性的，因此不可能在短期之內就能實現目標。如前述，策略是針對未來而設計的，而未來又充滿著不確定性，因此管理者應持續的監控策略實施的結果，以便隨時調整策略。

13.3　評估方法

評估方法涉及到許多對象及事情，例如，股東、評估策略的過程，以及評估議題所涵蓋的範圍等。評估策略的主要方法有財務評估、平衡計分卡及三方利益觀點。財務評估是從股東角度來檢視策略，平衡計分卡是從顧客及員工的角度來檢視策略，而三方利益觀點是從股東、社區及自然環境這三個觀點來檢視策略。

財務評估

評估一個策略的財務績效是相當單純而直接的，並且可以用許多方式來評估。衡量標準包括財務績效報表（如損益表）、所增加的經濟價值，以及所增加的市場價值。衡量標準的選擇會依所蒐集的資訊不同而異。財務績效報表可顯示公司目前的財務狀況，但不能預測未來的財務狀況。公司財務地位報表（如資產負債表）可顯示公司在某特定時點所擁有的資產細目，但與財務績效報表一樣，也不能預測公司未來的財務地位。對於市場價值的分析，可顯示公司未來的財務績效，但不會顯示公司的財富。市場佔有率分析也不能顯示公司的獲利率及財富。財務報表分析最大的不足之處就是它不能讓分析者一窺全貌。

財務報表可顯示公司的盈餘以及公司如何在一段時間之內分配這些盈餘。利潤（或以會計術語來說，保留盈餘）是收入減去產品成本、銷貨成本、折舊、行政成本、利息、營業稅及股息後的餘額。財務評估最普遍的方法就是投資報酬率。投資報酬率 (return on investment) 是稅前淨利除以總資產。稅前淨利等於銷貨減去折舊成本、銷貨成本、行政成本及利息。資產是公司所擁有的東西，例如銀行存款、建築物及商譽。

每股盈餘也是衡量公司財務績效的另外一個重要指標。所謂每股盈餘 (earning per share) 是指公司每股股票在某一期間（通常為一年）所創造的盈餘。一般所計算的每股盈餘是普通股的每股盈餘，其計算的公式是：

普通股每股盈餘 ＝（淨利 － 特別股股利）÷ 流通在外普通股數

如果公司的淨利減去特別股股利的餘額是 2 百萬美元，而其發行的普通股股

數是 1 百萬股，則其每股盈餘是 2 美元。普通股權益報酬率 (return on common stockholder's equity) 是普通股股東的淨利除以普通股股東權益，屬於普通股股東的淨利，則以淨利扣除特別股股利而得。普通股權益報酬率的公式是：

普通股權益報酬率＝（淨利－特別股股利）÷普通股股東權益

　　衡量公司績效的另外兩個重要指標是經濟增值與市場增值。這二個指標都是股東價值模式的重要變數。股東價值模式 (shareholder value model) 認為，公司最重要的任務就是創造股東的價值。經濟利潤 (economic profit) 就是稅後淨利減去資金成本。傳統的會計衡量方式嚴重的忽略了投資的資金成本，而股東價值模式是以現金流量（某特定時點公司所擁有的現金）作為衡量公司績效的重要指標。股東價值模式會計算未來每年現金流量的現值。經濟附加價值 (economic value added, EVA) 就是未來稅後營業淨利減去以加權平均資金成本計算的投入資本資金成本。其與經濟利潤的差別在於後者計算過程納入若干項會計調整，並使用加權平均資金成本來計算資金成本。市場附加價值 (market value added, MVA) 是公司的市場價值減去公司淨值（資產減去負債）。換言之，就是股東的投資成本與如果他出售股票所獲得的利益之間的差距。市場附加價值可以顯示管理當局是否增加或減少了股東的財富，因此它是衡量公司經營績效的重要衡量指標。

　　在經濟體制之下，公司存在的目的就是創造財富。當公司能夠以資本或借款來結合其他生產要素以增加資本價值時，它就創造了財富。許多企業卻將注意力放在會計價值模式上，例如，每股盈餘、盈餘成長、每股淨值亦即股東權益的極大化。在保護股東的權益方面，股東價值模式比會計價值模式還好，因為，股東價值模式會考慮到投入資金的資金成本。

◎ 平衡計分卡

　　傳統上，公司是以財務標準來評估公司的績效，這些財務標準有投資報酬率、淨利、市場佔有率等。然而這些衡量公司財務績效的指標會產生局部的、過時的、甚至誤導的結果。財務指標是短期導向的，而且其所衡量的是過去的績效，所以對於未來績效的衡量並不是有效的指標。為了彌補僅以財務指標來衡量公司績效的缺點，有些公司會放棄財務指標，改以其他的指標（如顧客服務）來衡量公司

績效。

現在有愈來愈多的企業採用「平衡計分卡」的方式來補傳統方式的不足。平衡計分卡 (balanced scorecard) 的衡量指標是財務顧客、企業商業內部程序、創新與學習。管理者可利用平衡計分卡來檢視其達成策略目標的程度。許多公司也紛紛的建立資訊系統來落實這個制度。

✔ 四種角度

我們認為，應以平衡觀點（整合觀點）來看公司績效衡量問題。因為任何單一角度都會造成掛一漏萬、以管窺天的後果。管理者應以四個角度來衡量公司績效，這四個角度是：財務角度、顧客角度、內部商業程序角度以及創新與學習角度。平衡計分卡就是以以上四個角度來評估策略。平衡計分卡會對以下四個問題提出答案。這四個問題是：

- 公司的績效是否能滿足股東的利益?
- 顧客如何評估公司?
- 公司內部資源及能力如何?
- 公司要創新的地方是什麼?

以上四個問題（或標準）不僅能夠整合評估公司績效的各因素，而且能平衡短期與長期目標、平衡理想目標與實際績效之間的差距，以及平衡客觀衡量與主觀衡量之間的差距。

財務角度 財務角度 (financial perspective) 是指檢視公司的策略和策略的實施是否能對其利潤有所貢獻。一個設計周密的財務控制系統可以提升全面品管方案的效果。以財務角度來看公司績效時，公司必須確認成果是什麼，如獲利性、成長及市場佔有率。它可以「年利潤增加」來衡量獲利性；以「銷售成長」來衡量成長；以「對公司整體或某市場區隔的佔有率增加」來衡量市場佔有率。

公司的財務目標會因其所處的生命週期不同而異。公司生命週期 (company life cycle) 分為三個階段。在成長階段 (growth stage)，公司會發展與提供新產品及服務，建立及擴充生產設備，建立營運能力、基礎建設以及配銷通路，並且培養及發展顧客關係。在支持階段 (sustain stage)，公司會努力突破瓶頸、擴充產能，以及透過持續的改善，企圖維持投資報酬率及市場佔有率。在成熟階段 (maturity stage)，公司會收割其投資，維持設備及既有能力，不再擴充，並使現金流量得到極大化。

以公司生命週期的角度來看財務目標的優點是，它可以幫助管理者思考在什麼階段應採取什麼策略。這個角度也可讓管理者了解競爭者在其公司生命週期階段所可能採取的策略。

顧客角度　顧客角度 (customer perspective) 是指確認目標顧客及市場區隔並衡量事業單位在此目標市場的績效。以顧客角度來衡量公司績效時，所使用的標準有：

- 顧客滿足。以顧客忠誠度、重複購買行為來衡量；
- 顧客保留。以顧客數變化、或顧客比率的增減來衡量；
- 顧客獲得。以事業單位吸引新顧客或客戶的速率、新顧客數目、向新顧客的總銷售量來衡量；
- 顧客獲利性。以顧客購買量來衡量；
- 市場佔有率。以銷售量來衡量；
- 客戶佔有率。以個別客戶的購買量來衡量。

內部商業程序角度　內部商業程序角度是獲得財務及顧客目標的手段。內部商業程序角度 (internal business process perspective) 是指管理者專注於對於策略成功具有關鍵影響的商業程序。對於內部商業程序的改善，不僅應重視服務目前顧客的既有程序，而且也應創造新程序、產品及服務以滿足目前的、未來的顧客需求。內部商業程序的改善包括：周轉期的縮短、產品品質的提升、員工技術的改善、員工生產力的提高、核心能力及關鍵技術的進步等。例如，以周轉期的縮短（原料的獲得、製造、運輸、交到顧客手中的速度）來衡量內部商業程序改善的成果。另一個衡量內部商業程序改善的方式是，比較目前的員工技術與所需的（預期的）員工技術。

內部商業程序的改善應該細分成事業部、子公司、功能部門及個人層次。個人層次的程序改善會對功能部門有所貢獻，而功能部門的程序改善會對事業部有所貢獻。因此，對於向下紮根的努力，可獲得向上結果的好處。同時，如果員工之間在了解他們的程序改善會對組織的利潤與成長有間接性的貢獻之後，榮譽感

及使命感便會油然而生。此外，資訊科技在內部程序改善中扮演著關鍵角色。如果能利用資訊科技來改善程序，並利用資訊科技來回饋改善的成果（如獲利率的增加、服務水準的提升等），必然對於內部商業程序的改善有如虎添翼之效。

創新與學習角度 顧客角度與內部商業程序角度可以保證公司在目前市場上獲得成效，創新與學習角度 (innovation and learning perspective) 可使公司掌握未來。由於全球及國內競爭日趨激烈、環境詭譎多變，企業必須改善其產品、程序及能力。在這個競爭的時代，公司必須藉著推出新產品、創造高品質產品，以及比競爭者更有效率來創造及進入新市場。

創新的結果會表現在這些方面：新產品推出的速度加快、數量增加，程序效率的改善，決策支援系統的改善，以及溝通的有效性等。管理者可用推出新產品的速度，以及這些新產品所造成的銷售量增加率來衡量創新成果。上述的衡量標準會讓管理者了解創新成敗的原因。創新主要是指產品創新以及程序創新，同時也包括對既有程序的改善。對既有程序的改善可用準時交貨、周轉時間、故障率及產出來衡量。

功　用

平衡計分卡有四個主要的功用：願景的明確化、溝通、商業規劃：將短期行動與長期策略加以連結以及回饋與學習。以下分別做簡要說明。

願景的明確化 管理者會擬定策略以達成目標，但是如果是曲高和寡的目標，雖然可能一時譁眾取寵，但對於策略評估毫無益處。平衡計分卡會讓高級主管將願景、目標及標的加以作業化，使它們變得更容易了解、更明確、更可衡量，以及更能獲得共識。理想上，願景能以上述四個角度來提供建立目標的準則。

溝通 平衡計分卡所強調的是公司內每一個成員均能充分了解目標與成果的衡量標準。不論是採取由上而下或由下而上的溝通方式，都可以促進了解。平衡計分卡主張在策略形成過程中的員工參與。策略的不同層次會與公司的各層次相互配合。高級主管擬定公司策略，事業單位主管在公司策略的架構內擬定事業單位層次策略，功能層次主管在事業單位策略的架構內擬定功能策略。基層管理者（如組長、領班）會確認其責任及任務以實現功能層次策略。相對應的，高級主管會擬定財務及顧客目標（亦即以上述的財務及顧客角度來訂目標），而在此架構

下，中階主管會擬定內部商業程序、學習與成長目標。讓管理者參與有許多優點：

- 在策略形成的過程中，公司可獲得許多資訊；
- 管理者對於策略會更加了解，對於策略實施會有更高的承諾。

利用平衡計分卡，公司會將整體策略向公司整體成員做溝通，並要求各層次管理者的績效要配合整體策略。要做到有效配合，公司必須從事三項活動：

- 溝通與教育；
- 設定目標；
- 將報酬與績效配合。

透過溝通與教育，高級主管可以和全體成員分享有關策略及關鍵性目標的資訊。透過目標設定的過程，高層次策略可以轉換成營業單位及個人的目標及衡量指標。個別管理者可以發展個人計分卡，並在此卡中確認目標，然後清楚表明其目標是否與事業單位目標、總公司目標符合一致，以及應採取什麼行動才能達成目標。個人計分卡不僅可澄清個人目標，而且也可以作為績效評估的指標。

將報酬與績效配合會具有強大的激勵作用。但應注意，績效的衡量必須要有信度及效度，如果以無效的、不可靠的績效資訊來評估管理者績效，不僅不公平，而且會打擊士氣。

商業規劃：將短期行動與長期策略加以連結　在大多數的企業內，策略程序與預算程序是獨立運作的。策略所涉及的是公司的長期決策，而預算只是針對短期的作業目標。這種分離的情況會使公司追求相衝突的目標，因此會浪費寶貴的資源（如管理者時間）。在定期的檢討會上（如每月的檢討會），公司所討論的是預算問題，而不是策略問題，因為預算具有可衡量的數據。平衡計分卡會迫使公司將策略與預算配合，並確信預算能夠支援策略的實施。

管理者可藉著建立特定的短期目標將策略與預算程序加以結合。為了做到這點，管理者為了達成短期的財務績效，會將短期的顧客、內部商業程序、創新與學習目標與預算加以整合。這種方式可讓管理者不斷的評估策略背後的假設與策略實施的情況。

回饋與學習　平衡計分卡的方式可以鼓勵管理者對於策略程序進行持續的回饋與學習。所有的策略在本質上都是理論性的，也就是說策略是對於程序之間所

做的假設。例如，當遇到高的離職率時，管理者會馬上採取紅利制度，因為他假設紅利制度與離職率呈負相關。這種假設似是而非。如果利用平衡計分卡制度的話，管理者就會不斷的測試這種策略背後的假設是否正確。換句話說，他所從事的是策略學習，而不是單迴路學習。

在單迴路學習過程 (single-loop learning process) 中，管理者並不質疑策略背後的假設，他們會頑固的把持著既有的理論，並拒絕對策略本身或策略的實施做檢討改進。進行策略學習 (strategic learning) 的管理者，會重新檢討其假設，並依據環境的改變做適當的策略調整。策略學習認為策略是為了不確定的未來而設計的，因此進行策略調整是必要的。策略回饋系統 (strategic feedback system) 可鼓勵管理者質疑所做的假設，並在發現目前的策略、行動、績效目標之間沒有預期的相關性存在時，就應改弦易轍。

◉ 三方利益觀點

平衡計分卡所強調的是以公司內部角度來評估策略，然而企業是在多面向的環境中生存的。以系統理論來看，企業從環境中取得輸入因素，並向環境回饋輸出因素。輸入因素包括自然及實體資源，而輸出因素是產品及服務。企業向環境提供的產品品質及數量取決於它向環境中取得的輸入因素的品質和數量。然而，輸入因素並非取之不盡、用之不竭，必須適時的加以開發及添補。同樣的，企業也是在人員 (包括其員工)、有形無形資源、正式非正式機構的支持下才能夠運作。企業不能將這些人員及機構視為當然，而必須適時的加以培育及支援。如此，企業才能夠保持經濟活力。

三方利益觀點 (triple bottom line perspective) 是以三種利益觀點來評估公司績效。這三種利益是：經濟利益、環境利益及社會正義利益。提倡三方利益觀點的鼻祖艾金頓 (J. Elkington) 認為三方利益評估方式能使公司獲得所謂的「持久的資本主義優勢」(sustainable capitalistic advantage) ❶。如果企業不能助長經濟成長，不能改善環境品質，以及不能對社會正義做正面的貢獻，則此企業便不能生存。

------

❶　J. Elkington, "Triple Bottom Line Reporting: Looking for Balance," *Australian CPA*, March 1999, pp. 18021.

三方利益觀點可使企業獲得長期利益。

三方利益觀點確認了三種資本形式。這三種資本是現金資本、自然資本與社會資本。擁有這三種資本的企業必能提高其投資報酬率及獲得持久性優勢。現金資本 (cash capital) 又稱經濟資本 (economic capital)，包括有形資產、智慧財產及服務。現金資本能促進企業的生存發展自不待言，而其衡量標準也是簡單直接的。經濟利益 (economic bottom line) 就是考慮到組織績效對其經濟生命力的影響。

自然資本 (natural capital) 來自於孕育萬物生存的自然環境。自然資本包括生態、空氣、氣候、植物、動物以及公司用來作為輸入因素的原料等。在短期內，自然資本似乎是無窮盡的，因為自然資本的耗竭速度很慢。許多公司利用自然資本的態度好像它們是取之不盡、用之不竭的，但是某些自然資本總有耗盡的一天。環境利益 (environmental benefits) 是評估公司的活動對自然環境所造成的影響。

社會資本 (social capital) 分為兩類：人員資本與社會系統資本。人員資本 (human capital) 是指員工、其家屬、供應商、商業伙伴、顧問及顧客的智慧、創意、經驗、技術、天分、熱情與教育。許多企業未將員工這個寶貴的資本視為生財工具，當需要縮編以獲得短期的財務績效時，首先就拿員工當犧牲品。另外，大部分企業也不能公平的對待其員工，他們所獲得的薪資與高級主管相比，簡直是天壤之別。這種不重視人員資本的企業會造成員工的不滿、高的離職率以及員工的缺乏忠誠。社會系統資本 (social system capital) 是指支持公司有效運作的制度化結構。社會系統資本包括基礎建設（如運輸、交通）、法律（如正義制度、監督及法規）、政治（如國會、政治權力的合法性、政權的和平轉移）、財務（如受到管制的金融機構、安全的投資環境）、教育（如培養技藝、灌輸正確的價值觀）。社會利益 (social bottom line) 觀點鼓勵公司接受並珍惜社會系統的貢獻，並進而對社會系統作出貢獻。

13.4 對策略評估結果的反應

在完成策略評估之後，公司對評估結果會有幾種不同的反應。如果策略被評估為成功的，則公司會持續的實施這個策略。理想上，公司亦應找出成功關鍵因

素，以便繼續的保持成功。公司不應對成功的策略不加以檢討或視為當然，因為成功可能純屬僥倖，或競爭者的一時失策。當策略被評估為失敗時，公司應如何處理？理想上，公司應終止該策略的實施，但在實務上管理者會繼續實施失敗的策略。為什麼？這是因為管理者非理性的堅持所做的承諾。

◉ 非理性堅持

非理性堅持 (escalation) 是指對一個問題所採取的決定是基於先前的決定。當一個策略失敗時，要終止這個策略還是繼續？如果管理者有先見之明（知道終止或繼續哪一個比較有利），當然就容易做正確的決定。然而不幸的是，管理者不能料事如神。

一般的傾向就是沿用原先的策略，即使這個策略是失敗的（管理者認為在目前是失敗的）。許多人認為過去的決策已是歷史，管理者不應再回顧過去，因為他要做的是針對未來的決策；他應該忘記過去失敗的策略，而考慮未來策略的成本與效益。這種看法蠻有規範性的。所謂規範性是指對什麼是應該的或不應該的、什麼是對的或錯的的判斷。然而，在實務上，管理者怎麼可能忘記過去的決策？他怎麼可能忘記過去在決定進行某個專案時所投入的人力、財力與物力？他想如果繼續堅持目前看起來是失敗的策略，說不定日後否極泰來，總會撥雲見日。許多人也認為堅此百忍是英雄的表現，而放棄是懦弱的行為。我們的師長不是一再告誡我們不要輕言放棄？

以上的現象就是非理性堅持。研究顯示，即使管理者看到策略已經失敗，但是還會投入更多的資源；他們會一意孤行、孤注一擲。這種非理性堅持的行為也發生在其他領域。例如，管理者對自己人（在人事甄選時此管理者決定錄用的人）的績效考評比他人（在人事甄選時此管理者並未參與，而被其他管理者決定錄用的人）會來得高。管理者很難將過去決策與相關的未來決策劃分清楚。這種非理性堅持的原因有：認知偏差、幻覺式期待、印象管理與木已成舟。

◤ 認知偏差

過去所做的決定常會造成個人的偏差現象。我們通常會只看決策所帶來的正面效果，而忽略負面效果。就管理者所擬定的策略來看，他們只會看到策略所實

現的東西，而忽略了策略所不能實現的東西。他們甚至會去尋找能夠支持其決策的資訊，而刻意過濾掉那些對決策不利的資訊。以上所描述的就是認知偏差 (perceptual bias) 的行為。解決認知偏差的方法就是持平，也就是正面負面的資訊都要等量齊觀。另一個方法就是建立監控系統，以監督管理者的認知行為。也可聘請公正客觀的第三者來評估管理者是否刻意的迴避、過濾負面的資訊。

幻覺式期待

幻覺式期待 (illusive expectation) 是指管理者不切實際的預期。他認為只要堅持下去，終有成功之日。如果某管理者在海外營運投入了鉅額資本，但當營運被證實為失敗時，你想他會停止營運認賠了結呢？還是會繼續撐下去以求一線生機呢？根據研究顯示，大多數的主管會繼續撐下去。

印象管理

大多數的管理者都會表現出成功的形象。印象管理 (impression management) 是指管理者為了保持好的形象而刻意隱瞞失敗的行為。當管理者停止一個失敗的策略時，馬上就會顯露出失敗的形象。但如果繼續撐下去，不僅可以保住面子，而且未來的成敗還是未定之數 (可能會有扳回一城的機會)。管理者明知失敗但是還是會撐下去的另外一個理由，是保持一致性。社會大眾認為能夠保持一致性的管理者才是有效的領導者，至少比那些見異思遷、舉棋不定、遇到挫折就畏縮的管理者要強多了 ❷。

公司應明確的告知管理者為了獲得印象管理（保住面子）而以公司存亡、員工福祉為賭注是非常不可取的；也應明確的告知管理者要重視實際成果。這種做法能使管理者以務實的態度來評估其策略成果，不會因為保住面子而失了裡子。

木已成舟

管理者會持續的採取某策略的原因是因為木已成舟——組織結構已建立，辦公室設備、廠房機具、原料都已購買 (而且某些專屬資產的剩餘價值、共用性也不高)，聘僱人員已經簽約，關廠成本更是高昂。這些原因使得管理者騎虎難下，有如象棋中的過河卒子，只能拼命向前。

---

❷　M. Bazerman, *Judgment in Managerial Decision Making*, 4th ed. (New York: John Wiley & Sons, 1998), p. 67.

◉ 終　止

　　當公司的策略是失敗的，或者當策略的績效未達到預期的水準時，公司就會終止此策略的實施。在某些情況下，公司也可能終止成功的策略，原因可能是資金周轉的考量或策略方向的改變。

　　策略有許多種類，我們在這裡討論的是公司間的連結策略，也就是策略聯盟。供應商與買方之間、製造商與配銷商之間都可能建立策略聯盟。當這些商業伙伴之間的關係不再具有連結關係或者不再需要資源共享時，策略聯盟關係就會終止。根據社會心理學的看法，在聯盟關係方面的策略終止 (strategy termination) 會歷經四個階段。第一階段，商業伙伴會各自在私底下表達他們的不滿，並評估繼續結盟的成本與效益。第二階段，當結盟一方覺得成本大於效益，就會決定終止聯盟關係，並向對方協商有關解約條款。第三階段，結盟者會公開宣布終止結盟關係。第四階段，結盟者會在心理調適後，恢復到正常狀態。

　　結盟者在終止關係時可能採取若干種行動。他們可能公開宣布想要解約的意圖，或者可能採取規避的方式，不動聲色的退出結盟關係。他們也可能片面的決定退出結盟關係，或者經過雙方協議後退出。他們可能採取利己導向，絲毫不理會對方所受到的傷害，他們也可能採取利他導向，非常關心對方的感受。以上的各種行動會產生許多行為組合。例如，某結盟者可能是利己導向、採取規避方式以及片面退出結盟關係。

◉ 13.5　關鍵成功因素

　　策略評估的主要目的在於了解策略成敗的主要因素是什麼。策略專家邁爾斯與斯諾 (Raymond E. Miles & Charles C. Snow) 認為，任何能與外部環境、內部環境配合的策略必能導致組織成功，否則便會導致失敗 ❸。成功的企業會將策略配合市場環境，並且以適當的組織結構及管理程序來支援策略（簡單的說，就是結構

❸　Raymond E. Miles and Charles C. Snow, "Fit Failure and the Hall of Fame," *California Management Review*, Vol. 26, 1984, pp. 10–18.

追隨策略，策略追隨環境）。績效不佳的公司都是在外部配合（策略配合環境）、內部配合（結構配合策略）這些方面做得不好。麥可波特 (Michael E. Porter) 認為，企業績效取決於產業的競爭密度，換句話說，競爭密度與企業利潤呈反比 ❹。因此，企業要決定進入何種產業是相當重要的。學者在針對多國公司所做的研究發現，成功的公司都是具有策略意圖，並發揮其核心能力來實現其策略意圖的公司。

關鍵成功因素 (critical success factor, CSF) 就是對企業經營成功具有決定性影響的因素。關鍵成功因素反映了「80/20 法則」，也就是 20% 的因素決定了 80% 的成功。許多研究在發掘這些 20% 的因素上投注了許多努力，而這個發掘工作是相當艱辛的。某個策略的成功也不可能是心想事成。例如，本田以大型機車打入美國市場時遭遇到空前的失敗，反倒是其小型機車在美國市場打下一片江山。以大型機車打入美國市場是本田精心策劃的策略行動，但卻鎩羽而歸，而小型機車的成功卻是無心插柳的結果。

成功與失敗的判斷決定於以下因素：

- 策略評估者的認知，而他們的判斷也會隨著時間的不同而異；
- 時間幅度。短期的成敗未必表示長期的成敗；
- 所使用的標準。因此有些公司以財務角度來看是失敗的，但以創新角度來看卻是成功的；
- 公司領域。在公共部門（如政府機構），公正可能比效能更應成為衡量成敗的標準。

學者及企業家對於關鍵成功因素的發現及認定臚列如下：

- 雄獅釀酒公司 (Lion Breweries) 認為，在國際酒類產品事業的關鍵成功因素是全球品牌及配銷。
- 一項針對世界著名公司所做的研究發現，在製造業的關鍵成功因素是創新。
- Wesfarmer 公司認為，公司經營的關鍵成功因素是緊密結合的工作團隊。

❹ Michael E. Porter, "How Competitive Forces Shape Strategy," in H. Mintzberg and J. B. Quinn (eds.), *The Strategy Process: Concepts, Context and Cases*, 3rd ed. (Englewood Cliffs, N.J.: Prentice-Hall, 1996), pp. 75–83.

- 管理大師彼得杜拉克 (Peter Drucker) 認為，企業經營的成敗決定於是否掌握了這些重要項目：市場地位、獲利能力、創新、生產力、財務資源、激勵與組織發展，以及社會責任的履行。這些項目就是關鍵性成功因素。杜拉克 (Peter Drucker) 亦曾提出：評估一個公司的生產力，最好的標準應是銷貨的附加價值（如獲得顧客的忠誠與口碑）與利潤之比。他認為企業的目標應是以增加這個比例為重點，而企業內部門的績效亦應以這個比例來衡量。

- Cragg and King(1993) 曾針對一些中小型企業進行研究，目的在於檢視中小型企業資訊系統的演進階段。他們針對六家中小型製造公司的電腦使用經驗，觀察其軟體應用的成長，以找出電腦應用成長的關鍵成功因素❺。其研究結果發現，中小企業實施電腦化的關鍵成功因素包括：管理者的熱忱、管理者體認到資訊科技的潛在利益、競爭壓力，以及資訊系統顧問的支援。

然而，何謂「關鍵性」？關鍵性這個術語具有相當的主觀性，因此在學者專家之間可以說是眾說紛紜、莫衷一是。關鍵性 (criticality) 可分為四個層級、三種分類。依照重要性的高低程度排列，關鍵性的四個層級是：

- 眾所周知的因素，其與成功有因果關係；
- 因素是成功的必要條件及充分條件（簡稱充要條件）；
- 因素是成功的必要條件；
- 因素與成功有關連性。

具有因果關係的因素 (causal factors) 會確保公司的成功。因果關係暗示著有一系列的事件會引導走向成功，而這些事件會由一個以上的已知法則所支配。在因果關係中，我們不僅知道結果是什麼，而且也可以解釋造成此結果的一系列事件。充分條件 (sufficient condition) 是指因素的出現一定能保證成功。必要條件 (necessary condition) 表示一定要出現的因素，但其出現不能保證成功。因果條件與充分條件不同的地方，在於在因果條件下，公司知道能導致成功的機制和過程。

----

❺ Paul B. Cragg and M. King, "Small-Firm Computing: Motivators and Inhibitors," *MIS Quarterly*, March 1993, pp. 47–60.

關鍵成功因素的三種分類是：

- 持久的或引發的屬性；
- 直接的或間接的屬性；
- 強化的或抑制的屬性。

這六個屬性分別代表著關鍵成功因素與成功之間的六種可能關係。

持久的關鍵成功因素 (standing CSF) 的時間幅度長，這些因素是有利於成功的環境因素，而引發的關鍵成功因素 (instigating CSF) 是一種驅動因素。引發的關鍵成功因素與持久的關鍵成功因素結合時，才會導致成功。換句話說，持久的關鍵成功因素是成功的必要條件，但不是充分條件。一組關鍵成功因素通常包括若干個持久的、引發的關鍵成功因素。直接的關鍵成功因素 (direct CSF) 是與成功息息相關，而間接的關鍵成功因素 (indirect CSF) 會透過它對其他因素的影響來影響成功。某特定因素可直接的、間接的影響策略的成功。公司可以建立一個因果關係圖 (causal map) 來了解哪些是影響成功的直接因素與間接因素。強化的關鍵成功因素 (enhancing CSF) 會加速成功的達成，或者使得成功的達成變得更為容易，而抑制的關鍵成功因素 (inhibiting CSF) 會阻礙成功的達成。大多數的策略管理者一般傾向於過於重視強化的關鍵成功因素，我們認為對於關鍵失敗因素 (critical failure factor, CFF) 亦應等量齊觀。

關鍵失敗因素　在資訊電腦化方面，中小企業的關鍵失敗因素包括：組織因素、經濟因素以及技術因素。在組織因素方面，涉及到：

- 教育訓練的提供及成本。任何電腦訓練都會受限於使用者原有的系統使用經驗。如果公司中並沒有事先提供適當的訓練課程，以便讓使用者擁有一般的電腦觀念或者上機操作的技巧，那麼有再好的資訊系統亦難發揮它的功效。有些公司因考慮到人員訓練成本而放棄了電腦化，因為他們認為：在這個流動率非常高的行業，人員的離職會枉費了在他們身上所投入的訓練成本；
- 管理者的時間。我們了解，企業引進系統的原因大都是為了節省時間及降低成本。但是有些管理者卻認為，系統的裝置與測試需要時間，自己學習電腦也需要相當多的時間。有些管理者就是不願意花這些時

間，而使得企業的電腦化計畫仍然停留在「再議」階段。

在經濟因素方面，雖然現在的個人電腦及視窗套裝軟體並不昂貴（相對於迷你電腦、大型電腦而言），但是個人電腦的淘汰速度相當快，而且軟體的版本也不斷的更新，對於中小企業而言不啻是個「無底洞」。很多證據顯示：有一些企業曾考慮引入某些套裝軟體，但是經過非正式的成本利益分析後，又打退堂鼓。有些公司以前曾考慮過增添一套視窗應用軟體，但是總經理卻認為，若購進此種套裝軟體，則必須另增設新職、另增編訓練費用而作罷。在技術因素方面，有些中小企業自己所擁有的資訊技術人員相當有限，但是又信不過軟體公司，而且也沒有聘請顧問指導，因此它的電腦化作業總是停滯不前。

管理者要了解因果的關鍵成功因素是相當重要的。但是大多數的實證研究均將重點放在「與公司績效有關的關鍵成功因素」上（第四個關鍵性層級）。換言之，目前的研究均將重點放在微弱的，而不是強韌的關鍵性層級。原因之一是針對前者的研究要相對容易得多。

在關鍵成功因素的屬性方面，研究者傾向於將重點放在引發性的、直接的、強化的因素屬性上。原因是相對於持久的、間接的、抑制的因素屬性而言，引發性的、直接的、強化的因素屬性比較容易檢視。同時，管理者比較能夠依據引發性的、直接的、強化的因素屬性來採取實際行動。

複習題

1. 策略管理的過程分成幾個重要的階段。試扼要說明這些階段。

2. 管理者在進行可行策略評估時，所使用的標準是什麼？

3. 何謂評估？何謂策略評估？

4. 策略評估有哪三個主要的目的？

5. 試說明評估系統設計 (evaluation system design) 的目的。

6. 評估策略的主要方法有財務評估、平衡計分卡及三方利益觀點。試扼要說明。

7. 衡量標準包括財務績效報表（如損益表）、所增加的經濟價值，以及所增加的市場價值。試分別加以說明。

8. 平衡計分卡 (balanced scorecard) 是以哪四個角度來評估策略？平衡計分卡會對哪

些問題提出答案?

9. 試扼要說明平衡計分卡的主要功用。

10. 讓管理者參與有什麼優點?

11. 利用平衡計分卡,公司會將整體策略向公司整體成員做溝通,並要求各層次管理者的績效要配合整體策略。要做到有效配合,公司必須從事哪三項活動?

12. 試比較單迴路學習過程 (single-loop learning process) 與策略學習 (strategic learning)。

13. 策略回饋系統 (strategic feedback system) 有何功用?

14. 三方利益觀點 (triple bottom line perspective) 是以三種利益觀點來評估公司績效。這三種利益是什麼?

15. 三方利益觀點確認了三種資本形式。這三種資本是什麼?

16. 理想上,公司應終止該策略的實施,但在實務上管理者會繼續實施失敗的策略。為什麼?

17. 何謂關鍵成功因素?

18. 試扼要說明學者及企業家對於關鍵成功因素的發現。

19. 依照重要性的高低程度排列,關鍵性的四個層級是什麼?

20. 關鍵成功因素的三種分類是什麼?

練習題

就第 1 章所選定的公司,做以下的練習:

※ 扼要說明此公司的策略管理階段。

※ 說明此公司的管理者在進行可行策略評估時,所使用的標準。

※ 說明此公司在評估策略時所使用的方法(財務評估、平衡計分卡及三方利益觀點)。

※ 說明此公司的衡量標準(包括財務績效報表、所增加的經濟價值,以及所增加的市場價值)。

※ 說明此公司的平衡計分卡。

※ 試扼要說明平衡計分卡的主要功用。

※ 說明此公司的學習過程(如單迴路學習過程、策略學習)。

　※　說明此公司以三方利益觀點來評估公司績效的情形。

　※　說明此公司的關鍵成功因素。

第陸篇
重要課題

第 14 章　網路科技對策略管理的衝擊

第*14*章　網路科技對策略管理的衝擊

本章目的

本章的目的在於說明：

1. 電子商務對策略管理的挑戰
2. 電子商務對策略管理的效益
3. 網際網路對環境偵察與產業分析的影響
4. 網際網路對內部環境偵察及組織分析的影響
5. 網際網路對功能策略的影響
6. 網際網路對競爭策略的影響
7. 網際網路對公司策略的影響

14.1　電子商務對策略管理的挑戰

　　在不久以前，只是專注於國內市場的企業，仍然會有不錯的財務績效，因此這些企業很少注意到全球化的問題。在公司的整體經營的成效中，外銷不是一件舉足輕重的事，因此從外銷所獲得的利潤被認為是「錦上添花」的事。例如，在1960年代美國的許多大企業都是以事業單位別（產品別）來建構其組織，而產品只是供應美國國內市場。美國以外的產銷業務通常是由一個國際事業部來負責。被指派到從事國際事務的人通常是升遷無望（被「冰凍」的人），這些人遲早會另謀他就。

　　同樣的，在1990年代以前，企業可以不用網際網路來進行電子商務，就可以獲得蠻好的績效。他們充其量只要建立一個網站，做點公關的事情就好了。大多

數的生意都是透過銷售代表、經銷商、零售出口來銷售給最終顧客。使用個人電腦的高層主管如鳳毛麟角，更不用說「遨遊」網路。他們認為，網際網路可以幫助蒐集資料、進行研究，但是從未想到如何透過網際網路來進行網路行銷。

◎ 電子商務的衝擊

電子商務 (electronic commerce, EC) 是指利用網際網路 (Internet) 來從事商業交易。美國著名的 Booz-Allen & Hamilton 顧問公司在 1999 年所進行的調查顯示，在各行各業的 525 位高層主管認為，網際網路已重新塑造了全球市場，而這種影響會持續下去。90% 的主管認為，網際網路在兩年內已經對其公司的策略造成了很大的衝擊❶。網際網路不僅改變了企業與其顧客、供應商的互動方式，而且也改變了企業內部的作業方式。

網際網路的出現大大的影響了企業競爭的基礎。傳統的競爭優勢來自於產品特性與低成本，而在網際網路時代，競爭優勢的基礎已提升到更高的策略層次。傳統的價值鏈觀念必須做大幅修正。許多產業的領導者已將其商業程序中的 60～80% 作業轉換成電子商務的企業對企業 (B2B) 作業。

B2B 是今日電子商務中應用最多的類型。B2B 包括了組織間連線系統 (Inter organizational systems, IOS)，以及組織間透過網際網路的電子化市場交易 (electronic market transactions)。2005 年全美有 50 萬家企業從事 B2B 交易❷；這些企業可以是買方、賣方或二者。這些企業會使用 B2B 交易網路 (如 Sun Microsystem 的網站)、拍賣網站、現場交換 (spot exchanges)、線上產品型錄、以物易物網站及其他線上資源，來進行更有效的交易。

在短期內，B2B 將繼續維持電子商務界的主流 (以交易量來看)。在未來，B2B 的應用將是一股沛然莫之能禦的潮流，迫使每個企業必須加入 B2B 的行列。未來將有更多的網路行銷者加入、更多的網路購物者、更完善的服務提供，因此 B2B 的成長將是不爭的事實。B2B 的成功，將取決於企業是否能將電子商務技術整合到

❶ C. V. Callahan and B. A. Pasternack, "Corporate Strategy in the Digital Age," *Strategy and Business*, Issue 15, 2nd Quarter, 1999, pp. 2–6.

❷ 有關 B2B 交易的詳細資料，可上網 www.b2btoday.com。

其商業程序、傳統的資訊系統內。

　　大型汽車集團網路化，數年前在通用、福特、福斯、BMW 等歐美各大汽車集團即積極展開。資料顯示，包括通用、福特及賓士三家汽車集團在 1998 到 1999 年，兩年內投資網路科技的總花費即達 40 多億美元以上。通用與福特兩大超強汽車廠商，更訂在十八個月內完成包括採購、銷售、組裝及維修各系統網路化作業，讓整個企業體從生產線到售後維修末端全面網路化。

　　不僅在企業對企業 (business to business, B to B, B2B) 的網路鋪設如雨後春筍般的湧現，企業對消費者 (business to customer, B to C, B2C) 的投資成長速度也相當驚人。例如，通用與福特兩大汽車廠商都訂定網路購車銷售比例在兩年內達到三成以上的目標。根據美國福特汽車總部發布的資料顯示，福特汽車的網路線上交易已突破四成。通用與福特更分別與美國線上 (AOL) 及雅虎進行策略聯盟，展現出強力進行網路行銷的決心。

　　不止美國大廠商積極，歐系車廠包括賓士、BMW、福斯集團，也都從各個方向切入電子商務及網路市場。在臺率先推動汽車虛擬網站的臺灣通用汽車公司，在臺灣重新布建汽車銷售通路的同時，也順勢推動網路購車。在美國利用網路購車與傳統銷售通路的比例已經達到三比七，而且網路購車的比例也不斷的在增加中。我們可以預期，在不久的將來，臺灣汽車消費型態也將逐漸變成網路購車。

　　網際網路的普及對企業經營的衝擊至少有下列七項：

- 網際網路迫使企業進行變革。企業的經營理念、組織結構等必須全面翻新，並與顧客、供應商及商業伙伴建立電子化、網路化的連結關係；
- 傳統中間商的滅絕。新的通路徹底的改變了接觸顧客的方式。企業可跳過傳統的中間商直接的與顧客、供應商聯繫，因此企業可與最終使用者建立更為密切的關係，並可改善服務品質、降低成本；
- 權力的平衡點移向顧客。由於顧客可以自由的、毫無限制的檢索網際網路上的資料，因此他們會變得愈來愈挑剔，早已不是被動的資訊接受者；
- 競爭本質的改變。新的競爭本質在於如何利用網際網路來發揮創造力、效率，這是新技術導向的企業可以獲得競爭優勢的地方；

- 企業經營的步調加速。網際網路的出現使得顧客對於資訊的要求更為殷切、對企業的期望變得更高，因此企業的規劃幅度必須變得更短，以期在極短的時間內因應顧客的需要；
- 網際網路迫使企業跨越傳統界線。由於企業間網路的發展與普及，使得企業與供應商、製造商與顧客的傳統界線變得愈來愈模糊。這些商業伙伴可以互相檢索對方的網頁，以了解作業計畫及進度（這當然要有安全設計）。例如，Lockheed Martin 飛機製造公司透過企業間網路與其專案伙伴波音公司、美國國防部（它的大客戶）做緊密的連結；
- 知識是關鍵性資產與競爭優勢的來源。在 1980 年，實體資產佔美國市場總值的 62.8%，但在 1991 年此比例已經降到 37.9%。市場總值的其他部分包括無形資產，其中最大的一項就是智慧資本 (intellectual capital) ❸。

🔵 組織適應理論

全球化與電子商務對企業的策略管理著實帶來了莫大的挑戰。企業如何追蹤全球捉摸不定的技術、經濟、政治、法律及社會文化的環境趨勢，進而做有效的調整？這並不是一件簡單的事情。學者曾提出有關組織如何適應環境、如何與環境配合的理論。其中有四種重要的理論或觀點：

- 人口生態論；
- 制度論；
- 策略選擇觀點；
- 組織學習論。

人口生態論 (population ecology theory) 人口生態論主張，組織如果在環境中建立了利基，便無法適應環境的變化❹。因為組織會產生惰性、安於現狀，不

❸ R. M. Kanter, "Managing the Extended Enterprise in a Globally Connected World," *Organizational Dynamics*, Summer 1999, pp. 7–23.

❹ J. Pfeffer and G. R. Salancik, *The External Control of Organizations: A Resource Dependence Perspective* (New York: Harper & Row, 1978).

知求新求變。這類的組織遲早會被能夠適應新環境的組織所取代（如併購）或被迫消失於競爭的潮流中。雖然人口生態論在社會學上受到很大的擁戴，但是它比較缺乏實證的支持。

制度論 (institution theory)　制度論主張，藉著模仿其他成功的組織，組織能夠適應變化中的環境。

策略選擇觀點 (strategic choice perspective)　策略選擇觀點主張，組織不僅可以適應環境的變化，而且有能力、有機會重新塑造環境。由於此理論強調管理者可制定理性的策略決策，所以它變成了策略管理中最具有支配性的理論。

組織學習論 (organizational learning theory)　組織不僅可被動的因應環境的變化，更可積極主動的調整策略以影響環境。組織學習論與策略選擇觀點不同的是，組織學習論要求組織內各階層的所有成員都要參與策略決策。

現今許多企業深深的體認到組織學習理論的重要，紛紛摒棄了原有的垂直式的組織結構、由上而下的管理方式，而採用水平式的組織結構、互動式的管理方式。換言之，它們企圖成為「學習型組織」，快速的因應詭譎多變的環境。所謂學習型組織 (learning organization) 就是「肯學習的組織」的意思。所謂「肯學習的」組織，就是能夠因應環境變化而做適當調適的組織。組織為了要生存及成長，就必須要不斷的學習。學習型組織可以有效的執行以下的四類活動：

- 有系統的解決問題；
- 實驗新方法；
- 從自己及他人的經驗中學習；
- 快速而有效的將知識傳布到整個組織。

14.2　電子商務對策略管理的效益

在策略管理的發展史上，從來沒有一項創新對策略管理的潛在效益會像電子商務這麼大。電子商務對策略管理有什麼顯著的效益？首先對顧客而言，操作簡便、搜尋容易、回應迅速、超越時空限制、價格相對便宜，及交易成本（包括締約成本、協商成本、資料搜尋成本等）降低、可容易的做比價。對於策略管理者

而言，可以獲得以下的效益：

- 將市場延伸到國際及全球市場。只要透過電腦及網際網路就可以與全世界的客戶、供應商聯繫。建立全球化的行銷通路，爭取時效並降低交易成本；

- 降低在創造、處理、傳播、儲存、檢索資訊上的成本。電子支付的成本是 0.02 美元，而支票付款的成本是 0.43 美元；

- 可使企業創造新的、高度專業的風險事業。透過搜尋引擎、專屬的聊天室，企業可以實現個人化行銷或一對一行銷；

- 可落實拉式的供應鏈管理 (pull-type supply chain management)，以獲得低存貨、低固定費用、即時製造的好處。例如，戴爾電腦在接到顧客的訂單後，可在 48 小時內出貨；

- 達到產品或服務的客製化 (customization) 的理想。例如，在 BMW 網站上，顧客可以挑選及搭配自己喜歡的款式及車種；

- 可刺激企業重新思考其策略，以進行企業再造工程。例如，亞馬遜網路書店的出現迫使邦諾書局 (Barnes & Noble) 重新思考其傳統的經營方式，並迅速搭上網路行銷的列車；

- 增加彈性、減少製造循環及運送時間，並可隨時掌握顧客的基本資料及其消費行為，並隨時提供遠距服務及推播 (push)；

- 促使企業的部門間進行線上溝通，展現出一個現代化、科技化的群體工作形式。

14.3　網際網路對環境偵察與產業分析的影響

網際網路 (Internet) 改變了策略管理者進行環境偵察的方式。網際網路可使策略管理者很有效率的獲得幾乎是任何主題的資訊。美國生產力及品質中心 (American Productivity & Quality Center) 及競爭情報專業人員協會 (Society of Competitive Intelligence Professionals) 針對 77 家美國企業所進行的調查顯示，73% 認為網際網路是「佳」或「最佳」的資料蒐集工具。其他被提及的資訊來源有：競爭者

產品 (66%)、產業專家 (62%)、個人接觸 (60%)、線上資料庫 (56%)、市場研究(55%)、銷售人員 (54%) ❺。雖然網際網路的資訊在廣度及深度上均有相當的進展，但不可諱言的，它也充斥著各種垃圾與誤導資訊。

　　與圖書館不同的是，網際網路並沒有嚴格的書籍借還規定，沒有 ISBN 或在確認、尋找、檢索文件方面的杜威十進位系統 (Dewey Decimal Systems)。許多網頁文件沒有作者姓名及發表日期。網頁的生命通常是短暫的。心懷不滿的離職員工或駭客、若干走火入魔的環保人士，都可能利用其所架設的網站進行惡意攻擊、詆毀聲譽良好的公司。在個人網站中的聊天室、討論群組常常散發謠言、中傷他人的文句。這些情形對於研究者而言造成了一個很大的問題——在網際網路上的資料，怎麼證實它為有效？

　　情報蒐集的一個基本法則，就是在做文書報告或簡報之前，必須要以下列兩種方式來評估：

- 資料的來源必須以可靠度來加以判斷。資料的來源值得信賴嗎？值得信賴的程度有多少？策略規劃者可以以尺度來加以衡量。A 代表完全可靠，B 代表可靠，C 代表尚不能判斷，D 代表不可靠，E 代表完全不可靠。資料來源的可靠度可以參考作者的學經歷、提供此資訊的組織，以及此組織過去的表現等；

- 資料必須以正確度來衡量。資料的正確度可以 5 點尺度來衡量。1 代表正確，2 代表可能正確，3 代表尚不能判斷，4 代表可疑，5 代表非常可疑。對於在網站上所蒐集的資料，不僅要記錄其網址，而且也要做成像這樣的評估：A1（好材料）、E5（壞材料）。在 Moody's International、Standard & Poor's、Value Line 這些來源的資料，其可靠度是 A，其正確度是 1 或 2（絕不可能是 4 或 5）。

　　資料的正確性當然不容易判斷，除非我們可以舉證說明其研究前提的錯誤，或者我們在同樣的情況下進行重複性研究（再說，為了證明某人的研究論文是否正確並不是我們研究的目的）。但是如果研究者是具有公信力的研究機構（如蓋洛

---

❺　S. H. Miller, "Developing a Successful CI Program: Preliminary Study Results," *Competitive Intelligence Magazine*, October/December 1999, p. 9.

普民意調查機構、芝加哥大學等），其研究報告自然足以令人採信。

由美國證管會（U. S. Securities and Exchange Commission, www.sec.gov）、胡佛線上 (Hoover Online, www.hoover.com) 所架設的網站，具有高度的可靠度。一般企業所架設的網站基本上是可靠的，但要從這些網站中挖掘到它們的商業機密、策略計畫或專有資訊，是非常困難的。為什麼？因為這些企業是將網站視為行銷工具，所提供的不外乎公司的卓越績效、產品資訊、通路資訊。有些企業網站會公布最近的財務報表，並建立一些有用的超連結。在競爭非常激烈的產業中，有些企業會在其網站上安裝一些監視軟體，以防止競爭者的竊取資訊（當然要辨識誰是競爭者並不容易）。

利用搜尋引擎 (search engine) 可節省蒐集資料的時間。對於研究者而言，搜尋引擎就像一位親切的導航員。但是這些導航員各有其專長與特色，必須針對它們的專長加以運用，才能夠有最大的收穫。根據調查，最常被專業研究人員使用的搜尋引擎是：AltaVista (50%)、Yahoo! (25%) 以及 Lycos (15%)。其他的包括：WebCrawler (7.5%)、Swithboard (7.5%)、InfoSeek (5%)、MetaCrawler (5%)❻。

在網際網路上，要獲得公家機關的資訊是相對容易的，但是要獲得私人企業的資訊卻是困難許多。表 14-1 列舉了獲得公家機關、私人企業的各種資訊的可能性。

表 14-1 獲得公家機關、私人企業的各種資訊的可能性

資訊類型	針對公家機關蒐集此資訊的可能性	針對私人企業蒐集此資訊的可能性
年度總銷售	非常高	非常低
產品線別或配銷通路別的銷售及獲利	非常低	非常低
有關市場區隔的大小	依據市場而定。對大型組織而言，可能性高；對小型及「利基」組織而言，可能性低	與左同
行銷、技術及配銷趨勢	與上同	與上同

❻ S. M. Shaker and M. P. Gembicki, *WarRoom Guide to Competitive Intelligence* (New York: McGraw-Hill, 1999), pp. 113–115.

價格（包括向最佳顧客提供的最低價）	非常低	非常低
行銷策略	可從商業報導及分析師報告處獲得若干資訊，但是不夠齊全而且過時	比左述情況更差
對產品的銷售及技術文獻	可能性非常高，但通常是不完整的，要獲得詳細的技術資訊可能性很低	比左述情況更差
部門人數及負責某產品的人數	非常高	非常高
報酬水準	對於高級主管的報酬比較有可能，但對其他人則不可能	找不到
顧客對於公司的強處及弱點的意見	可從商業報導及產業報告中得知，但是不夠齊全而且過時	比左述情況更差
對於公司產品及服務的回饋	找不到（可從網站的聊天室查一查）	與左同

資料來源：C. Klein, "Overcoming Net Disease," *Competitive Intelligence Magazine*, July/September, 1999, p. 31.

14.4　網際網路對內部環境偵察及組織分析的影響

　　企業在將網際網路技術延伸到企業內及企業間以形成企業內網路 (intranet)、企業間網路 (extranet) 之後，就可以實現有效的供應鏈管理並形成虛擬團隊。供應鏈管理 (supply chain management, SCM) 就是在原料採購、產品製造或服務創造、產品儲存及配銷、產品運送到消費者手中這些活動之間所形成的密切結合。許多著名廠商均將現代化的資訊系統納入其公司的價值鏈中，並透過公司所有價值活動的整合來獲得競爭優勢。例如 Heineken 啤酒公司透過其全球網路連線，將每個配銷商的實際銷售數據傳回到配銷中心。這種互動式的規劃系統可以使公司依據實際數據（而不是預測數據）來有效處理訂購作業。配銷商可依據當地情況或行銷策略（如促銷）的調整來改變訂貨量。使用這套系統的結果，使得訂貨的前置時間從原來的 10～12 週減少到 4～6 週。在特別重視新鮮度的啤酒業，時間的節

省可以說是一大優勢。另外一個例子是寶鹼公司與沃爾瑪的網站連結。透過即時的衛星連線，寶鹼公司可以清楚的知道在每一個商店賣了什麼產品，有了實際的銷售點資訊之後，寶鹼公司就可以適時添補，如此不至於造成存貨不足或過多的現象。

虛擬團隊 (virtual team) 是指透過通訊及資訊科技共同完成組織所交辦的特定任務的團隊，而這些團隊成員在地理上以及／或者在組織上是分散的。透過網際網路、企業內網路、企業間網路以及其他技術（如視訊會議、協同商務系統軟體）之助，團隊成員可以不受到地理、時間及組織結構的限制共同完成工作。由於越來越多的企業會將某些活動委外製造，所以傳統的組織結構會被虛擬團隊所取代，這些成員不需要面對面的聚合在一起工作。這些虛擬團隊可能是專門針對特定任務的臨時團隊，也可能是負責策略規劃的永久性團隊。

虛擬團隊成員有很大的流動性，當然其流動性的程度要看所要完成的專案而定。成員可能是來自於各功能領域的員工，也可能是利益關係者（例如，供應商、顧客、法律事務所、顧問公司）。

虛擬團隊取代傳統的面對面工作團隊是因為以下的五種趨勢所造成❼：

- 組織扁平化。組織扁平化的結果使得更有必要進行跨功能的溝通與協調；
- 環境的詭譎多變。環境不斷的變化需要更多的組織間合作；
- 員工的自主性及決策參與程度增加；
- 需要更多、更廣的知識以提供更完善的服務；
- 企業活動的全球化程度越來越深。

14.5　網際網路對功能策略的影響

當我們每一次點選網頁上的橫幅廣告以瀏覽其電子型錄（產品展示說明）或線上購買某些產品時，網路行銷者（俗稱網站站長）就會將我們的動作記錄在電

---

❼ A. M. Townsend, et al., "Virtual Teams: Technology and the Workplace of the Future," *Academy of Management Executives*, August 1998, pp. 17–29.

子檔案中。不論是實際購買或純粹瀏覽，我們的網路行為對於網路行銷者而言，都是非常重要的，因為網路行銷者可以針對下列的問題找到明確的答案：「為什麼消費者進入我們的網站但卻沒有採取購買行動？我們的結帳作業是否過於繁瑣？消費者是否經由連屬網站進入我們的網站？我們是否要對這位消費者提供折價優待？」對以上問題的回答會大大的影響公司的行銷功能策略。

　　追蹤潛在的線上顧客、使潛在顧客成為實際的購買者，並使這些購買者成為忠誠的顧客是電子化顧客關係管理 (electronic customer relationship management, e-CRM) 的基本目的。電子化顧客關係管理分為三個主要部分：行銷、服務與銷售。在行銷這部分又可分為三個小部分：分析、電子化行銷及客製化。分析的功能可使網路行銷者對顧客做深入的了解；電子化行銷的功能可使網路行銷者以結構化的方式接近顧客；客製化可使顧客具有自主性，或滿足其某種程度的支配慾，是實現一對一行銷的必要條件。

　　分析軟體可從顧客的線上或離線活動中蒐集資料。這些資料在與顧客的人口統計資料結合在一起做分析時，可更深入的了解顧客的購買行為與人口統計變數之間的關係，例如「吞世代」(Tweens)❽少年與購買產品的關係。對顧客的線上活動加以記錄可以了解怎樣的顧客群購買者、他們傾向於造訪哪些網站，以及他們的產品偏好。這些資料對於如何增加網站流量、如何進行市場區隔，以及如何擬定目標市場策略而言，都是非常重要的。

　　電子化行銷軟體可以對過去成功或失敗的行銷案例加以追蹤與記錄，並規劃未來的行銷方案。在上述的分析階段，電子化顧客關係管理軟體系統可回答像這樣的問題：「購買古姿 (Gucci) 手提包的消費者，有多少也會購買喀爾文‧克萊恩 (Calvin Klein) 的襯衫？」在電子化行銷階段，網路行銷者會基於對上述資訊的了解，利用電子郵件向購買古姿手提包的顧客宣傳：「如果購買喀爾文‧克萊恩的襯衫會享受折價優待。」

　　客製化軟體可使網路行銷者向顧客提供獨特的產品，並可依照顧客的互動經

----

❽　「吞世代」(Tweens，讀音近似「吞」) 這個字由 teen 與 weens 組成，前者是指青少年，後者的原字是 "weenybopper"，形容穿著時髦、迷戀流行音樂的小孩。而「吞世代」則是指 8 到 14 歲的小孩，也就是民國 79 年到 85 年出生的「八年級」生。

驗提供其專屬網頁。亞馬遜網路書店就是利用客製化軟體的最佳實例。亞馬遜網路書店向購買某書籍或 CD 的顧客表示：「像您一樣購買這些書籍或 CD 的其他顧客，也都曾購買某作者所撰寫的書籍。」客製化軟體也會檢索造訪其他相關網站的顧客，看看其購買類型是否與亞馬遜網路書店的購買者類似。如果類似的話，就會主動向這些顧客推介亞馬遜網路書店的其他產品。客製化軟體也使用神經網路人工智慧來將「點選序列」（clickstream，造訪各網站的順序）及購買行為加以模式化。客製化的服務比起盲目的將電子點券亂塞給每個潛在顧客，在效率及效能上好得太多了。

電子化顧客關係管理可使得動態定價得以實現。所謂動態定價 (dynamic pricing) 是指對不同的顧客購買同樣的產品訂出不同的價格（值得注意的是，這種做法是有爭議性的）。亞馬遜網路書店利用顧客的購買管道（研判顧客有無其他的購買管道）、購買記錄、所造訪的網站及其他資料來判斷此顧客是否具有價格敏感性。如果軟體將此顧客歸類為價格敏感者，便會向他報較低的價格。有些網路行銷者會利用電子化顧客關係管理提供動態服務 (dynamic service)，也就是在同樣的價格水準下提供層次不同的服務，例如對於忠誠客戶（有長期利益可圖的客戶）提供不同的服務（如專員諮詢、理財服務）。

🐚 14.6　網際網路對競爭策略的影響

網際網路的出現對於企業如何擬定競爭策略產生了莫大的影響。在這個對競爭者動向做快速的反應才能夠保持競爭力的時代，網際網路在許多方面已重新界定了競爭環境。網際網路對競爭環境產生的重大改變有：

- 去中間商化及重新界定產業價值鏈；
- 產生競爭的網路效應。

◎ 去中間商化及重新界定產業價值鏈

網際網路對許多產業最顯著的影響就是去中間商化或稱中間商滅絕。所謂「去中間商化」(disintermediation) 就是廠商跳過傳統的中間商（批發商、零售商）直

接與顧客進行交易。

對經銷商的影響

在航空業，我們看到許多航空公司（如美國航空公司、聯美航空公司、達美航空公司）均直接跳過旅行社，透過網際網路直接與顧客進行交易。在網際網路普及之前，這些中間商（旅行社）可以獲得相當多的營業利潤，但在網際網路成為普遍的交易平臺之後，旅行社的利潤大幅縮水，因此也就紛紛的打退堂鼓。在同時，新型中間商也竄了起來，取代了傳統的旅行社。這些新型的中間商是線上旅遊服務業者，也是湊合顧客與航空公司、連鎖旅館、渡輪業者、租車公司的掮客。在美國，像 Travelocity.com、Expedia.com、Priceline.com 這樣的網路行銷公司所提供的是與傳統旅行社截然不同的服務，例如它們可即時更新其價格、空位的資料庫，以讓顧客隨時檢索及訂位，並且最重要的是可讓顧客非常方便的比較各航空公司的票價。

去中間商化也發生在其他產業上，例如，CD、個人電腦業。許多 CD 公司，如新力、Videndi Universal、Bertelsman，都是透過網際網路向顧客直接銷售。許多個人電腦業者也不惜得罪其長期的經銷伙伴而採取網際網路直銷方式，例如，新惠普也模仿戴爾電腦採取直接透過網際網路銷售的方式。對於戴爾電腦而言，並沒有所謂去中間商化的問題，因為打從一開始它就採取網路行銷的方式。

在許多產業，如能源、金屬、塑膠，業者也都紛紛採取 B2B 的商業模式（見第 7、14 章）。B2B 可透過網際網路連結供應商與配銷通路成員，並可大幅減低採購、訂貨及其他交易成本。此外，新型中間商如 chemconnect.com、chemdex.com，是連結買賣雙方的數位化掮客，在產業價值鏈中扮演著配銷的角色。

對產業價值鏈的影響

一般而言，網際網路加速了去中間商化的腳步，因為它使得買賣雙方的溝通更容易、交易更便捷。因此我們可以預見，在未來幾年許多消費品產業的批發商及零售商數目將會大幅縮減。更重要的是，消費者傾向於直接和製造商或服務業者交易，因為這樣可以避免中間商的剝削。而製造商或服務業者也喜歡與顧客直接交易，因為這樣可充分利用其產能。例如，航空公司會在網站上提供特別優惠的票價，以鼓勵乘客充分利用其多餘的產能（空位）。電腦及電子設備業者也是因

為同樣的理由（出清存貨）而利用網站進行銷售。因此，在這些產業中，其產業價值鏈（見第 2、8 章）就會被縮短了。為了要生存，傳統的中間商（批發商與零售商）除了轉型成為新型的中間商外，還可以投入更多的時間與資源來強化其服務能力，尤其是對於需要售後技術服務的產品而言。

同時，以網際網路為導向的新型中間商數目將愈來愈多。這些新型中間商在 B2B 的商業模式下，湊合顧客與供應商（買賣雙方）方面扮演著重要角色。這些新型中間商不僅可使廠商降低採購成本，更可扮演資訊中間商的角色。資訊中間商 (infomediaries) 就是資訊的樞紐，它們是專精於蒐集即時資訊並向顧客散布的線上中間商。由於資訊中間商的出現，產業價值鏈活動的效率將大為改觀。

◉ 產生競爭的網路效應

產業價值鏈的改變，以及在網際網路環境下資訊所扮演的重要角色，使得新型中間商的成長非常快速。事實上，許多公司還可利用網際網路的力量來重新界定整個產業的競爭方式。網際網路式競爭的最大特色就是經濟學家所說的網路效應。**網路效應 (network effect)** 是指使用某產品（如電話、傳真機、網際網路）的人數愈多，則此產品的價值就愈高。以資訊為主的產品（或稱資訊豐富產品）就具有很高的網路效應。例如，電腦的作業系統（如微軟的 Windows）具有很強的網路效應，因為使用的人數愈多，就會有愈多的電腦公司願意發展視窗應用軟體，因此 Windows 的價值就會水漲船高。對於發展應用軟體的公司而言，當然會去發展許多人用的、以 Windows 為平臺的視窗應用系統。這也說明了何以微軟會卯足全力成為產業標準的原因。

對於網路行銷公司而言，網路效應在如何發揮廣大的消費群力量來建立新的競爭優勢的來源上，扮演著關鍵性角色。美國線上（AOL 時代華納的事業單位）因為提供線上即時資訊而吸引了超過 3 千萬的訂閱者，儼然成為產業標準。近年來，其訂閱人數不斷成長，絲毫不受到訂閱費率調高的影響。因此，由於網路效應，美國線上的支配性地位將會更為穩固。如果美國線上能在 Instant Messenger（網路電話）上建立網路效應的話，則對其整個公司事業版圖的擴張無異如虎添翼。

由於網路效應如此重要，許多網路行銷公司均不遺餘力的企圖在該產業獲得

開創者優勢，並以大量促銷活動、超低成本來建立顧客基礎。然而，對於網路行銷公司而言，要建立網路效應並不容易，因為網路顧客忠誠度低、轉移成本低，而且又容易比價。所以網路效應產生的前提是：顧客對於業者的產品、標準、技術及作業方式有相當程度的堅持。

～ 14.7 網際網路對公司策略的影響

在網際網路運用相當普及的今日，企業必須重新思考在原有行業發展的遠景，以及是否應改弦易轍，往其他嶄新的行業發展。例如，成立至今有一百年歷史、以製造電動汽車、冷凍設備組件及工業工具著稱的愛默生電器 (Emerson Electric)，在檢視目前及未來的行業發展之後將自己重新定位為「電腦電力備分系統」公司。為了達到這個目標，過去幾年來愛默生電器陸續購併了 Jordan 企業的通訊產品事業部以及易利信 (Ericsson) 的電力供應事業部。愛默生電器發現到，美國電力能源供應日漸吃緊，由於電力中斷而使事業停擺的現象有增無減，因此它自信滿滿的看準了商機無限的電力供應系統。

網路行銷的普及也是備分電力供應系統業者的無窮契機。網路行銷除了網頁設計精良、行銷策略運用適當之外，其中最重要、最基本的因素就是電力供應的穩定。位於聖路易的 Intra 網路服務公司為了達到差異化服務的目標，甚至跟客戶保證：「如果由於電力中斷而使得客戶經營受到阻斷時，將可以獲得一個月費用全免的服務」。愛默生電器顯然體認到網際網路對於企業經營的影響，而洞燭機先的改變公司策略，如今其業務蒸蒸日上，客戶中還包括像思科、WorldCom、英特爾這樣的大公司。

企圖透過網際網路進行國際行銷的任何企業也都必須考慮到網際網路對公司策略的影響。事實上，公司透過國際組合分析之後，決定在某國際市場採取某種策略 (如投資／成長策略) 時，必須考慮到本國市場與他國市場的最大差異所在。全球化網路行銷必須考慮的特殊問題是：法律問題、國際配銷、語言及文化問題、市場接觸、財務問題、網路名稱與網址系統。

法律問題

美國與其他主要的國際機構，如歐洲委員會 (the European Commission)、聯合國國際貿易法律委員會 (the United Nations Commission on International Trade Law)、經濟合作及發展組織 (Organization for Economic Cooperation and Development, OECD) 及世貿組織，目前都正在研擬有關國內的、國際的、全球的法律架構，以加速全球網路行銷的順利進行。在這些組織中已經達成若干共識：要避免任何妨礙貿易的行動，盡早擬定合作政策，解決各種可能的爭端，例如，網域名稱的問題。

有關法律的問題包括：隱私權、智慧財產權、言論自由權、消費者保護、加密、安全、合約、認證、跨國交易（資料保護）、內容控制等。臺灣的國際貿易局網站 (cweb.trade.gov.tw) 對於經貿資訊、貿易法規、貨品輸出入規定、戰略性高科技貨品等提供了相當豐富的即時資訊，同時其「線上申辦」對於工商憑證的申請、輸出入許可的電子簽證等亦提供了相當有效的電子化服務。

許多電子商務公司是採取直接出口的方式，因此線上行銷者必須負責運送、收款，及提供顧客服務。有些線上行銷者是透過中間商（intermediaries，如運輸公司、出口管理公司，或出口貿易商）來從事國際行銷。現在的趨勢是盡量擺脫對這些中間商的依賴。然而，在某些情況下，由不得你選擇，例如出口到日本必須透過出口貿易公司。

國際配銷

如果你有在大型企業做過行銷的經驗，「地理區域」對你而言，必然不是一個陌生的名詞。行銷人員會很清楚的界定其地理責任區，以及在這地區內的銷售、佣金及報酬。在國際行銷層次，傳統上公司會在某些國家與配銷商達成專賣銷售協議。網際網路徹底的改變了這些規則！

當地理區域消失之後，電子商務公司幾乎可以銷售到任何地方。然而，如果某國際配銷商在某特定的區域，擁有行銷及銷售的專賣權，就會產生衝突。如果網路零售商以較低的價格來銷售，則衝突會更加惡化。

語言及文化問題

想一想，你要為不同的行銷國家設計不同網頁的情形。產品的視覺形象 (visual

image) 是很重要的；它可以跨越國家文化的障礙。服務就不一樣了。服務沒有什麼視覺形象的問題，而且跟語言息息相關，所以很難正確的呈現。如何「翻譯」、「解析」一項服務？這是一個相當棘手的關鍵問題，在處理上不可不慎。社會及文化規範 (norms) 也會影響到不同國家的顧客對你行銷及銷售活動的反應。每一個電子商務公司在與顧客接觸前必須要再教育、再訓練，以了解在不同文化下的溝通特色。就像任何成功的國內企業要了解各利基市場一樣，從事國際行銷的網路行銷公司也必須努力了解各國的文化差異。

正如《全球企業家：企業全球化》(*The Global Enterprise: Taking Your Business International*, Dearborn, 1999) 的作者佛利 (Jim Foley) 所言：「在處理全球文化上，最重要的目標就是建立信任與尊重，以及保持企業經營的彈性」。如果對某一個文化採取先入為主的看法，是相當危險的事情。不論你到過那個國家多少次，佛利發現，造成誤解的原因至少有五個：

- 語言。你的翻譯要盡可能的正確。要做到這點，要對資料做逆向翻譯 (reverse translation)，也就是說，先把資料翻譯成英文後，再將此英文翻譯成中文，看看意思有沒有走樣；
- 地方性。看看地方性的報章雜誌說些什麼，不要老是引用美國的資訊來源。行銷資訊要有地方性色彩；
- 顏色。在不同國家，利用顏色作為某些表徵時，要特別小心。在某些國家，利用某些顏色，是商場上的大忌；
- 姿態。注意，某些國人的手勢是其他國家的大不敬；
- 女性角色。並不是每個國家都認為每個人「生而平等」。有些國家對婦女的工作及衣著有許多不合理的限制。注意你在型錄（線上及離線）及其他促銷工具上所用的模特兒不至於觸怒當地文化。

從另外一個角度來看，你要保持「中性」色彩，美國公司要看起來不像一個純美國公司。在許多國家，買美國貨是辱國行為。佛利要美國的網路行銷者注意，不要變成「醜陋的美國人」，或是不要成為「醜陋的線上美國人」。

也要注意，在許多國家文化下的採購是一種社交活動，所以你要分清楚「逛街」與「購買」的不同。為了購買東西，許多國家的人民，會打扮得光鮮亮麗、

呼朋引伴的享受購物的樂趣。你的網站能夠滿足這些需要嗎？你的網站能夠提供這種「社區經驗」嗎？

市場接觸

市場接觸 (market access) 問題如未加重視，則全球網路行銷的努力必然付諸東流。市場接觸問題涉及到通訊基礎設施的建立，而此基礎設施必須共容於所有的使用者及各類型的資料。全球網路行銷者必須評估地主國的頻寬問題、資料需求、時間限制以及使用者的技術限制。了解及配合地主國的技術標準（或技術水準）是非常重要的，最低限度可避免不相容的問題。同時，全球行銷者要注意並跟上網際網路的新標準、電子傳輸標準，以及相關的法律問題。

和顧客保持接觸、建立長期關係的重要性自不待言。電子商務公司要如何與海外顧客保持聯繫？大型公司在海外是以「實體呈現」的方式來做到。例如，李維牛仔褲 (Levi Strauss) 在全球設有三十五個分公司，這些分公司是以個人接觸的方式來加速顧客服務。這種方式比用電子郵件來傳遞訊息更有明顯的優勢。

如果公司規模沒有李維・史特勞斯公司那麼大，可將國外顧客服務的功能委由中間商來做。基本上，幾乎任何小型企業都可利用網站來促銷產品及服務，由當地幕僚來提供顧客支援。在未來，許多國際性配銷商所扮演的角色是，在每一個有利基市場的國家提供產品支援和顧客服務。

財務問題

全球網路行銷者所涉及有關的財務問題包括：關稅、稅務（見第 11 章）、不同貨幣的處理、貨幣兌換。

關稅問題 透過網際網路以電子化遞送產品，其所造成的關稅問題，是相當棘手的。以傳統方式遞送產品到國外自然必須繳付關稅，而且時間花費很長。但經由網際網路，就可以省下許多時間，但是只限於電子化產品（注意不是電子產品）。到目前為止，透過網際網路銷售電子化產品是不用繳納關稅的，這對於全球網路行銷者不啻是一大福音，但是未來如何到目前為止還是未定之數。

不同貨幣的處理 當歐洲的十一國採用歐元 (euro) 作為其共同貨幣時，專家們預測電子商務將會如日中天。全世界有 3 億人使用歐元。從 1999 年開始，在歐洲從事電子商務的所有企業，都必須準備接受歐元作為支付工具。

在歐洲不同國家做貿易會有不同的挑戰與風險。在使用歐元作為交易工具時，電子商務公司所承擔的風險並不會比國內銷售來得高。歐元幣值轉換只是國際貿易實務的部分問題，你還有和世界上其他國家幣值轉換的問題呢！

全球性的電子商務公司要有能力接受消費者以任何國家的貨幣付款。全球市場中只有少部分使用美元。今日，美國運通、萬事達卡、威士卡及 Diners Club 就像中間商一樣，協助不同貨幣的付款。網路零售商必須要能接受顧客以當地貨幣的信用卡支付。信用卡公司可在世界上任何一國提供貨幣轉換的服務，不論是個人交易或線上交易。

早期的網路行銷者已成功的利用信用卡付款方式，在其他國家穩固了它的事業，打下一片江山。例如，虛擬酒莊 (Virtual Vineyard) 在日本的酒類銷售，已創造出空前的佳績。

貨幣兌換　我們知道，線上購買者在瀏覽時很喜歡比價格、比品質。在網路上「比較式購買」(comparative shopping) 會使潛在購買者做全球性的比較。但如果某一線上商店所使用的幣值與其他商店不同，那麼消費者要如何比價呢？

作為購買者，我們希望看到所要買的東西能夠清楚的展示，用我們的語言來說明，以及用我們的貨幣來標價。電子商務公司必須花上一段很長的時間才能使銷售有起色 (也就是因為以上的事情會花電子商務公司很多的時間及精力)。價格和語言不一樣，它會時常變動。在網頁上，產品說明的改變是在產品改變時，但是價格是每日波動的，你難不成要天天改變你的網頁內容？幣值的兌換率一改，價格就變。誰要負責這些轉換？信用卡公司會替網路零售商處理顧客購買時的貨幣轉換問題，但是它們並不會替網路零售商做每日的匯率更新，它們也不會替網路零售商的產品轉換成地主國的貨幣價格。

主要的歐洲銀行、日本銀行、大陸銀行、花旗銀行已提供了每日貨幣轉換的服務。像 CyberCash 這樣的公司已與主要的銀行合作，向網際網路行銷者提供這些資訊。

國際網域名稱與網址系統

國際網域名稱與網址系統是檢索全球資訊網 (World Wide Web) 網頁及傳送電子郵件的必備工具。有關網際網路商標名稱的爭議，則由世界智慧財產組織

(World Intellectual Property Organization) 來仲裁。

法律議題

實施電子商務涉及到許多法律議題 (legal issues)，諸如：

- 隱私權 (privacy)。隱私權是消費者最為關心的問題。因此，我們常常看到各網站都有保護隱私權的措施及說明，也就不足為奇了！然而，要確實遵守美國 1974 年頒布的隱私權法（Privacy Act，禁止政府秘密的蒐集資料；所蒐集的資料必須用於特定目的）還有一段路要走。法律與道德的界線通常是很模糊的；

- 智慧財產權 (intellectual property)。在網際網路上，保護智慧財產權有如「移山填海之難」，然而要拷貝及散布電子資訊則是有如「反掌折枝之易」。除此之外，要監控誰在使用別人的智慧財產、如何使用，也是煞費周章的事；

- 言論自由權 (free speech)。網際網路所提供的言論自由機會，是前所未有、無與倫比的。但是這種言論自由也常會侵犯他人，吃上妨害名譽的官司。但是是否妨害名譽，抑或伸張正義二者之間是見仁見智，實難定奪；

- 消費者保護 (consumer protection)。電子商務中的誤導 (misrepresentation)、詐欺 (fraud) 都是和消費者保護息息相關的法律議題；

- 其他法律議題。包括合約的有效性、交易的管轄權、加密政策 (encryption) 以及網路賭博等。

隱私權、智慧財產權及督察會受到大眾的關切，因為這些都與他們息息相關，而且也容易了解。此外，還有許多其他與電子商務有關的法律問題，例如：

- 電子契約書的法規如何？如果買方、賣方、掮客分別身處不同的國家，那麼哪一國有管轄權？

- 在網際網路上如何約束賭博行為？如何收取贏家所應繳的稅？

- 電子文件可以作為法庭上的證據嗎？

- 買賣雙方身處異國，由於時差的關係，則呈現在電子文件的日期會不

相同，例如，1 月 5 日在日本簽署的電子文件，在洛杉磯則是 1 月 4 日，那麼哪一個日期才有法律效力？

- 數位簽章具有法律效力嗎？

- 如何證實軟體的不堪使用、資料的盜竊？

- 「誤導」是指什麼？消費者被誤導時，如何舉證？向誰投訴？

- 法律上所指的檔案或資料都會有實際的存放地點。但在分散式資料庫的環境下，在某一特定時間很難認定這些檔案或資料儲存在什麼地方。現行的法律對電子化儲存地點的問題有明確的認定嗎？

- 由於線上的財務資料不時的在變動，如何審計線上的公司財務報表？有沒有既定的標準？線上審計 (online auditing) 有法律上的效力嗎？

- 如果以智慧卡作為支付的工具，如何防止洗錢？（日本規定，以智慧卡支付，金額不得超過 5 千美元）

- 不經某網站的許可，可以逕自與它建立超連結嗎？

複習題

1. 試扼要說明電子商務對策略管理的挑戰。

2. 何謂電子商務 (electronic commerce, EC)？

3. B2B 是今日電子商務中應用最多的類型。試扼要說明 B2B。

4. 試說明網際網路的普及對企業經營的衝擊。

5. 學者曾提出有關組織如何適應環境、如何與環境配合的理論。其中有四種重要的理論或觀點是什麼？

6. 對於策略管理者而言，電子商務可帶來哪些效益？

7. 網際網路 (internet) 改變了策略管理者進行環境偵察的方式。試加以說明。

8. 情報蒐集的一個基本法則，就是在做文書報告或簡報之前，必須要以哪些方式來評估？

9. 試列表說明獲得公家機關、私人企業的各種資訊的可能性。

10. 試扼要說明網際網路對內部環境偵察及組織分析的影響。

11. 何謂虛擬團隊 (virtual team)？

12. 虛擬團隊取代傳統的面對面工作團隊是因為由哪五種趨勢所造成？

13. 試扼要說明網際網路對功能策略的影響。

14. 電子化顧客關係管理分為哪三個主要部分？

15. 何謂動態定價？試舉例說明。

16. 網際網路在許多方面已重新界定了競爭環境。網際網路對競爭環境產生的重大改變有哪些？

17. 試扼要說明網際網路對公司策略的影響。

18. 全球化網路行銷必須考慮的特殊問題有哪些？

19. 實施電子商務涉及到的法律議題有哪些？

就第 1 章所選定的公司，做以下的練習：

※ 說明此公司的策略管理受到電子商務挑戰的情形。

※ 說明此公司是以何種理論或觀點來適應環境。

※ 扼要說明網際網路對此公司內部環境偵察及組織分析的影響。

※ 扼要說明網際網路對此公司功能策略的影響。

※ 說明網際網路對此公司的競爭環境產生的重大改變。

※ 扼要說明網際網路對此公司的公司策略的影響。

管理學　　榮泰生／著

　　近年來企業環境的急劇變化，著實令人震撼不已。在這種環境下，企業唯有透過有效的管理才能夠生存及成長。本書的撰寫充分體會到環境對企業的衝擊，以及有效管理對於因應環境的重要性，提供未來的管理者各種必要的管理觀念與知識；不管是哪種行業，任何有效的管理者都必須發揮規劃、組織、領導與控制功能，本書將以這些功能為主軸，說明有關課題。

管理學　　張世佳／著

　　本書係依據技職體系之科大、技院及專校學生培育特色所編撰的管理用書，強調管理學術理論與實務應用並重。除了涵蓋各種基本的管理理論外，亦引進目前廣為企業引用的管理新議題如「知識管理」、「平衡計分卡」及「從 A 到 A⁺」等。透過淺顯易懂的用語及圖列式的條理表達方式，來闡述管理理論要義，使學生能更平易的學習管理知識與精髓。此外，本書配合不同章節內容引用國內知名企業的本土管理個案，使學生在所熟識的企業情境下，研討各種卓越的管理經驗，強化學生實務應用能力。

現代管理通論　　陳定國／著

　　本書首用中國式之流暢筆法，將作者在學術界十六年及企業實務界十四年之工作與研究心得，寫成適用於營利企業及非營利性事業之最新管理學通論。尤其對我國齊家、治國、平天下之諸子百家的管理思想，近百年來美國各時代階段策略思想的波濤萬丈，以及世界偉大企業家的經營策略實例經驗，有深入介紹。

當代人力資源管理　　沈介文、陳銘嘉、徐明儀／著

　　本書描述了當代人力資源管理的理論與實務，在內容方面包含了三大主題，首先是任何管理者都需要知道的「策略篇」，接著是人力資源管理執行者應該熟悉的「功能篇」，以及針對進一步學習者的「精英成長篇」；每章之後都以「世說新語」為題，針對相關的專業名詞進行說明，輔以「不知不可」，指出與該章有關的重要觀念或趨勢，同時以專業人力資源管理者為對象，透過「行家行話」來討論一些值得深思的議題；並附上本土之當代個案案例，同時提出思考性的問題，讓讀者融入所學。

策略管理　　伍忠賢／著

　　本書作者曾擔任上市公司董事長特助，以及大型食品公司總經理、財務經理，累積數十年經驗，使本書內容跟實務之間零距離。全書內容及所附案例分析，對於準備研究所和 EMBA 入學考試，均能遊刃有餘。以標準化圖表來提綱挈領，採用雜誌行文方式寫作，易讀易記，使你閱讀輕鬆，愛不釋手。並引用多本著名管理期刊約四百篇之相關文獻，讓你可以深入相關主題，完整吸收。

行銷管理　　李正文／著

　　本書不同於一般行銷管理書籍的特色：(1)有別於其他行銷管理書籍將案例獨立陳述，本書作者特別細心地將所有案例、實際商業資料分門別類，配合理論交叉安排呈現在文中，讀來既有趣又輕鬆。(2)引進大量亞洲相關行銷商業資訊，不似其他書籍讓人以為只有西方國家才有行銷。(3)融合各國行銷案例，使本書除了基礎原理之外實則有國際行銷之內涵。

行銷管理——觀念活用與實務應用　　李宗儒／編著

　　由國外經驗顯示，行銷學科的發展與個案探討，密不可分，因此本書有系統的整理國內外行銷相關書籍，其目的在於讓讀者有一系統化的概念，以助建立其行銷架構與應用。同時亦將目前許多新興的議題融入書中，每一章節以簡單的實務案例作為引言，使讀者可以更清楚章節內介紹的理論觀念；並提出學習目標與在章節最後列出思考與討論的題目，使讀者可以前後呼應，更加融會貫通。

行銷管理——理論與實務　　郭振鶴／著

　　本書顛覆以往傳統行銷管理教學「從國外的文化、環境介紹，進入行銷管理理論與架構」的呆板內容，而改從目前臺灣中小企業所面對的行銷管理問題著手，使學生學習後可以加以實踐與應用。並採取多元化主流式行銷管理教學目標來撰寫此書，故此書在一般行銷管理架構外，更加入市場調查方式內容、行銷責任中心制度應用、國際行銷、社會行銷、計量行銷，以達到學以致用的目的。